"十四五"时期国家重点出版物出版专项规划项目
空天推进技术系列丛书

固液混合发动机技术基础

刘林林　著

西北工业大学出版社

西　安

【内容简介】 本书共分为 9 章,系统讲述了固液混合发动机的工作原理、燃料和氧化剂、系统构成、边界层燃烧机理、燃烧不稳定性、内弹道参数计算以及燃面退移速率测试方法等,对国内外固液混合发动机的研究发展现状进行了简要综述,并对发动机的优缺点及目前面临的主要挑战进行了详细分析,书中内容反映了当前固液混合发动机技术的最新研究动态与研究成果。

本书可作为基础教材供空天推进领域的本科生和研究生学习使用,也可供从事固液混合发动机技术及空天推进技术的科研工作者阅读参考。

图书在版编目(CIP)数据

固液混合发动机技术基础 / 刘林林著 . — 西安 ：
西北工业大学出版社，2021.3
(空天推进技术系列丛书)
ISBN 978 - 7 - 5612 - 7600 - 6

Ⅰ.①固… Ⅱ.①刘… Ⅲ.①固液混合喷气发动机
Ⅳ.①V236

中国版本图书馆 CIP 数据核字(2021)第 055354 号

GUYE HUNHE FADONGJI JISHU JICHU
固 液 混 合 发 动 机 技 术 基 础

责任编辑：华一瑾		策划编辑：华一瑾	
责任校对：胡莉巾		装帧设计：李 飞	
出版发行：西北工业大学出版社			
通信地址：西安市友谊西路 127 号		邮编：710072	
电 话：(029)88491757，88493844			
网 址：www.nwpup.com			
印 刷 者：陕西向阳印务有限公司			
开 本：787 mm×1092 mm		1/16	
印 张：13.5			
字 数：354 千字			
版 次：2021 年 3 月第 1 版		2021 年 3 月第 1 次印刷	
定 价：68.00 元			

序　言

　　天地悠悠,宇宙无穷,浩瀚星辰承载着人类对未知太空世界的无限遐想。从"世界飞天第一人"万户到"火箭技术理论之父"康坦斯丁·齐奥尔科夫斯基,逐梦之人终于等到了梦圆之时。第二次世界大战之后,现代航天技术的发展日新月异,1957年前联成功发射了世界上第一颗人造地球卫星,由此开启了人类宇宙探索的新纪元。

　　"发展航天,动力先行",航天推进技术是航天科技发展的核心关键技术,在应用需求的大力牵引下,近年来航天动力技术领域在世界范围内取得了丰硕的研究成果,逐步形成了多角度、全方位的创新发展格局,其中固液混合动力技术凭借其独特的优势受到了世界各国航天工作者的广泛关注。

　　固液混合发动机是一种以固体燃料和液体氧化剂为推进剂的火箭发动机,具有安全可靠性高、能量管理便捷、燃气绿色环保和成本低廉等诸多优点,但同时也存在燃面退移速率低及燃烧效率低等关键技术难题,使其至今仍未在航天推进领域得到广泛应用。近年来随着石蜡燃料技术的突破,上述难题已经有了较好的解决方案,预示着固液混合发动机有望在航天领域扮演重要的角色。

　　《固液混合发动机技术基础》是在对当前固液混合发动机技术领域发展成果进行缜密分析和系统总结的基础上著成的,同时也是作者近年来科研实践工作的重要结晶,填补了目前国内在固液混合推进领域尚无相关专著的空白。该书较为系统地介绍了固液混合发动机的基础理论与技术要点,并探讨了固液混合发动机未来的发展趋势,对航天推进技术领域的科研工作者和高等院校师生均具有很强的参考价值。此外,本书结构紧凑、行文流畅、图表精心绘制,可以使读者获得更为舒适的阅读体验。

　　探索浩瀚宇宙、发展航天事业、建设航天强国,是航天工作者的不懈追求。希望本专著能够助力于我国固液混合发动机技术的发展,并为我国先进航天推进事业提供必要的理论知识储备。

侯晓[①]

2020 年 4 月

---

　　① 侯晓(1963—),男,研究员,中国工程院院士,固体火箭发动机专家。

前　言

　　火箭发动机作为一种特殊的推进动力装置,广泛应用于各类导弹武器和航天器中,第二次世界大战结束后,固体火箭发动机和液体火箭发动机技术都得到了迅猛发展,成为当前两种最为常见的火箭发动机技术。虽然固液混合发动机与上述两种火箭发动机诞生年代相近,但发展过程几经波折,到目前仍未得到大范围应用,这既与其存在的固有缺陷有关,又与火箭发动机发展的历史进程有关。

　　值得欣慰的是,固液混合发动机的实用化虽然屡屡受挫,但世界范围内对这种航天动力形式的研究从未中断。近年来民用航天产业的蓬勃发展使固液混合发动机技术又重新受到重视,而且高燃面退移速率石蜡燃料的发明,也给陷入瓶颈期的固液混合发动机技术注入了新的活力。同时,随着军民融合这一重大战略的深入贯彻实施,国内民用航天产业也迎来了重要的发展机遇期,要求我们站在时代的角度上重新审视当前国内航天推进技术的发展。

　　然而,由于缺乏应用牵引,与国外发展态势相比,近年来我国在固液混合发动机领域的投入极为有限,同时相关资料文献也严重缺乏,特别是国内尚无相应的专著出版,难以满足对该发动机技术的学习与研究需求。笔者结合自己近年来在固液混合发动机技术方面的研究心得及在火箭发动机领域的研究经验,本着抛砖引玉目的撰写本书,以能为国内固液混合发动机的发展尽自己的绵薄之力。

　　在本书撰写的过程中,参阅了《固体火箭发动机设计与研究》《液体火箭发动机设计》《液体推进剂》和 *Fundamentals of Hybrid Rocket Combustion and Propulsion* 等著作的部分内容,在此对这些文献、资料的作者表示感谢。课题组博士生王印、刘雪莉以及硕士生何翔、季祯、陈泽斌等在文献资料收集整理、图表绘制、审核等工作方面付出了辛苦的劳动,在此表示感谢。本书从构思到付梓出版花费了大量精力,明显减少了对家中两个孩子的日常陪伴,谨以此书献给一直默默支持我的家人。

　　限于笔者水平,书中难免存在不妥之处,敬请各位读者斧正。

著　者

2020 年 6 月

符 号 表

符　号	名称及单位
a	热扩散率，$\text{m}^2 \cdot \text{s}^{-1}$
a_{ent}	燃料的特性参数，$\text{m}^{8.5} \cdot \text{s}^{0.5} \cdot \text{kg}^{-3}$
A	指前因子
A_{f}	燃面面积，m^2
A_{ki}	i 组分中 k 元素的原子数
A_{t}	喷管喉部面积，m^2
A_{p}	孔道截面积，m^2
A_{o}	节流孔面积，m^2
A_1	入口管路截面积，m^2
B	吹扫参数
B_t	稳态吹扫参数
c^*	特征速度，$\text{m} \cdot \text{s}^{-1}$
C_{f}	表面摩擦系数
c_{f}	固体燃料的比热容，$\text{J} \cdot \text{kg}^{-1} \cdot \text{K}^{-1}$
C_{F}	推力系数
c_p	定压比热容，$\text{J} \cdot \text{kg}^{-1} \cdot \text{K}^{-1}$
C_{p}	燃料孔道周长，m
D	扩散系数，$\text{m}^2 \cdot \text{s}^{-1}$
d	药柱内孔直径，mm
d_{o}	药柱初始内孔直径，mm
e	肉厚，m
E_{a}	活化能，$\text{kJ} \cdot \text{mol}^{-1}$
E_{f}	固体燃料的弹性模量，MPa
E_{M}	黏合剂的弹性模量，MPa

续表

符 号	名称及单位
F	推力,N
f	主振荡频率,Hz
F_r	表面粗糙度修正因子
G	流强,$kg \cdot m^{-2} \cdot s^{-1}$
$\tilde{G}$	吉布斯自由能,$kJ \cdot mol^{-1}$
h	对流传热系数,$W \cdot m^{-2} \cdot K^{-1}$
H	厚度,m
H_f^θ	物质的标准生成焓,$kJ \cdot kg^{-1}$
h_v	有效汽化热,$kJ \cdot kg^{-1}$
I	氧化剂流强扰动的拉普拉斯变换
$\tilde{I}_i$	i 组分的总焓,$kJ \cdot kg^{-1}$
$\tilde{I}_p$	总焓,$kJ \cdot kg^{-1}$
I_{sp}	比冲,$N \cdot s \cdot kg^{-1}$
k	吹扫参数指数
l	距离,m
L	燃料的长度,m
L_m	熔融潜热,$kJ \cdot kg^{-1}$
L_v	蒸发潜热,$kJ \cdot kg^{-1}$
$\dot{m}$	单位时间单位面积的质量流率,$kg \cdot m^{-2} \cdot s^{-1}$
$\dot{m}_l$	单位宽度上液体层的质量流率,$kg \cdot m^{-1} \cdot s^{-1}$
N	原子物质的量,mol
n_i	单位质量推进剂中 i 组分的物质的量,$mol \cdot kg^{-1}$
N_k	单位质量推进剂中 k 元素的原子物质的量,$mol \cdot kg^{-1}$
p	压强,Pa
p_a	环境压强,Pa
p_c	燃烧室压强,Pa
p_e	喷管出口压强,Pa
q	热通量,$W \cdot m^{-2}$

续表

符 号	名称及单位
Q_p	分解热,kJ·kg^{-1}
r	半径,m
$\dot{r}$	燃面退移速率,m·s^{-1}
R	通用气体常数
R_{1L}	无量纲燃面退移速率
R_u	摩尔气体常数,J·mol^{-1}·K^{-1}
s	拉普拉斯变换变量
S	熵,kJ·mol^{-1}·K^{-1}
t	时间,s
T	温度,K
T_a	燃料初始温度,K
T_{av}	燃烧产物平均温度,K
T_c	燃烧室内燃气温度,K
T_e	喷管出口燃气温度,K
T_{eff}	有效温度,K
T_f	火焰温度,K
T_m	熔融温度,K
T_s	燃面温度,K
T_v	蒸发温度,K
u	轴向速度,m·s^{-1}
v	法向速度,m·s^{-1}
V	扩散流速度,m·s^{-1}
V_c	燃烧室自由容积,m^3
x	笛卡儿坐标,m
X_e	夹带参数,N$^{-1/2}$
y	笛卡儿坐标,m
Y_i	i 组分的浓度,kg·kg^{-1}
z	笛卡儿坐标,m

续表

符　号	名称及单位
γ	无量纲活化能
Ω	无量纲角频率
γ	比热容比
$\bar{\gamma}$	平均比热容比
γ_c	燃烧室内燃烧产物的比热容比
δ	流动边界层厚度,m
δ^*	流量损失厚度,m
δ^{**}	动量损失厚度,m
δ_t	热边界层厚度,m
ε	辐射因数
ε_0	拉伸应变
ε_e	凝聚相燃烧产物的质量百分数
λ	沿程损失因数
μ	黏度,Pa·s
μ_f	燃料的泊松比
μ_j	j 组分的化学位
ρ	密度,kg·m^{-3}
σ	斯蒂芬-玻尔兹曼常数,W·m^{-2}·K^{-1};
σ_1,σ_2	气相响应系数
σ_f	固体燃料的切应力,MPa
σ_l	表面张力,N·m^{-1}
σ_M	黏合剂的切应力,MPa
σ_t	药柱内表面上的切应力,MPa
τ	修正因数
τ_a	声传播时间,s
τ_{bl}	边界层扩散时间,s
τ_c	燃气流动时间,s
τ_f	氧化剂供给系统响应时间,s

续表

符 号	名称及单位
τ_{kg}	气相反应时间，s
τ_{ks}	固相反应时间，s
τ_v	蒸发时间，s
υ	运动黏度，$m^2 \cdot s^{-1}$
ω	声波频率，Hz
ω_i	i 组分的质量分数
L_r	节流孔长度，m
Le	路易斯数
Nu	努塞尔数
Pr	普朗特数
Re	雷诺数
St	斯坦顿数
S_e	喷管出口燃气的熵，$J \cdot mol^{-1} \cdot K^{-1}$

目　　录

第 1 章　绪　　论

　　火箭发动机是航天器和导弹的动力装置,按能量来源可分为化学能火箭、核火箭、电火箭等,其中化学能火箭占据绝对主导地位。固体火箭发动机和液体火箭发动机是目前应用最为广泛的两种化学能火箭发动机,分别在战术战略导弹和航天运载方面发挥着不可取代的作用,固液混合发动机发明于 20 世纪 30 年代,至今已走过了近 90 个春秋,应当说是一种"古老"的航天动力装置,但由于存在较多缺陷至今尚未得到普遍应用。本章从固液混合发动机结构特性出发,介绍发动机的基本组成、工作原理、发展历史,并进行优缺点分析。

1.1　固液混合发动机简介

　　固液混合发动机(Hybrid Rocket Motor, HRM)通常是指以固体燃料和液体氧化剂作为推进剂的航天发动机,由于固体氧化剂制成药柱较为困难,以固体氧化剂和液态燃料为推进剂的反式固液混合发动机并不常见。随着航天技术的发展与进步,可靠性高、成本低廉、绿色环保成为火箭发动机未来发展的重要方向,固液混合发动机的燃料和氧化剂分开放置,且氧化剂的流动可控,不但符合上述发展方向,还具有能量管理方便、结构简单、可小型化等优点,潜在的应用主要包括:探空火箭、运载火箭助推器、火箭上面级、太空飞船、亚轨道飞行器和姿轨控动力系统等。图 1.1 所示为固液混合发动机的结构示意图。

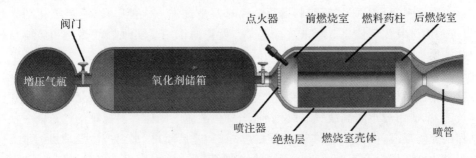

图 1.1　固液混合发动机示意图

　　一般来说,固液混合发动机主要由氧化剂贮存与输送系统、推力室、节流装置、各类阀门及管路等构成。其中,氧化剂贮存与输送系统、节流装置和阀门与单组元液体火箭发动机的相关组件基本类似,然而由于氧化剂与燃料具有不同的物相,固液混合发动机具有独特的燃烧机制,因此在燃烧组织方式上也与其他化学火箭发动机存在显著区别,表现为:在推力室结构上既能见到液体火箭发动机的身影(喷注器),又存在着诸多与固体火箭发动机类似之处(壳体外形、内孔燃烧药柱),同时还具有一些鲜明的特色(分段的燃烧室结构、特殊的燃料药型、独特的燃烧机制等)。

　　氧化剂贮存与输送系统的主要功能是贮存氧化剂,并在发动机工作时将氧化剂按预定的流量及压力从储箱输送至推力室中。对于小型固液混合发动机来说,通常采用挤压式氧化剂供给方式,即在氧化剂储箱前设置增压气瓶,增压气瓶中充有高压惰性气体(He、N₂等),这些高压气体进入氧化剂储箱后给液体氧化剂施加压力,从而实现氧化剂向推力室内的输送。为了提高氧化剂输送能力,并减轻储箱的承压能力,中大型固液混合发动机常采用泵压式输送系统。

推力室包括喷注器、点火器、燃烧室、燃料药柱和喷管等部分。氧化剂在流经喷注器后被分割成若干更细的氧化剂流,从而更容易发生雾化和蒸发,为燃烧过程做准备。当采用旋流型喷注器时,还可实现氧化剂及燃气在推力室内的旋流,这对发动机的燃烧效率及燃料的燃面退移速率均有显著的提升作用。

燃烧室是推力室的主体,在功能上既是固体燃料药柱的贮存场所,又是推进剂的燃烧场所。为了实现发动机的高效燃烧,燃烧室按功能可再细分为前燃烧室、主燃烧室和后燃烧室。前燃烧室主要用于液体氧化剂的雾化和蒸发,燃烧反应主要发生在主燃烧室内。由于氧化剂与燃料间的燃烧反应为典型的扩散燃烧,且燃料和氧化剂分别呈固态和气态(也可能有部分液态氧化剂存在),导致扩散燃烧的尺度较大,因此需要设置后燃烧室来增加燃气的停留时间,以提高发动机的燃烧效率。

固体燃料药柱多设计为内孔燃烧药型,从配方角度来说燃料一般主要由碳氢燃料组成,并常添加一定量的金属添加剂(主要是铝和镁)以提高能量。另外,为了提高燃面退移速率也可在燃料中添加少量固体氧化剂粒子,如高氯酸铵(Ammonium Perchlorate,AP)。需要注意的是,固体燃料药柱的尺寸与形状需要根据发动机总体方案进行精确设计,从而实现预期的推力方案。

点火器主要用于点燃推进剂,使发动机顺利启动。根据发动机的任务特点可采用一次点火器和多次点火器,其中一次点火器是指与固体火箭发动机相似的烟火式点火药具;为了满足发动机多次启动的需要,也可采用火炬式多次点火器,该类点火器一般以气态烃(如甲烷、乙烷、丙烷等)为燃料,以氧气为氧化剂,通过电火花塞来提供点火能。此外,当氧化剂为过氧化氢时,也可采用过氧化氢催化分解来进行点火。喷管的作用是实现燃气热能和势能与发动机动能间的转换。

固液混合发动机的推力产生原理同样基于牛顿第三定律,当发动机启动时,在增压装置的作用下储箱中的液体氧化剂以一定的质量流率及压力注入喷注器中。氧化剂流经喷注器后发生雾化及蒸发,成为微小液滴或气态氧化剂,当氧化剂流入固体燃料药柱的孔道内时便与燃料发生剧烈的燃烧反应,产生大量的高温燃气经喷管加速后喷出,最终产生发动机的推力。

由于氧化剂和燃料分开储存且呈不同的物理状态,固液混合发动机的燃烧过程极为复杂。前燃烧室(也称预燃室)中并无燃料装填,该区域内仅在靠近主燃烧室处可能存在燃烧反应,且该燃烧过程由氧化剂与回流气化燃料间的反应引起,主要由化学动力学控制。

主燃烧室中发生的是喷射进入燃料孔道内的氧化剂与固体燃料高温分解产物间的反应,一般认为燃料的燃面上方存在较薄的燃烧边界层,而且燃料和氧化剂间的混合与燃烧主要发生在该区域,因此燃烧边界层中存在强烈的传热和传质过程。此外,对高分子聚合物燃料来说,普遍认为燃烧火焰向燃面的传热是燃面退移的主要控制机制,而对于石蜡燃料来说,主要控制机制为熔融石蜡液滴的夹带。由于燃烧过程具有非常明显的扩散燃烧特征,主要由扩散作用控制。

后燃烧室(也称补燃室)中发生的是未消耗完全的燃料组分与氧化剂间的氧化还原反应,当主燃烧室长度较大时(一般实用性发动机皆满足这一条件),由于经过长时间掺混,可认为氧化剂与燃料处于预混状态,因此燃烧反应主要由化学动力学控制。

1.2　国外固液混合发动机发展简史

　　固液混合发动机的历史可追溯到 1933 年 8 月苏联发射的"GRID - 09"探空火箭(见图 1.2),此探空火箭使用液氧作为氧化剂,使用凝胶汽油作为燃料,射高为 400 m。虽然在此之后也有关于固液混合发动机的相关报道,但国外直到 20 世纪 60 年代才研发出具有较高燃烧效率的发动机,在此期间,具有标志性的研究工作有法国航空航天研究院(Office National d′Etudes et de Recherches Aérospatiales, ONERA)和瑞典沃尔沃飞行发动机公司(Volvo Flyg-motor)的探空火箭项目,美国联合技术公司(United Technologies)和比奇飞机公司(Beech Aircraft)的 Sandpiper 靶弹项目、HAST 和 Firebolt,以及美国联合技术公司进行的运载火箭项目[1]。

　　ONERA 发展的 LEX 系列固液混合探空火箭(见图 1.3),其发动机以硝酸(或红烟硝酸)作为氧化剂,以胺类作为燃料,1964—1967 年间共进行了 8 次飞行试验,全部成功[2]。在前期成功试验的基础上 ONERA 进行了尺寸更大、更为复杂的 LEX - 4 研制工作,并成功进行了 12 次发动机地面试车,但没有进行飞行试验。Volvo Flygmotor 在 1962 年时也开始了固液混合发动机的研发工作,推进剂与 ONERA 的相同,并于 1969 年成功飞行,飞行高度达到 80 km,载荷为 20 kg。

图 1.2　GRID - 09 探空火箭

图 1.3　LEX - 1 探空火箭

　　Sandpiper 靶弹于 1968 年进行了 6 次飞行试验,发动机以 75% 的 N_2O_4 和 25% 的 N_2O 作为氧化剂,以 90% 的聚甲基丙烯酸甲酯(Polymethyl methacrylate, PMMA)和 10% 的镁粉作为燃料,燃烧室直径为 0.25 m,发动机总重量约是 ONERA 发动机的 6 倍。HAST 靶弹(见图 1.4)是在 Sandpiper 的基础上发展而来的,燃烧室直径增大到 0.33 m,从而使载荷得到提高。

图 1.4 HAST 靶弹

Firebolt 靶弹(见图 1.5)项目起始于 1980 年,其推进系统与 HAST 靶弹相似,该靶弹的模拟高度达到 30.38 km,速度达 4 Ma,可在空中或海上回收。

图 1.5 Firebolt 靶弹

20 世纪 60 年代后期美国联合技术公司在空军的资助下,研制了 HTM 系列固液混合发动机,最终目标是将其作为运载火箭的动力装置[1]。其中具有代表性的是直径为 965 mm、推力为 18 t 的 HTM-38 发动机。HTM-38 使用 N_2O_4 作为氧化剂、HTPB 和铝粉作为燃料,考虑到燃料的燃面退移速率较低,药柱采用 12 孔轮辐式设计。该发动机成功进行了多次点火试验,由燃烧前后药柱的形状可以看出,燃烧的规则性较强,从而证实了多孔药柱的可行性。

在 HTM 系列发动机的基础上,联合技术公司试图发展更大直径的发动机(3.96 m 和 6.60 m),但大力神Ⅲ及航天飞机固体火箭助推器的研发成功,减少了对大型固液混合发动机的需求,使这一尝试无法得到后续支持,也使世界范围内固液混合发动机的研制趋于停滞,这一情况一直持续至 20 世纪 80 年代初。

20 世纪 80 年代中期,大型固液混合发动机又重新引起了人们的重视,这主要包含两个原因:①随着全球商业卫星发射量的急剧增大,各航天大国都在积极发展具有市场竞争力的运载火箭来提高其市场份额,因此对低成本运载火箭的研发有着切实需求;②1986 年因固体火箭助推器故障所导致的"挑战者号"航天飞机和"大力神Ⅲ"运载火箭的发射失败,使得可靠性更高的固液混合发动机又重新获得了全球范围的关注。

美国火箭公司(American Rocket Company)成立于 1985 年,致力于固液混合发动机在轨道和亚轨道飞行器商业发射中的应用研究,对 20 世纪 80 年代至 90 年代固液混合发动机的发展做出了极大的贡献[3-4]。20 世纪 80 年代中期,美国火箭公司便开始设计以 LOX/HTPB 为推进剂的 H 系列发动机,包括 H500,H250k,H1500 和 H1800 等。其中,H1500 用于 SET-1 亚轨道运载火箭,于 1987 年进行了首次地面试车,并于 1989 年进行了首次 SET-1 发射试验(见图 1.6),但液氧主阀因其中的水分结冰而未能全部打开,导致试验失败;H250k 用于 Hy-flyer 亚轨道运载火箭,于 1993 年进行了首次地面试车;H1800 由 H250k 发展而来,当时计划将其作为天鹰座-21(Aquila-21)和天鹰座-31(Aquila-31)运载火箭的一级发动机。

图 1.6 SET - 1 发射

1990 年美国火箭公司受到海军资助,研制了以 N_2O/HTPB 为推进剂的 H - 50 发动机作为卫星入轨发动机,发动机的点火系统基于甲硅烷气和氧的自燃反应,可进行 25 次点火,以确保海军卫星的准确入轨[5]。美国火箭公司对这种发动机进行了多达 44 次地面点火试车,验证了总冲、变推力及重复点火能力等飞行技术指标。

在空间行动合作协议(Space Act Cooperative Agreement)的倡导下,马歇尔太空飞行中心(NASA-Marshall)于 1992 年发起了工业研究和发展项目(Industry Research and Development Program)[6]。该项目由西奥科尔公司(Thiokol)主导,洛克达因公司(Rocketdyne)提供喷注器,联合技术公司提供发动机设计和燃料药柱,马歇尔太空飞行中心提供实验场所和测试设备,马丁·玛丽埃塔公司(Martin Marietta)和美国火箭公司也承担了一定的任务。发动机使用 GOX/HTPB 作为推进剂,进行了 20 次 280 mm 和 15 次 610 mm 固液混合发动机试车,虽然此项目攻克了许多技术难题,但仍于 1994 年终止。

1994 年由美国国防部先进研究项目局(Defense Advanced Research Projects Agency,DARPA)资助进行的固液混合技术选择项目(Hybrid Technology Option Project)启动,此项目旨在发展以固液混合发动机为动力的运载火箭,并试图将此项技术带入飞行试验阶段[7]。项目参与单位为马丁·玛丽埃塔公司、联合技术公司和美国火箭公司,推力室来源于美国火箭公司研制的 H - 250k 型发动机,马丁·玛丽埃塔公司负责研制轻质铝锂合金储箱、复合结构及新型增压系统,联合技术公司研制喷管和氧化剂的涡旋喷注控制系统。

受美国国家航空航天局(NASA)和美国工业联盟(US Industry Consortium)的支持,固液混合发动机验证项目(Hybrid Propulsion Demonstration Program)于 1995 年启动,参与者为美国国家航空航天局、美国国防部先进研究项目局、洛克希德·马丁公司、美国联合技术公司、西奥科尔公司、洛克达因公司、联信公司等[8]。该项目是固液混合技术选择项目的延续,试图论证固液混合发动机在大型助推器中的应用优势,并使此项技术能够尽快得到应用。

在 1995—1997 年间,固液混合发动机验证项目进行了约 19 次以 LOX/HTPB 为推进剂的 280 mm 和 610 mm 发动机地面试车,试车结果证实了电火炬点火代替烟火药点火的可行性,也对发动机的燃烧稳定性、燃烧效率、喷管设计、热防护及缩比效应等技术进行了验证。在该项目的支持下,1996—1997 年间也成功进行了多次探空火箭飞行试验,发动机使用 N_2O/HTPB 作为推进剂,飞行高度可达 36.6 km,燃料的利用率可达 99% 以上。图 1.7 为该项目 2[#] 发动机首次试车场景。

图 1.7   2[#] 发动机首次试车

在 NASA 的支持下,1999 年洛克希德·马丁公司进行了基于 LOX/HTPB 推进剂的探空火箭项目,将探空火箭发射到了 42 km 高度,但由于多孔端羟基聚丁二烯(Hydroxyl-terminated Polybutadiene, HTPB)药柱存在缺陷,发动机没有达到设计指标[9]。2002 年在 NASA 的资助下,洛克希德·马丁公司发射了直径为 610 mm、推力为 27.2 t 的探空火箭,燃料为多孔 HTPB/Al 药柱,由于多孔药柱部分结构失败,火箭没有达到预计的远地点高度,但项目结果仍然对固液混合发动机技术的进步具有一定的促进作用[10]。

美国空军(United States Air Force)也发展了多种类型的固液混合发动机用于探空火箭和战术导弹[11]。1994 年美国空军学院将推力为 0.27 t、以 LOX/HTPB 为推进剂的固液混合探空火箭成功发射至 3 km 的高度。1995 年,探空火箭以 0.36 t 的推力工作了 15 s,并发射至 4.6 km 的高度。1997 年,美国空军学院研制了 N_2O/聚乙烯为推进剂、推力为 0.09 t 的小型固液混合发动机,并研究了 H_2O_2 的自催化点火技术和基于 N_2O 的喷管冷却技术。

在 1997 年之前研发的固液混合发动机,皆使用 HTPB,PE,PMMA 等高分子聚合物材料作为燃料,由于这些燃料的燃面退移速率较低,在发动机设计时往往需要通过采用复杂药型(如多孔轮辐形、多孔圆柱形等)来提高燃面,从而使发动机的推力达到设计要求。但这种做法存在不同孔道内的燃烧情况不一致及燃烧后期药柱药型难以保持等问题,从而往往导致地面试车和发射试验失败,这也是 20 世纪 80—90 年代美国虽然投入了大量的人力、物力用于固液混合发动机技术的研发,但这项技术却始终没有得到实际应用的主要原因之一。

斯坦福大学于 1997 年成功研发出具有高燃面退移速率的石蜡燃料,并在 1998 年通过小尺寸发动机实验证明该燃料的燃面退移速率比传统高分子燃料高 3~4 倍,给固液混合发动机技术的发展带来了新的活力[12]。2001—2003 年间,NASA 阿姆斯研究中心(Ames Research Center)使用该燃料进行了直径为 25 mm、推力为 1.36 t 的大尺寸发动机试车,其也表现出与小尺寸发动机相同的高燃面退移速率[13]。

2003—2004 年间斯坦福大学和洛克希德·马丁公司启动了 Stanford/LM 探空火箭项目,并于 2003 年成功进行了以 N_2O/石蜡为推进剂的固液混合发动机飞行试验,进一步证明了石蜡燃料在固液混合发动机中的应用潜力[14]。

作为前期合作的延伸,NASA 和斯坦福大学正在共同研发以 N_2O/石蜡为推进剂的新型固液混合发动机游隼(Peregrine),以实现低成本入轨。该项目于 2006 年启动,为单级可重复使用设计,直径为 0.49 m,长度为 10.6 m,理论射高为 100 km,但 2007 年的 N_2O 爆炸事故导致该项目的推进延迟。后经不断改进,2017 年 3 月该发动机在阿姆斯研究中心成功地通过了最后的地面测试[15]。图 1.8 为游隼固液混合发动机试车实验场景。

图 1.8　游隼固液混合发动机试车实验

游隼发动机具有结构简单、控制可靠、安全性较高等优点,而且石蜡的玻璃化转变温度非常低(−110℃左右),使得该发动机还可在特殊环境条件下(如温度非常低的火星上)工作。目前 NASA 喷气推进实验室正在开发基于石蜡燃料的火星返回器上升级(Micro Aerial Vehicle,MAV)发动机(见图 1.9),氧化剂采用 MON - 25,计划将 5 kg 的火星样本从火星表面返回到轨道飞行器。

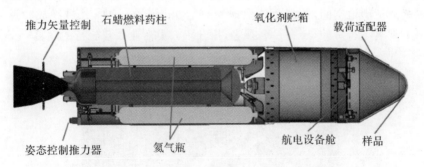

图 1.9　固液混合动力 MAV

近年来,美国的空间推进集团(Space Propulsion Group,SPG)成为固液混合发动机领域最具实力的发展力量,其致力于固液混合发动机在小型运载火箭和探空火箭方面的应用研究[16]。SPG 引进了斯坦福大学的石蜡燃料制备技术,以石蜡作为燃料已进行了几百次各种尺寸的发动机试车,初步研制成功了燃烧效率在 95%～97%、比冲高达 340 s、使用单孔燃料药柱的固液混合发动机,并开发出了一套完整有效的发动机设计方法。图 1.10 为 SPG 100 km 探空火箭试车场景。

图 1.10　SPG 100 km 探空火箭发动机试车

　　考虑到在安全可靠性、成本及绿色环保等方面的显著优势,固液混合发动机也同样被考虑作为太空飞船的动力装置,其中最具标志性的成果是"太空船"系列和"追梦者"小型太空飞船。斯卡尔德复合材料公司(Scaled Composites)设计的"太空船一号"(Space Ship One)中包含一套以 N_2O/HTPB 作为推进剂的固液混合推进系统,据信此推进系统基于美国火箭公司早期的研究成果。该飞行器于 2004 年完成第一次私人资本人类太空飞行,并于同年获得安萨里 X 大奖(Ansari X Prize)[17]。

　　"太空船二号"由斯卡尔德复合材料公司和维珍银河公司合作研发,并于 2010 年 3 月成功完成首航,2010 年 10 月成功完成脱离母机、独自飞行和滑行降落试验。但在 2014 年 10 月的试飞过程中,在美国西南部莫哈韦沙漠坠毁,一名飞行员死亡。据 2015 年 7 月的调查结果称,坠机事件由副驾驶员过早地开启了飞船的制动系统导致。

　　2017 年 5 月和 6 月,在"太空船二号"(第二架)的第四次和第五次自由飞行中,成功验证了无动力状态下翼型设计。"太空船二号"第四次以固液混合发动机为动力的超声速飞行于 2018 年 12 月成功进行,最终达到了海平面 82.7 km 高度,标志着该飞行器已具备将人类带入太空的能力[18]。2019 年 2 月 22 日,"太空船二号"成功进行了第五次超声速动力试飞(见图 1.11),顺利进入亚轨道空间,达到距离地球表面近 90 km 的高度,并最终成功返回地面。此次飞行除载有两名飞行员外,还有一名乘客,拉开了人类商业太空旅行的序幕[19]。

图 1.11　"太空船二号"在空中飞行

　　2004 年美国 Space Dev 公司宣布,以"追梦者(Dream Chaser)"竞标 NASA 的太空探索愿景计划(Vision for Space Exploration)及以后的商业轨道运输服务(Commercial Orbital

Transportation Services Program)项目。"追梦者"实质上是一种微型航天飞机,分为载人和货运两个版本,可将 2~7 名宇航员或 5 500 kg 货物送至国际空间站,同时能够从太空中滑翔返回。在轨推进系统采用两台固液混合发动机,该发动机以 $N_2O/HTPB$ 作为推进剂。2013年 10 月 26 日,在"追梦者"的首次飞行试验过程中,由于左侧起落架未能及时展开而出现降落事故,也使其未能签下 2014 年 NASA 关于商业载人项目的合同,这也导致内华达山脉公司(Sierra Nevada Gorporation)决定优先发展"追梦者"货运版本。

2015 年 10 月,"追梦者"工程测试版本(Engineering Test Article,ETA)完成了热防护系统的安装及轨道仓的组装,飞行测试版本(Hight Test Article,FTA)计划使用"阿特拉斯-5"火箭进行发射。2017 年 11 月,"追梦者"(见图 1.12)成功进行了最后一次自由飞行实验,2019年 3 月货运版本已通过 NASA 批准投入生产,将履行 NASA 的商业补给服务 2(Commercial Resupply Services 2)合约,计划在 2021 年间开始执行至少六次向空间站运送货物的任务[20]。

图 1.12 "追梦者"微型航天飞机

2017 年 7 月,Rocket Crafters 公司与 DARPA 签订了一份价值 54.26 万美元的合同,由该公司使用"直接数字先进火箭技术"来设计、建造并测试最高推力可达 5 000 lbf(约合 2 268 t)且具备推力调节能力的大型固液混合发动机(见图 1.13)。发动机的药柱可通过 3D 打印技术精确制造,且采用的药型更为先进,不但能够提高燃料的燃面退移速率,还能解决推力振荡方面的问题。目前 Rocket Crafters 公司正致力于在该发动机的基础上进行"无畏-1"(Intrepid-1)号微小卫星运载火箭的研制工作,并计划近期将其应用于轨道发射[21]。

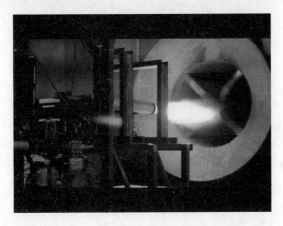

图 1.13 Rocket Crafters 公司的固液混合发动机试车

  自 20 世纪 80 年代以来,作为第一航天大国,美国一直是固液混合发动机技术发展的最主要力量,在基础研究及实用化方面发挥了重要的引领作用,同时,俄罗斯、法国、德国等也开展了一些相关研究,取得了较多成果。

  俄罗斯以凯尔迪希研究中心(Keldysh Research Center)为代表的研究机构,近年来也致力于固液混合发动机技术的研究工作,研发了以 LOX/HTPB 为推进剂、推力为 3 t 的发动机[22]。另外,该中心还分别为"礼炮"设计局和"马凯耶夫"设计局提供了用于"安加拉"运载火箭和"人力车"运载火箭的固液混合发动机方案。

  法国国家宇航局(ONERA)从 2006 年开始推动法国国家太空研究中心(CNES)资助的珀尔修斯(PERSEUS)固液混合发动机项目,发动机以 N_2O/PE 为推进剂,于 2007 年进行了 FH-01 探空火箭(见图 1.14)发动机的地面试车验证试验,随后开展了探空火箭飞行试验,取得了成功。2008 年和 2009 年又分别成功进行了 FH-02～FH-04 三次地面试车试验,其中 FH-04 使用石蜡作为燃料。另外,ONERA 也进行了以 N_2O 为氧化剂的缩比发动机地面试车,探索了添加剂(纳米铝、苯乙烯球等)对不同燃料(如 HTPB,PE,PMMA,石蜡)燃面退移速率的影响[2]。

图 1.14　FH-01 探空火箭发射

  德国宇航中心(Deutsches Zentrum für Luft-und Raumfahrt,DLR)也进行过以 LOX/聚乙烯为推进剂的 HY-157 型固液混合发动机的研制,用来替代"P170"固体火箭助推器,用于阿里安-5 运载火箭(Ariane 5)的发射中[23]。DLR 也发起资助了 STERN(Student Experimental Rockets)和 Hy COMET(Hy brid Composite Expertimental Rocket)项目,旨在促进固液混合发动机技术发展的同时,培养学生的探索实践能力。在该项目的支持下,以博士研究生为主要力量,研制出了两种型号的固液混合发动机,进行了大量地面试车和飞行试验。其中,HEROS 探空火箭(见图 1.15)是其目前取得的标志性成果,该探空火箭采用 $N_2O/$石蜡作为推进剂。HEROS-1 于 2015 年 10 月发射,但由于严重的燃烧不稳定导致燃烧室被烧穿,发射以失败告终。经改进后，HEROS-2 和 HEROS-3 分别于 2016 年 10 月和 2016 年 11 月发射成功，其中 HEROS-3 射高达到 32 km(80°发射角)。

图 1.15　HEROS 探空火箭

挪威/芬兰弹药和火箭发动机制造商纳莫(Nammo)公司正在为"核心号"(Nucleus)探空火箭开发固液混合发动机(见图 1.16)。该项目源于与欧洲空间局(European Space Agency,ESA)的合同,并获得了挪威航天中心(Norsk Romsenteret,NRS)支持,探空火箭长度为 9 m,总质量为 800 kg,射高超过 100 km,发动机长 356 mm,燃烧时间超过 35 s,以合成橡胶为燃料,以过氧化氢为氧化剂。

2016 年 5 月在挪威赖于福斯(Raufoss)对全尺寸飞行固液混合发动机进行了地面试车测试,结果表明发动机能够稳定高效燃烧,发动机推力可达 3 t。在首次试车过程中便通过切断氧化剂供给成功实现了主动关机,第二次试车实现了发动机的二次启动。

图 1.16　Nammo 固液混合发动机试车

2018 年 9 月该探空火箭在挪威北部安多亚空间中心完成了首次发射,飞行高度达海平面以上 107 km,超越了大气层与外太空的边界,成为欧洲首枚穿越卡门线的固液混合探空火箭。值得注意的是,纳莫公司研制的固液混合发动机在超声速赛车上也得到了完美应用。

此外,在斯坦福大学研制出了燃面退移速率较高的石蜡燃料之后,由于燃料价格低廉、发动机试验系统简单,受其成功经验的鼓舞,美国、意大利、以色列、土耳其、日本、德国、巴西、印度、韩国等国的一些大学(如宾夕法尼亚州立大学、普渡大学、米兰理工大学、代尔夫特理工大学、以色列理工大学、KOC 大学、东京大学、斯图加特大学、巴西利亚大学、印度理工学院、韩国航空大学等)近几年也纷纷建立了固液混合发动机试车台,并进行了频率较高的基础研究和点火试车试验,显示出了这项发动机技术当前在全球范围内蓬勃发展的良好态势。

1.3　国内固液混合发动机发展简史

我国在固液混合发动机方面的研究可追溯到 20 世纪 50 年代末中国科学院大连化学物理研究所的相关研究,20 世纪 60 年代末该项研究转至航天四院 45 室(现航天科工集团第三研究院三十一所)继续进行,后来中国科学院力学研究所、国防科学技术大学也进行了相关研究。其中具有代表性的是原航天四院 45 室在 20 世纪 60 年代末—80 年代初研制了高性能固体燃料配方,初步解决了固液混合发动机点火启动低频振荡和燃烧效率低等关键问题。开展了直径为 100 mm,200 mm,300 mm 及 500 mm 的固液混合发动机试车,获得了大量资料和数据,在装药设计、喷注器设计、点火器选择和喷管设计以及如何提高燃烧效率等方面积累了大量经验,但由于飞行试验失败及技术和资金上的困难,相关研究后来未能继续进行[24]。

近年来,国内开展固液混合发动机研究的单位主要有航天科技集团第八研究院、航天科工集团第六研究院、北京航空航天大学、国防科技大学、中国科学院力学研究所、西北工业大学和清华大学等。

20 世纪末航天科技集团第八研究院在国内前期研究成果的基础上开展了以硝酸作为氧化剂的固液混合发动机研究,并成功进行了多次地面点火试验[25];航天科工集团第六研究院与国防科技大学合作开展了以 N_2O/HTPB 为推进剂的小型发动机的研究工作[26]。

国防科技大学对 HTPB 燃料配方进行了系统研究,成功研制出了力学性能优良(抗拉强度≥1.8 MPa,延伸率≥50 %)、燃面退移速率(≥0.3 mm/s)较高的 HTPB 基燃料。设计了直径为 80 mm、以 GOX/HTPB 和 90 ％H₂O₂/HTPB 为推进剂的固液混合发动机燃烧实验器,开展了发动机多次点火技术以及燃烧性能试验研究[26]。

西北工业大学曾进行以 85％H₂O₂/PE 为推进剂的固液混合发动机点火和再启动试验,并从 2003 年开始对石蜡改性技术进行研究[27]。通过石蜡的接枝处理,成功制取了以石蜡、HTPB、炭黑和金属燃料为主要组分的新型石蜡基燃料,设计了燃面退移速率测试装置,测试结果表明该燃料具有较高的燃面退移速率。另外,清华大学开展了 N₂O 催化分解研究,并进行了以 N₂O 为氧化剂的固液混合发动机研究[28]。

在国内的相关研究中,以北京航空航天大学的研究成果最具代表性,其系统开展了 LOX/HTPB,GOX/HTPB,H₂O₂/HTPB,N₂O/HTPB 等推进剂组合的性能研究,并对 GOX/HTPB 和 N₂O/HTPB 推进剂进行了 45 mm、105 mm 及 220 mm 发动机试验,在大量仿真和实验结果的基础上研制了"北航 2 号"和"北航 3 号"探空火箭[24,29],以及"北航 4 号"临近空间火箭动力飞行器[30]。

"北航 2 号"为无控气动稳定型火箭,以 N₂O 作为氧化剂,以 HTPB、Al、Mg 和碳作为固体燃料,火箭全长 3.4 m,直径 0.22 m,总质量 100 kg,发动机采用不含高压气瓶的落压式氧化剂输送系统,主要任务是验证固液混合发动机的飞行性能。2008 年 12 月 5 日,"北航 2 号"探空火箭在我国酒泉卫星发射中心成功发射并安全回收,圆满完成飞行试验任务,成为我国首枚采用固液混合发动机为动力并圆满完成飞行试验的火箭飞行器。

"北航 3 号"也是无控气动稳定型火箭,全长 5.16 m,直径 0.3 m,总质量 310 kg。发动机采用 90％ H₂O₂ 作为氧化剂,采用 HTPB、Al、Mg 和碳的混合物作为燃料,氧化剂输送系统采用含有高压气瓶的挤压式输送系统。2012 年 4 月 25 日,"北航 3 号"探空火箭(见图 1.17)在我国西北某发射场成功发射,这是我国实用型固液混合发动机的首次成功飞行试验。

图 1.17 "北航 3 号"探空火箭发射

"北航 4 号"(见图 1.18)临近空间火箭动力飞行器于 2020 年 5 月 27 日于我国西北某地发射成功,该飞行器全长 8.7 m,重约 1 300 kg,由固体动力助推器和固液动力巡航主级组成。其中,固液巡航火箭发动机采用 98％H₂O₂/HTPB 推进剂组合,最大推力约 3 kN,推力调节能力 3∶1,工作时间大于 200 s[30]。

图 1.18 "北航 4 号"起竖状态

台湾成功大学研制的探空火箭是我国固液混合发动机领域的另一个标志性成果。其中"成大Ⅲ型混合火箭"长度 5.3 m,直径 280 mm,重 194 kg,发动机选用石蜡和 HTPB 的混合物为燃料、以 N_2O 为氧化剂,设计推力 1 t,设计飞行高度 20 km。火箭于 2015 年 10 月 28 日在台湾省屏东县牡丹乡旭海海岸成功发射,出于气候和安全考虑,实际测试中火箭达到了 9.11 km 的飞行高度和 16.39 km 的射程。

台湾地区的晋升太空科技公司(Ti Space)的"飞鼠一号(HAPITH - I)"(见图 1.19)是以固液混合发动机为动力的两级探空火箭,发动机以硬质橡胶和 N_2O 为推进剂,于 2020 年 2 月 13 日在台东县首次试射,但未能成功点火。该公司还在开发"飞鼠五号(HAPITH - V)"三级小型运载火箭,该火箭同样采用固液混合发动机,箭体直径 2.2 m,高度 20 m,起飞重量 35 t、射高可达约 700 km,具备发射低轨道微卫星和太阳同步轨道卫星的能力。

图 1.19 在发射架上的"飞鼠一号"

1.4 固液混合发动机优、缺点分析

1.4.1 优点

固液混合发动机工作时,液态氧化剂经喷注器喷射至推力室内并与燃料发生燃烧反应,产生的高温燃气经喷管膨胀后产生推力。由发动机的结构及工作原理可知,固液混合发动机具有以下优点:

(1)安全性好。固液混合发动机的氧化剂和燃料分开储存,因此在发动机的生产、储存、运输及使用过程中都具有较好的安全性。另外,发动机常用燃料的物理化学性质都相当稳定,储存和运输都非常安全。

(2)推力可调、可多次开关机。固体火箭发动机存在推力调节不便、多次开关机困难的问题,固液混合发动机可以通过调节氧化剂的流量从而以较低的成本实现发动机的推力调节及多次开关机,这对于某些战术导弹及姿轨控推进系统而言较为重要,且实现起来比液体火箭发动机更容易。

(3)绿色环保。推进剂的氧化剂主要为液氧(Liquid Oxygen,LOX)、过氧化氢、一氧化二氮等,燃料主要为端羟基聚丁二烯(HTPB)、石蜡、聚乙烯(Polyethylene,PE)等碳氢燃料,燃气无毒,满足燃气绿色环保的要求。

(4)低易损。固液混合发动机的燃料药柱普遍呈现惰性,因此对裂纹和药柱缺陷不敏感,对外界的各种刺激也不敏感。

(5)低温度敏感性。燃料的燃面退移速率对环境温度的变化不敏感,使发动机的内弹道性能基本不受环境温度的影响,从而有效提高了发动机的温度适应性。

(6)成本低廉。固液混合发动机所用燃料和氧化剂的价格都较低,系统组成也较为简单,因此发动机硬件成本较低。同时,考虑到发动机生产、运输和储存的高安全性,大幅降低了配套设施的安全消防标准,有利于发动机经济性能的提高。

1.4.2 缺点

虽然固液混合发动机具有很多优点,但目前仍未在航天领域大规模应用,主要因为其存在较多难以克服的缺陷:

(1)燃面退移速率较低。传统固液混合发动机多采用高分子聚合物,如采用端羟基聚丁二烯(HTPB)为燃料,这些燃料的燃面退移速率一般比固体推进剂的燃速低一个数量级。为了保证发动机的推力水平,往往需要使用复杂药型(如多孔轮辐型)来提高燃料的燃面退移速率,但这却往往对发动机的稳定工作带来负面影响。

(2)装填密度低。为了提高燃料的燃烧效率,固液混合发动机中一般需要设置后燃烧室来改善燃料和氧化剂的混合与燃烧性能,这使燃料的装填密度降低。如前所述,为了克服低燃面退移速率对发动机推力产生的不利影响,通常需要使用复杂药型,这使燃料的装填密度进一步变低。

(3)燃烧效率低。固液混合发动机的混合和燃烧过程与固体和液体火箭发动机相比有着本质的区别。在液体火箭发动机中,推进剂的混合发生在液滴尺度范围内,对固体推进剂来

说,燃料和氧化剂在制备过程中已充分均匀混合。但对固液混合发动机来说,推进剂的混合和燃烧主要发生在燃烧世界层中,该区域虽然厚度较薄,但其长度与燃料药柱的长度具有相同量级,这种混合和燃烧模式可能会导致较低的燃烧效率。

(4)余药量较大。对于多孔燃料药型,在燃烧后期结构强度明显下降,孔道间的部分燃料可能成块地从燃烧着的药柱上分离,它们来不及燃烧完全便从喷管中排出,从而降低了燃料的利用率。另外,当发动机工作结束时,往往也有少部分未燃烧的燃料留在发动机中,对燃料的利用率会产生不利影响。

(5)氧燃比改变。固液混合发动机一般采用内孔燃烧药柱,燃烧过程中孔道面积(燃面)通常不断增大,在氧化剂流量不变的情况下,燃气的质量流率会发生改变,同时氧燃比也会变化,这不但会使发动机的内弹道参数随时间而改变,且对推进剂的能量合理利用具有负面影响。

当前,解决燃面退移速率低的主要方法为:采用含能高分子聚合物,如聚叠氮基缩水甘油醚(Glycidyl Azide Ploymer,GAP)作为燃料;采用具有附加加质机制的燃料(如石蜡燃料);在燃料中加入高能组分(如金属氢化物、纳米金属粒子等);等。当燃面退移速率得到大幅度提高时,燃料的药型可以设计得更简单,便能使余药量得到有效减少,并提高装填密度。此外,使用氧化剂二次喷注器和改进燃料药型还有望抵消或消除氧燃比的改变。

1.5 固液混合发动机目前面临的挑战

纵观固液混合发动机80多年的发展史,从20世纪30年代出现以来,大部分时间发展较为缓慢,20世纪60年代和80年代分别出现了研制小高潮和行业大发展,然而在20世纪90年代又再次逐渐沉寂。这既与固液混合发动机难以克服的性能缺陷有关,又与整个时代航天动力技术的发展历程有关。

固液混合发动机早期的发展历程中,以HTPB为代表的高分子聚合物燃料皆存在燃面退移速率低的缺陷,为了满足发动机对推力的要求,往往需要设计复杂的燃料药型来增大燃面。但由国外大量地面试车和飞行试验结果可知,由复杂药型导致的燃料结构失效是试验失败的最主要原因,这在很大程度上制约了固液混合发动机技术的发展与进步。

第二次世界大战以来,世界经济的繁荣及各国主权意识的增强促进了民用和军用航天推进技术的发展,以大型运载火箭为代表的液体火箭发动机技术和以战术战略导弹为代表的固体火箭发动机技术分别迎来了各自的机遇期,在资源优势的引领下逐渐走向强大,极大地压缩了固液混合发动机技术的发展空间。

由于技术的局限性,固液混合发动机无法像固体火箭发动机和液体火箭发动机一样得到广泛的应用,而仅能在某些领域展现自己的优势,因此在20世纪90年代意图取代大型固体火箭助推器的"大跃进"式发展,注定了其失败的结局。

值得注意的是,20世纪90年代末,美国斯坦福大学以石蜡为主要原料制备出了燃面退移速率比传统燃料(如HTPB)高3~4倍的石蜡燃料,给进入瓶颈期的固液混合发动机技术注入了新的活力。随着低成本和绿色环保逐渐成为航天推进系统的主要发展理念,以石蜡为燃料的固液混合发动机技术逐渐受到世界范围的重视。目前世界各主要航天大国,如美国、俄罗斯、中国、德国、英国、法国、以色列、意大利及日本等都在积极开展相关研究工作,进展迅速。

由于民众航天意识的不断提高,近年来世界范围内掀起了一场以大学生和航天业余爱好者为主体的小型探空火箭研制热潮。由于燃料和氧化剂来源广泛、不受管制、价格低廉,发动机系统简单,以固液混合发动机为动力的探空火箭易于制作,成为大学生锻炼动手能力和航天爱好者们实现航天梦想的理想途径。近期,多所大学都发射了自己的探空火箭,网上也不乏航天爱好者们探空火箭制作发射的实例。

虽然近年来固液混合发动机在世界范围内的发展如火如荼,展示出了蒸蒸日上的局面,但综合目前的研究现状不难发现,除"追梦者"和"太空船"等飞船应用外,其他大部分都是射程较小、技术含量较低的探空火箭,而且"追梦者"和"太空船"的研制过程多有波折,正式交付日期也一再拖延,给固液混合发动机未来的发展前景带来了一定的不确定性,这也与固体和液体火箭发动机的逐渐成熟及大规模的应用形成了鲜明对比。

当前,发展实用型固液混合发动机仍然面临一些严重挑战,主要包括以下几方面。

(1)燃烧和传热理论的进一步完善及成熟。由于固液混合发动机的燃烧过程比较复杂,现有理论基本都是经验或半经验的,难以解释尺寸效应和燃烧不稳定等发动机存在的普遍问题。同时,对燃料的燃面退移速率这一核心内弹道参数无法进行准确预估,燃烧效率也往往达不到要求,最终对发动机设计和性能的成熟度极为不利。

(2)高燃面退移速率固体燃料的研制。受制于燃料性质和燃烧方式,发动机工作过程中燃料的燃面退移速率普遍较低,这也成为制约固液混合发动机发展与应用的重要因素。采用具有液滴夹带机制的石蜡及分解速度较快的含能高分子聚合物材料作为燃料均是提高燃面退移速率较为可行的方法,但液滴夹带机制往往带来发动机燃烧效率的降低,而采用含能燃料在使成本显著升高的同时,也会对发动机安全性能方面带来不利影响。

(3)固液混合发动机设计体系的建立。与已较为成熟的固体火箭发动机和液体火箭发动机不同,固液混合发动机并未在实际中得以广泛应用,研发单位相对零散且继承性不强,并未形成具有理论支撑且经实践验证的发动机设计体系,往往导致设计过程的盲目性较强,且适用范围极为有限。此外,现有固液混合发动机设计方案都无法充分考虑发动机的尺寸效应,需要对该效应进行更为深入的挖掘工作,并将其融合到发动机总体设计中。

(4)对固液混合发动机技术的重新重视。虽然美国一些私人航天企业对固液混合发动机技术的发展寄予了厚望,进行了较大的资金和技术投入,但政府投资在航天领域往往占据主导地位。近几十年来,固液混合发动机经历了几轮高潮,由于没有性能较好的产品出现,逐渐处于被边缘化的尴尬境地,也导致目前政府主导的项目投资预算严重不足,诸多科研工作者由于得不到持续资助而纷纷转行,造成人员和技术的断代以及前期投入的巨大浪费,进而再陷入投资减少的恶性循环中。尤其是我国,近几年相关投入较少,目前进行相关研究的高校和研究院所寥寥无几。因此,迫切需要政府部门对固液混合发动机技术进行重新重视,通过加大科研项目的投入,实现该发动机技术的良性发展。

第 2 章　固液混合发动机燃料

固液混合发动机工作过程中,燃烧反应将推进剂的化学能转化为热能,喷管再将燃气的热能转换为发动机的动能,并将载荷运送至目的地。燃料作为推进剂的重要组成部分,是发动机重要的能源和工质源,且燃料药型直接影响发动机的内弹道性能,因此燃料对于整个发动机系统来说占据重要位置。本章从固液混合发动机对燃料的基本要求出发,介绍目前常见的固体燃料组分,并以目前最常用的高分子聚物燃料和石蜡燃料为例介绍燃料药柱的成型工艺。

2.1　固液混合发动机对燃料的基本要求

2.1.1　能量

对推进剂来说通常采用比冲来表征其能量,燃料作为推进剂的一部分,在指定氧化剂的情况下采用比冲来衡量燃料的能量较为合适,而当单独讨论燃料时,采用燃烧热值来表征其能量则更为方便。此外,火箭发动机一般为体积受限的动力系统,在对能量进行评判时还需要考虑燃料的密度,即以体积热值或密度比冲表征燃料的能量。

(1)燃烧热值。燃烧热值是指 1 kg 燃料在规定的初温和氧气气氛下完全燃烧,变成相同温度燃烧产物时所释放的热量,代表了燃烧过程中燃料能释放的最大化学潜能。由燃烧热值的定义可知,燃料燃烧释放出的热量与初温的取值、定容还是定压条件、燃烧产物所处的状态等都有关,因此这些条件的规定不同,燃烧热值亦不同。

一般来说,将初温 298 K、定容条件、燃烧产生的水为液态时 1 kg 燃料燃烧释放的热量规定为定容燃烧热值,简称燃烧热值,用 Q_v 表示,单位为 kJ·kg^{-1}。需要指出的是,这里的燃烧热与常规推进剂的爆热具有本质上的不同。推进剂中同时含有氧化剂和燃料,能够自持燃烧,其爆热值是指 1 kg 推进剂在隔绝氧的情况下燃烧放出的热量。由于推进剂普遍设计为贫氧体系,燃烧结束后燃烧产物并非都是最终氧化物(如 CO 和 CO_2 同时大量存在),因此即使对同一推进剂来说爆热值也明显小于燃烧热值。考虑到推进剂的实际工作过程就是自持燃烧过程,燃烧热值对推进剂来说并无意义,因此不适用于普通推进剂的能量表征。

(2)比冲。比冲可定义为火箭发动机中单位质量推进剂所产生的冲量,其数学表达式为

$$I_{sp} = \frac{1}{m_p} \int_0^{t_a} F dt = \frac{I}{m_p} \qquad (2.1)$$

式中,I_{sp} 为发动机的比冲,单位:N·s·kg^{-1};m_p 为推进剂质量,单位:kg;t_a 为发动机工作时间,单位:s;I 为发动机的总冲,单位:N·s。

比冲是推进剂和火箭发动机中用得最多的能量性能参数,也是评判火箭推进系统性能的核心指标,这主要是因为它不但与推进剂有关,也与发动机的结构及工作条件有关。值得注意的是,发动机的总冲只能反映出发动机的做功能力,不能说明发动机所用推进剂能量的高低及发动机内部工作过程的完善程度,这是因为总冲量的提升也可通过增加推进剂的质量来实现。

对某一固液混合发动机燃料来说,随着与其组合的氧化剂的不同,比冲值也不尽相同,但一般而言,在氧化剂相同的情况下,燃烧热值越高发动机的比冲值也就越大。由火箭发动机相关理论可知,从推进剂配方角度提高比冲值的另一个有效途径是降低燃气的平均相对分子质量,这是因为燃气的平均相对分子质量越小,单位质量推进剂所产生的气体体积越大,即工质的做功能力越强。在燃料中的可燃元素主要有碳、氢和铝,因此若要使燃气体积增大则燃料中要含有更多的氢元素,但含氢元素较多的物质其密度也往往较低,进而导致燃料的密度较低,这对于体积受限的火箭发动机显然是不利的。

一方面,固液混合发动机的燃料装填在推力室中,因此在推进剂比冲和总冲量确定的条件下,推进剂密度越大,便可以装填更多的推进剂来增大总冲量,从而增大飞行器的射程或有效载荷。另一方面,对于给定推进剂质量的发动机来说,可以通过减小体积使发动机的结构质量减轻,同样也能达到增加射程或有效载荷的效果。因此从能量角度来说,希望燃料的密度越大越好。

为了更为合理地评价推进剂的能量特性,可引入密度比冲的概念,有

$$I_\rho = I_{sp}\rho_\rho \tag{2.2}$$

式中,I_ρ 为密度比冲,单位:$N \cdot s \cdot m^{-3}$;I_{sp} 为推进剂的比冲,单位:$N \cdot s \cdot kg^{-1}$;ρ_ρ 为推进剂的密度,单位:$kg \cdot m^{-3}$。

几种常见燃料的能量特性数据见表 2.1。

表 2.1　燃料组分的能量特性

燃　料	燃烧热值 ($kJ \cdot kg^{-1}$)	最佳氧燃比[①]	质量比冲[②] ($N \cdot s \cdot kg^{-1}$)	密度比冲[②] ($N \cdot s \cdot dm^{-3}$)
HTPB	41 462	2.2	2 606.7	2 398.2
CTPB	42 529	2.2	2 637.2	2 426.2
HDPE	46 474.2	2.3	2 713.4	2 577.7
LDPE	46 768.7	2.3	2 715.8	2 514.8
石蜡	48 262	2.3	2 734.4	2 906.5
GAP	20 546	2.2	2 689.2	3 181.3
90%HTPB+10% Al	40 364	2.0	2 625.9	2 870.4
70%HTPB+30% Al	38 168	1.9	2 641.4	3 038.1
70%HTPB+30% Mg	36 599	1.9	2 621.7	2 942.2

注:①比冲最高时氧气与氧料的质量比;
②以氧气作为氧化剂通过热力学计算得到,压强膨胀比为 30∶1。

2.1.2　点火和燃烧性能

点火和燃烧是燃料在发动机工作过程中需要经历的两个阶段。由于固液混合发动机的燃料和氧化剂分开储存,燃料本身具有低易损性,在燃料种类选择时可以不考虑因点火容易而导致的各种安全事故。因此,燃料应具备较好的点火性能,以减轻点火系统设计困难。

固液混合发动机所用燃料一般为惰性物质,普遍存在燃面退移速率低及燃烧效率低的问题,这也是长期制约固液混合发动机发展与应用的瓶颈问题。在燃面相同的情况下,燃面退移速率低直接导致燃气生成速率较低,从而使发动机的推力难以满足设计要求。为了获得较大的推力,常用的方法是采用复杂药型设计来提高燃面,但这样做有可能发生不同药柱孔道间的燃烧情况不一致及燃烧后期药型难以维持的情况,使发动机的内弹道稳定性无法得到保证,同时燃烧后期药柱结构的解体还可能引起喷管堵塞而导致发动机爆炸。此外,复杂药型燃料药柱的制备难度较大、燃料的装填密度较低,这都导致其在实际应用中难以得到普及。因此,选用具有高燃面退移速率的固体燃料对发动机的设计至关重要。

固液混合发动机中燃料和氧化剂独特的混合与燃烧方式往往导致发动机的燃烧效率较低,为了克服这一缺陷常在燃烧室的后部设置后燃烧室,使燃料和氧化剂能够更好地混合与燃烧,但这种设计使发动机的消极质量和体积都得以增大。因此,需要燃料具有较强的反应性,能够与氧化剂更好地发生燃烧反应,从而提高发动机的燃烧效率。

2.1.3 力学性能

燃料的力学性能是指在各种载荷作用下,燃料药柱发生形变和破坏的性质。发动机中的燃料药柱具有规定的形状和尺寸,这些形状和尺寸决定着其燃烧的规律性,这种规律性是由飞行器的弹道要求决定的。要保证燃料的燃烧规律在燃烧过程中不被破坏,则必然要求燃料药柱具有足够的力学性能,此外,燃料在加工、贮存、运输和使用过程中,当承受各种载荷作用时,其结构也不应被破坏。

在实际使用过程中,固液混合发动机燃料药柱在推力室内的装填方式可分为自由装填式和贴壁浇注式两种。对于自由装填式药柱来说,受到的载荷主要是点火冲击、起飞过载和燃烧压力;而对于贴壁浇注式药柱来说,还要经受固化收缩和温度变化引起的温度载荷。

(1)燃料受力情况分析。对于自由式装填药柱而言,其与发动机壳体间存在缝隙,一般通过前燃烧室和后燃烧室的限位卡槽来固定药柱位置,主要受力情况如下:

1)点火燃气的冲击。发动机点火装置被点燃后的几毫秒内,燃烧室内压强由大气压迅速升至数兆帕甚至十几兆帕。若进入内外表面的点火燃气不一致便可产生一个内、外表面的压力差。

2)装药两端燃烧室压力差引起的应力。这一应力的大小与燃烧室直径和长度、燃烧室压强大小、喷管喉部尺寸以及后燃烧室卡槽与药柱接触面的大小等有关。应力计算公式为

$$\sigma_1 = \frac{\Delta p S_t}{A_g} \tag{2.3}$$

式中,σ_1 为装药两端压力差对燃料的轴向压应力,单位:MPa;Δp 为药柱两端的压力差,单位:MPa;S_T 为药柱的端面积,单位:m^2;A_g 为卡槽对药柱的支撑面积,单位:m^2。

3)发动机工作时惯性力引起的应力。火箭发动机在整个主动段飞行过程中始终在加速,所以药柱也始终受惯性力的作用。这种惯性力作用在卡槽上,且与 σ_1 相叠加,惯性力对药柱产生的压应力为

$$\sigma_2 = \frac{m_f g_n n}{A_g} \tag{2.4}$$

式中,σ_2 为惯性力对药柱产生的压应力,单位:MPa;m_f 为药柱质量,单位:kg;g_n 为标准重力

加速度,单位:$m \cdot s^{-2}$;n 为过载因数;A_g 为卡槽对药柱的支撑面积,单位:m^2。

4)燃烧室压强对装药产生的应力。该应力与燃烧室压强和装药尺寸均有关,设药柱两端为限制燃烧而内、外表面同时燃烧,可按厚壁圆筒对管状药柱进行受力分析,由弹性力学理论可推导出药柱内表面受到的切向应力最大,计算公式为

$$\sigma_t = \frac{p_{int}(b^2 + a^2) - 2p_{ext}b^2}{b^2 - a^2} \tag{2.5}$$

式中,σ_t 为燃烧室压力引起的药柱内表面上的切向应力,单位:MPa;p_{int} 为药柱内表面受到的压力,单位:MPa;p_{ext} 为药柱外表面受到的压力;b 为药柱外半径,单位:m;a 为药柱内半径,单位:m。

当内外压力相等且等于燃烧室平衡压强 p_c 时,则有

$$\sigma_t = -p_c \tag{2.6}$$

5)旋转发动机的惯性离心力。对于由旋转控制飞行稳定性的火箭而言,燃料药柱还受到惯性离心力的作用,即

$$F_c = m_f \omega^2 \Delta r \tag{2.7}$$

式中,F_c 为离心力,单位:N;ω 为药柱旋转的角速度,单位:$rad \cdot s^{-1}$;Δr 为药柱偏离旋转中心的距离,单位:m。

固液混合发动机的工作原理决定了药柱内孔燃烧是最为理想的燃烧方式,因此也可以采用贴壁浇注方式来制备燃料药柱。对于这种情况,需要考虑以下几种力的作用:

1)温度载荷。采用浇注成型的药柱在固化过程中会产生体积收缩,对高分子聚合物燃料来说,这种收缩是由固化前低相对分子质量的预聚体在固化过程中相对分子质量增大而体积减小而引起,如聚丁二烯的收缩率为 0.002。石蜡燃料的固化过程也是石蜡的凝固过程,会发生严重的收缩情况,收缩率可达 0.2 以上。由于药柱与发动机壳体黏接在一起,药柱的收缩受到限制,应力和应变便会在药柱内产生。

另外,药柱的固化一般在较高的温度下进行,当固化后冷却到环境温度时,药柱和壳体均还要再发生收缩,但药柱的线膨胀因数比壳体大得多,因此当发动机冷却到环境温度时,药柱的收缩也要受到限制而产生应力和应变。固化收缩和冷却收缩所产生的应力和应变是叠加的,可能在药柱和壳体的黏接面上产生较大的拉力。若药柱强度较小,前者会使药柱表面产生裂纹,而后者可引起药柱与壳体间的黏接面脱黏。

2)贮存重力和起飞加速度载荷。大尺寸发动机药柱在贮存和燃烧时,药柱的自身重力和加速度都将引起药柱的下沉变形,由于药柱的头部和尾部都无法黏接,这种下沉变形表现为两端自由药柱变形。变形的结果是使初始通气面积变小,点火时产生燃烧室压强升高和氧燃比偏离设计值的情况,因此要对这种变形进行严格控制。

3)点火时的压力载荷。发动机点火时,药柱内孔要在数毫秒内升至数兆帕甚至十几兆帕,而且燃烧着的药柱要一直承受这种压力直至烧完。药柱受到发动机壳体的约束作用,燃气的压力会使药柱内部产生一个径向压缩应变和内孔的周向(切向)拉伸应变。最大的应力和应变发生在点火瞬间的内孔周边。

现在分析药柱受到点火压力作用时的应变情况,假设:①无端部影响;②药柱与壳体间无剪切作用;③药柱不可压缩,$\mu_f = 1/2$;④药柱处于平面应变情况。

根据厚壁圆筒受力的弹性理论,可推导出圆筒的应变关系式,对于圆孔形药柱,有

$$\varepsilon_1(a) = \frac{4(1-\mu_c^2)\lambda^2}{3+\lambda^2}\frac{bp_c}{\delta_c E_c} \tag{2.8}$$

式中,λ 为药柱外径与内径之比;μ_c 为壳体材料的泊松比;b 为药柱外半径,单位:m;p_c 为燃烧室压强,单位:MPa;δ_2 为壳体厚度,单位:m;E_c 为壳体材料的弹性模量,单位:MPa。

对于星孔药柱,则有

$$\varepsilon_2(a) = \frac{4(1-\mu_c^2)\lambda^2}{3+\lambda^2}\frac{bP_c}{\delta_c E_c}K_i \tag{2.9}$$

式中,K_i 为星角应力集中参数。

由式(2.9)可以看出,在其他条件相同的情况下,壳体材料的弹性模量越小,应变值越大。

4)运输时的动态载荷。发动机在公路和铁路运输时,会有频率为 $5\sim300$ Hz 的振动,机载时可能有 $5\sim2\,500$ Hz 的振动,这均会因药柱具有的自重而产生循环载荷。飞机起飞和降落减速、汽车急刹车时还有可能受到 $5\sim30\,g$ 的冲击载荷。对于大型药柱,这种动态载荷不能忽视,可能使药柱内表面产生裂纹、黏接面脱黏等。

成型的燃料药柱需具备一定的力学性能,使其在上述载荷的作用下不致产生裂纹、破碎、变形,从而保证燃料的燃面按预定的规律变化,即保证发动机的弹道稳定性。由上文的受力分析可知,药柱装填方式不同其所受力的种类也不同,对于自由装填式药柱来说,要保证药柱在整个燃烧过程中稳定燃烧,即点火不碎裂、起飞过载时不过分下沉、低温时不脆裂、燃烧后不因过早破碎而产生过多余药,这就要求药柱具有足够的强度和模量。对于高聚物/金属粒子配方,金属粒子的粒径一般较小,在用作燃料组分的同时还充当了补强剂的作用,一般强度和模量可以满足使用要求,而对于单纯的高分子聚合物配方,则需要适当加入一定量的补强剂,如较细的炭粉等。

对于贴壁浇注燃料药柱,药柱和壳体黏接在一起,成为整个发动机结构的一部分。因此,一方面它与壳体黏接,所承受的一部分载荷由壳体分担,故对抗拉强度和模量的要求并不很高;另一方面,由于受到壳体的约束,温度载荷、点火冲击和加速度过载,以及燃烧室燃气引起的应变均较大,而且是叠加的,故要求药柱具有较高的延伸率,一般最大延伸率不小于 30%。

(2)高分子聚合物燃料的力学性能。传统固液混合发动机燃料的主要组分为高分子聚合物(简称高聚物),为了提高能量往往添加一定量的金属添加剂等高密度燃料组分,形成高聚物/金属粉燃料配方。对于高聚物来说,当温度由低温逐渐升高时分别经历三种力学状态,即玻璃态、高弹态和黏流态。玻璃态与高弹态之间的转变称为玻璃化转变,对应的转变温度为玻璃化转变温度。高弹态与黏流态之间的转变温度为黏流温度。

1)玻璃态。当温度低于玻璃化转变温度时,由于温度很低,分子运动的能量很低,不足以克服主链内旋转的位垒,因此链段处于被冻结状态。此时,外力的作用尚不足以推动链段或大分子沿作用力的方向作取向运动,只能使主链的链长和键角发生微小改变,表现出的力学性质和小分子的玻璃相似。高聚物受力后的形变很小,形变与受力的大小成正比,在外力除去后能立刻回复,为普弹形变。该状态的特征是模量大、形变小、应力和应变关系服从胡克定律(Hooke's law)。

2)高弹态。当温度高于玻璃化转变温度时,分子热运动能量逐渐增大,虽然整个分子的移动仍然受到冻结,但分子热运动的能量已足以克服内旋转的位垒。链段运动被激发,链段可以通过主链中单键的内旋转不断改变构象。链段可产生滑移,但整个分子链段间仍不能相互滑移。

当受到拉伸力作用时,分子链可从蜷曲状态变到伸展状态,表现在宏观上可以发生较大的形变,一旦外力去除,分子链可通过单键的内旋转和链段运动回复到原来的蜷曲状态,在宏观上表现为弹性回复。由于玻璃态是通过改变化学键的键长和键角而产生形变的,因此高弹态产生形变所需要的外力比玻璃态小得多,而形变量却大得多。

与普弹形变不同,在一定应力下高弹态的形变达到平衡和除去应力后形变完全回复不是瞬间完成的。在拉伸过程中外力使大分子取向伸展,而热运动使大分子又自动趋于无规则蜷曲来抵抗外力的取向作用。取向力和蜷曲力之间要逐渐克服黏滞阻力而建立起一个平衡,因此平衡过程需要经过一定的时间。

3)黏流态。当温度高于黏流温度时,不仅链段运动的松弛时间缩短,整个分子链移动的松弛时间也缩短了。这时,高分子聚合物在外力作用下便发生黏性流动,在宏观上表现出分子链间相互产生滑移。这种流动同低分子液体流动类似,是不可逆形变,外力去除后,形变无法回复。

由于高聚物的相对分子质量具有多分散性,分子的聚集状态也是无规则的,这决定了高分子聚合物受力发生形变时的情况较为复杂,在某一温度范围内并不是仅有一种形变存在,而是以某种形变为主。另外,普弹形变与时间无关,而塑性流动却依赖于力的作用时间。对于普弹形变,应变与应力的关系服从胡克定律,对于黏性流动则服从牛顿定律,而对于高弹形变,形变与应力的关系在形式上类似胡克定律,但形变和模量又强烈地依赖于时间,类似于黏性流动。因此高弹形变既有弹性形变的特点又有黏性流动的特点。

对于单纯的高分子聚合物燃料,当受力较小、形变量也较小、药柱结构未被破坏时,可视其为弹性材料来对待,但这种燃料虽然具备较大的延伸率,模量却较小,有时难以满足发动机对燃料的要求。对于高分子聚合物/金属粉配方,金属粉不但可以作为高能组分提高燃料的能量,也能作为补强剂提高燃料的模量,因此从能量和力学性能的角度看,高分子聚合物/金属粉配方更为理想。

(3)石蜡燃料的力学性能。目前在用的石蜡燃料分为两种,一种以固体石蜡为主要组分,另一种是在石蜡中加入一定的高分子黏合剂。石蜡是饱和烷烃的混合物,化学通式为 C_nH_{2n+2},一般碳原子数 n 的范围为 18~45。石蜡不属于高分子聚合物,因此也并不具有高分子聚合物存在的三种力学状态。同时,石蜡的模量和强度远高于高分子聚合物,但延伸率较低,当外力较大时,石蜡会直接断裂而不发生回弹,这对发动机的稳定工作极为不利。

对于高分子聚合物来说,玻璃态的出现使燃料的低温力学性能难以得到保证,因此从力学性能角度来看,以高分子聚合物为主要原料的固体燃料皆有使用温度下限,如 HTPB 燃料的玻璃化转变温度为 -70℃左右。但石蜡不存在高聚物的三种力学状态,因此在超低温下能够保持类似常温下的力学性能,作为燃料时尤其适用于超低温工作条件。

为了解决石蜡延伸率较低的问题,国内外也一直尝试在石蜡中加入一定量的高分子黏合剂来制备含石蜡燃料。少量黏合剂的加入在很大程度上提高了燃料的延伸率,而基本不影响燃料的燃烧性能,因此是一种极具发展与应用前景的固液混合发动机燃料。从微观物理结构上看,该燃料类似于高分子聚合物/金属粉配方,石蜡以微小粒子的形式分散于黏合剂体系中,只是由于固体石蜡的补强效果较差,若要得进一步提高燃料的力学性能,仍需加入一定量的金属粉或炭粉。

(4)影响燃料力学性能的因素。对于以固体石蜡为主要组分的燃料,本身力学性能较差,石蜡品号对力学性能的影响也并不明显。因此下面仅讨论影响含高分子聚合物燃料力学性能的因素。

1)高分子聚合物性质的影响。燃料中的高分子聚合物是力学结构的骨架,对燃料的力学性能起着决定性的作用。一般而言,燃料的模量和高分子聚合物的模量成正相关,因此选择合适的高分子聚合物可获得高模量燃料。从理论上来说,凡是影响预聚物链段运动的因素都会影响高分子聚合物燃料的力学性质。这些因素主要有:空间位阻、侧基大小、共聚单体性质、主链段上键的饱和性和分子间力等。

在实践中,可以加入增塑剂和稀释剂来改善燃料的低温性能和加工性能,使大分子作用力降低,从而使玻璃化转变温度降低、模量降低、延伸率提高。预聚物的官能度多少、相对分子质量大小、相对分子质量分布如何也对燃料的力学性能有很大影响。预聚物中有三官能度时,除分子链增长外,还会发生网状交联,从而使模量得到提高;预聚物相对分子质量大,固化后燃料的模量高、延伸率大;相对分子质量分布过宽则会对燃料的力学性能产生不利影响。

聚合物分子链的柔顺性也直接影响燃料的力学性能。大分子链越柔顺,玻璃化转变温度越低、延伸率越大。大分子链的长短、链单元的结构、分子间作用力的大小、侧链的位阻效应及取代基团的极性等都会影响大分子链的柔顺性。例如,聚丁二烯类高分子聚合物先后经历了丁二烯-丙烯酸共聚物、丁二烯-丙烯酸-丙烯腈共聚物、端羧基聚丁二烯和端羟基聚丁二烯几个发展阶段,其结构不断改进,柔顺性也不断改善,因而玻璃化转变温度也在不断降低。

另外,固化剂对燃料的力学性能也有较大影响,表现在固化剂类型和用量不同时燃料固化后的力学性能也不尽相同。如固化剂过量使用时,可能出现因交联点密度过大而导致的延伸率降低。

2)固体填料的影响。这里的固体填料主要指金属粉、固体石蜡、炭粉等以固体形式加入到燃料中的组分。当固体填料加入到高分子聚合物中时,除了能提高能量和改善燃烧性能外,还能在一定程度上起到补强剂的作用,使燃料的拉伸强度得以提高,同时使延伸率降低。另外,固体填料的加入也会使玻璃化转变温度上升,一般填料的加入量与玻璃化转变温度增加量成线性关系。

按照 A. E. Oberth 理论,燃料受到拉伸作用时,固相粒子分配到的负荷比高聚物大,而且没有固定比例。假设材料的拉伸应变为 ε_0,按照胡克定律,固相粒子的应力为 $\sigma_f = E_f \varepsilon_0$,黏合剂的应力为 $\sigma_M = E_M \varepsilon_0$,通常 $E_f \gg E_M$,故 $\sigma_f \ll \sigma_M$。由于燃料的负荷不变,大部分负荷由填料承担,故而填料起到了补强作用。

炭黑是一种橡胶用传统补强剂,大量加入可显著提高燃料的强度。对固液混合发动机燃料来说,加入炭粉的初衷是降低火焰向燃料内部的热辐射,用量一般较小(2%左右),因此在实际应用过程中炭粉不会显著改变燃料的力学性能。对于金属粉而言,考虑到价格、活性及燃烧效率,一般采用微米级,加入量一般在 40% 以内,较少量的金属粉对燃料力学性能的影响不大,而当加入量较大时则能显著提升燃料的力学性能,而且一般金属粉的粒径越小,燃料的延伸率和拉伸强度越高。此外,因石蜡具有强度高而延伸率低的特点,将其加入高聚物中时,能在保证一定延伸率的情况下,显著提高燃料的强度。

3)高分子聚合物基体与填料间相互作用的影响。补强作用的前提条件是高分子聚合物基体与填料间存在键合作用(见图2.1),在其他条件相同的情况下键合作用越强,填料的补强效果也就越好。当键合作用较弱时,燃料在足够强的外力作用下,初期时填料尚能起到补强作用,但随着外力的继续作用,燃料可能很快出现"脱湿"现象,使固体填料在拉伸方向上的两端产生空洞,若外力继续作用则应力直接作用于聚合物上,此时填料无法再起到补强作用。因此,提高填料和基体间的键合作用,是提高燃料力学性能的一种方法。

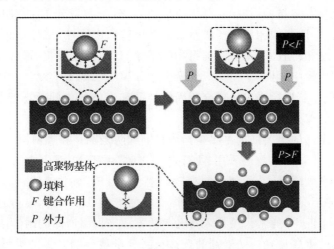

图 2.1　键合补强过程示意图

应力分析结果表明,当燃料受到拉伸时,最大应力点位于稍微离开粒子表面的高分子聚合物内部,因此最大应力点应是最早出现空隙的地方。燃料破坏的最初阶段是在高分子聚合物中的最大应力点处撕裂,属于内聚破坏,只有继续拉伸时,空洞才扩展到填料表面。因此,填料粒子表面产生"脱湿"的时间点,与粒子表面和高分子聚合物黏接面的模量有关。黏接面的模量越大,则空隙扩展到粒子表面的过程就被推迟得越久。当粒子表面形成一高模量的弹性体层时,则形成空隙的部位就被推移到基体内部,这便是键合剂的作用原理。

键合剂一般具有两个以上的官能团,这些基团能够分别与固体填料和高分子聚合物发生作用,从而显著提高聚合物与填料界面的结合力,最终达到改善燃料力学性能的目的。对于不同高分子聚合物和固体填料,选用的键合剂不尽相同,常用的键合剂有醇胺类化合物、氮丙啶化合物、多胺化合物、硝化纤维素、酰胺、羟基或氨基硅烷的聚合物等。

值得注意的是,固体石蜡与其他填料不同,通常熔融后以液态形式加入到高分子预聚物中,虽然最终仍然以固体粒子的形式存在于燃料中,但其没有固定的尺寸。因固体石蜡的模量较大且表面能较低,与高分子聚合物分子难以键合,因此无法通过使用键合剂来解决其"脱湿"。此时,选择与石蜡相容性好的高分子聚合物作为基体是解决这一问题的有效途径。

2.1.4　贮存性能

固体燃料在完成生产后,一般要经历一定时间的贮存期,提高燃料的贮存性能、延长燃料的贮存期对发动机的经济性和工作稳定性均具有重要意义。与固体推进剂不同,固液混合发动机燃料的贮存性能主要是指含高分子聚合物燃料的老化性能,包括燃料老化后出现力学性能下降、组分改变、组分迁移等不利现象,因此需要在认清老化机理的基础上,采取一定的措施来延长燃料的贮存寿命。

(1)影响燃料老化的主要因素。影响燃料老化的因素有内因(配方)和外因(贮存条件)两

种,具体如下:

1)高分子聚合物基体结构的影响。高分子聚合物组成了燃料的"骨架",从而使燃料具备一定的力学性能,因此其结构直接影响燃料的老化性能。这种影响首先表现在:预聚体中高分子链上的基团不同,燃料的老化性能也不同。如聚丁二烯中的双键,稳定性较差,易受环境因素的作用而发生变化。链结构,如相对分子质量、相对分子质量分布、支化度等也能对燃料的老化性能产生影响,一般来说相对分子质量大的高聚物稳定性好,相对分子质量分布宽和支化度大的高聚物稳定性相对较差。此外,高聚物的聚集态,包括结晶度、晶体结构和晶粒大小等也会对老化性能产生影响,低温下易结晶的聚合物如聚丁二烯等容易产生部分结晶使抗拉强度上升,延伸率下降。若聚合物中生成介于固体结晶和液体的中间状态液晶态高分子聚合物则有利于力学性能的改善。

2)工艺助剂。本书的工艺助剂主要是指固化剂和防老剂。在燃料固化完成后还可能发生后固化或断裂降解,如 CTPB 燃料采用 MAPO 固化时,由于 MAPO 中的 P—N 键容易断裂,燃料的老化使交联密度降低,从而使燃料变软。对于 HTPB 燃料来说,选用不同的异氰酸酯固化剂,老化性能亦不尽相同,当采用异佛尔酮二异氰酸酯(IPDI)时,燃料的抗老化性能最好。

在橡胶和塑料工业中,通常采用加入防老剂的方法来提高产品的耐候性,使用防老剂也是改善燃料老化性能的重要途径。防老剂的选择与高分子聚合物基体的类型有关,常用的防老剂有胺类(如防老剂 H(N,N'-二苯基二胺)、DNP[N,N'-二(β-萘基)对苯二胺]等)和酚类[如 2,2'-甲撑-双(4-甲基-6-叔丁基)苯酚、4,4'-硫代双(6-叔丁基间苯酚)等]。

防老剂的作用在于中止高分子聚合物氧化和断裂过程中产生的不稳定游离基,阻止燃料降解的动力学连锁反应,从而延缓燃料的氧化。一般认为高分子聚合物的老化反应机理为

$$RH(高分子聚合物) \longrightarrow R \cdot + H \cdot$$
$$R \cdot + O_2 \longrightarrow + ROO \cdot$$
$$ROO \cdot + RH \longrightarrow ROOH + R \cdot$$

防老剂加入后可发生如下反应:

$$R \cdot + Ar_2NH(胺类) \longrightarrow RH + Ar_2N \cdot$$
$$R \cdot + ArOH(酚类) \longrightarrow RH + Ar_2O \cdot$$
$$ROO \cdot + Ar_2NH(胺类) \longrightarrow ROOH + Ar_2N \cdot$$
$$ROO \cdot + ArOH(酚类) \longrightarrow ROOH + Ar_2O \cdot$$

生成的 $Ar_2N \cdot$ 和 $Ar_2O \cdot$ 是稳定的游离基,不再发生连锁反应,但稳定的游离基还能与活性游离基发生链中止反应,即

$$Ar_2N \cdot + ROO \cdot \longrightarrow Ar_2NO_2R$$
$$ArO \cdot + ROO \cdot \longrightarrow RO_2ArO$$

需要注意的是防老剂只能在一段时间内延缓高分子聚合物的自动氧化作用,而不能从根本上消除这种氧化作用,一旦防老剂消耗完,燃料将开始加速老化。另外,也可在燃料中加入辅助防老剂,通过与主防老剂间的协同作用提高主防老剂的抗老化效果。

3)贮存条件。温度是各贮存条件中影响燃料老化性能的最重要因素,这主要是因为温度的升高能够加快高分子聚合物的降解,温度过低时还可能发生高分子聚合物的结晶。湿度也会对燃料的老化性能产生影响,主要表现为:引起高分子聚合物的水解断链,造成燃料变软;水分在固体填料表面可能形成低模量的"包覆层",容易导致因"脱湿"引起的力学性能降低。

　　4)表面效应。表面效应是指燃料药柱在贮存过程中,因燃面与外界接触更容易发生氧化反应,导致燃料表面老化加速而与燃料内部力学性能产生差异。燃面上的老化可使延伸率下降,拉伸模量上升,影响深度可达 10 mm 以上,因此对常采用多孔药柱结构的固液混合发动机燃料来说影响尤为严重。

　　(2)燃料的老化机理。燃料的老化机理因高分子聚合物种类的不同而有所不同,目前已知的主要有后固化、氧化交联和高分子聚合物的断链降解。

　　后固化是指在正常固化周期内尚未完成而在贮存过程中继续缓慢进行的固化反应,具体包括燃料固化时未达到正硫化点在贮存时的继续固化,以及一些由副反应引起的后固化反应。如 HTPB 燃料,当采用 TDI 作为固化剂、MAPO 作为交联剂时,MAPO 可以催化 TDI 生成三聚体和碳化二亚胺,即

$$3\ OCN-Ar-NCO \xrightarrow{MAPO} OCN-Ar-N \underset{\substack{| \\ Ar \\ | \\ NCO}}{\overset{\displaystyle \overset{O}{\parallel}\ \ \ \ }{\underset{\displaystyle O=C\ \ \ \ \ \ \ C=O}{\overset{\displaystyle C}{\diagdown N \diagdown \diagup N \diagup}}}}-Ar-NCO$$

$$2\ OCH-Ar-NCO \xrightarrow{MAPO} OCN-Ar-N=C=N-Ar-NCO$$

反应式中 Ar 代表苯基。上述两种化合物中均含有—NCO 基,但活性比 TDI 低,固化反应后仍残留在燃料中,贮存中能够继续发生缓慢的后固化反应:

$$ROH+OCN-Ar-N=C=N-Ar-NCO \longrightarrow OCH-Ar-\underset{\substack{| \\ H}}{N}-\overset{\substack{OR \\ |}}{C}=N\ -Ar-NCO$$

　　对于含有双键的聚丁二烯类燃料,可能在双键部位发生氧化交联,氧化所需要的氧主要来自于空气中的氧气。发生氧化交联后的燃料中双键减少,导致拉伸模量上升及延伸率下降。氧化交联反应容易发生在双键相邻的碳原子上,特别是侧乙烯基双键,即

$$\longrightarrow \begin{array}{c} H \\ | \\ O \\ | \\ O \quad H \quad\quad H \\ | \quad | \quad\quad | \\ -C-C=C-C- \\ | \quad | \quad | \quad | \\ H \quad H \quad H \quad H \end{array} + R\cdot$$

然后氧化反应继续。氧化交联反应是游离基引发的反应,其反应速度依赖于游离基 $ROO\cdot$ 和 $R\cdot$ 的浓度。

高分子聚合物的断链与其固化体系的稳定性有很大关系,在环境因素(主要指温度和湿度)的作用下高分子聚合物常发生断链,如以 MAPO 为固化剂的 CTPB 燃料,可能发生的断链反应分为以下三种:

1)由水解导致 P—N 键断裂生成 H_2NR:

$$O{=}P(NHR)_3 \xrightarrow{\ H_2O\ } O{=}P{\overset{OH}{\underset{NHR}{\vert}}}{-}NHR + H_2NR$$

2)磷酰胺酯发生 P—N 键断裂,并重排后也生成 H_2NR:

$$2[CH_3COOCH_2\overset{CH_3}{\underset{H}{-C-}}NH\ ]_3PO \longrightarrow$$

$$[(CH_3COOCH_2\overset{CH_3}{\underset{H}{-C-}}NH\ )_2PO]_2NCH(CH_3) + H_3C{-}O{-}\overset{O}{\overset{\|}{C}}{-}CH_3 + H_2NR$$

3)磷酰胺酯首先环化,继而发生 P—N 键断链,最终生成磷酸的衍生物和二甲基噁唑啉:

$$(CH_3COOCH_2CHNH)_3PO \longrightarrow (CH_3COOH_2\overset{CH_3}{\underset{H}{-C-}}NH)POOH +$$

[二甲基噁唑啉结构图]

聚酯和聚氨基甲酸酯在酸性或碱性条件下也可发生水解断链,如:

$$R{-}\overset{O}{\overset{\|}{C}}{-}OR' + H_2O \xrightarrow{\ H^+\ \text{或}\ OH^-\ } RCOOH + R'OH$$

$$RNH\overset{O}{\overset{\|}{C}}{-}O{-}R' + H_2O \xrightarrow{\ H^+\ \text{或}\ OH^-\ } RNH_2 + R'OH + CO_2\uparrow$$

$$RNH{-}\overset{O}{\overset{\|}{C}}{-}NJR' + H_2O \xrightarrow{\ H^+\ \text{或}\ OH^-\ } RNH_2 + R'NH_2 + CO_2\uparrow$$

除上述几种典型反应外,实际的断链反应相当多,导致断链机理也更为复杂。这些断链反应都会使推进剂软化,从而导致拉伸强度和模量降低。

(3)燃料的使用寿命预估。燃料的使用寿命预估对发动机整体寿命预估具有重要意义,目前的预估方法主要有监测法和加速老化法两种。监测法是将燃料方坯、燃料药柱、装药发动机等进行实际或模拟环境贮存,定期取样进行检测,并将测试得到的数据与发动机设计指标进行比较,以获得燃料的老化规律及贮存寿命。这种方法得到的结果更符合实际情况,但显而易见的是,实验周期可达数年至十数年,因此无法普及应用。

燃料寿命预估最常用方法是加速老化法,该方法采用不同温度的热空气进行老化加速反应,测定老化后试样性能数据的变化,从而对燃料的寿命进行预估。预估常用的动力学模型为

$$P_r = P_{r0} + k \log t \tag{2.10}$$

式中,P_r 为经老化时间 t 后的性能;P_{r0} 为与初始性能有关的常数;k 为性能变化的速率常数;t 为老化时间。

性能变化速度常数 k 与热力学温度 T 的关系符合 Arrehenius 关系式,即

$$k = Z e^{-E/RT} \tag{2.11}$$

式中,Z 为频率因子;E 为性能变化的表观活化能;R 为通用气体常数。

将式(2.11)取对数,得到线性方程为

$$\ln k = A - \frac{B}{T} \tag{2.12}$$

将各贮存温度下的 k 值代入式(2.12)中,用回归处理的方法求出 A 和 B 的值,即可得到性能变化速率常数 k 随温度变化的回归方程。这样可以求出常温条件下的 k_{25} 值,再将其代入式(2.10)中,根据不同性能的安全使用值对燃料的寿命进行预估。

加速老化法虽然省时省力,但也存在一些问题,主要是高温和低温老化下的化学反应历程并不完全相同,将高温老化结果外推到常温可能带来预估结果上的差异。因此在实际应用过程中常常要对常温下性能变化常数 k_{25} 进行适当修正,以提高预估精度。

2.1.5　其他性能

价格是决定一种燃料能否得以应用的重要因素,民用是固液混合发动机的重要应用方向,因此对燃料价格的要求也就更为苛刻。不同种类的燃料因原材料价格不同而呈现显著差别,如石蜡为石油副产品,年产量高,价格仅为 $8 \sim 15$ 元·kg^{-1},而 CTPB 由于制备工艺复杂、市场需求量小,价格可达 500 元·kg^{-1} 左右。在满足燃料其他性能的基础上,选用价格更为低廉的原材料制备燃料可有效提高发动机的经济效益。

随着环保意识的增强,要求火箭发动机满足绿色环保要求。火箭发动机对大气环境的影响主要体现在对对流层和平流层的影响上,可以通过工作过程中释放的燃烧产物来进行评估。不同类型推进剂燃烧产生的典型产物种类见表 2.1。

表 2.1　不同推进剂的典型排放物

复合固体推进剂	液体碳氢燃料	肼类自燃推进剂	LOX/LH$_2$ 低温推进剂[①]	固液混合推进剂
HCl	CO_2	CO_2	H_2O	CO
Al_2O_3	CO	CO	H_2	CO_2
CO	H_2	NO_x	/	H_2
N_2	H_2O	N_2	/	NO_x
CO_2	OH^-	H_2O	/	H_2O
NO_x	NO_x	H_2	/	OH
Cl^-	/	/	/	/
H_2O	/	/	/	/

注:LH$_2$ 指液氢。

　　对流层中对环境影响最严重的种类是 HCl,Al_2O_3,NO_x 和 CO_2,固液混合发动机的推进剂中由于不含高氯酸铵氧化剂,因此在 HCl 的排放上相对于固体火箭发动机更为绿色环保。固体燃料中可能会添加少量铝粉,因此可能对环境产生影响,而 NO_x 的排放水平也随着燃料和氧化剂的选择而变化,相对于 LOX 来说,采用 N_2O 作为氧化剂会产生更多的 NO_x。

　　对平流层的影响是对气候的破坏,主要指温室效应,直接或间接造成温室效应的燃烧产物包括 CO,CO_2,H_2O 和 NO_x。由推进剂元素组成可知,除了 LOX/LH$_2$ 推进剂,其他推进剂的燃烧都会产生温室气体,但限于规模,火箭发动机的燃气排放与工业污染源相比几乎可以忽略不计。因此考虑到发动机的绿色环保要求,目前多使用碳氢材料(或加入少量镁、铝等金属粉)作为固液混合发动机燃料。

2.2　燃料的原材料

2.2.1　高分子聚合物

　　高分子聚合物是固液混合发动机最常用的燃料,这是因为它们基本能够满足发动机对燃料力学性能、能量和燃烧性能的要求,而且价格低廉、易于获取。燃料可以分为惰性高分子聚合物燃料和含能高分子聚合物燃料两类。在固液混合发动机发展早期,常被考虑的高分子聚合物燃料为聚甲基丙烯酸甲酯(PMMA)、聚苯乙烯(Polystyrene, PS)和聚氨酯(Polyure-thane, PU)等惰性高分子聚合物燃料。随着聚丁二烯在复合推进剂领域的发展与广泛应用,聚丁二烯-丙烯腈(Polybutadiene-Acrylonitrile, PBAN)、端羧基聚丁二烯(Carboxy-termina-ted Liquid Poly-butadiene Rubber, CTPB)和端羟基聚丁二烯(HTPB)被越来越多地使用,其中 HTPB 应用最为广泛。此外,高密度聚乙烯(High Density Polyethylene, HDPE)和低密度聚乙烯(Low Density Polyethylene, LDPE)也是较为常用的固体燃料。

　　高能量是固体推进剂永恒追求的目标,近年来多种含能高分子聚合物黏合剂被研制成功,这些高分子聚合物具有含能基团,与惰性高聚物相比更易分解,同时亦具有较高的生成焓和密度,作为固液混合发动机燃料可提高燃面退移速率及发动机的比冲。考虑到技术的成熟度和成本,目前常用的是叠氮基取代的环醚高聚物,如聚叠氮基缩水甘油醚(GAP)、聚 3 -叠氮基甲基- 3 -甲基氧丁环(3,3-bis(a zidomethyl)oxetante,BAMO)和聚 3,3 -双叠氮基甲基氧丁环(AMMO)等。

一些高分子聚合物的理化性质见表 2.2。

表 2.2　高分子聚合物的性质

名　称	密度/(g·cm^{-3})	生成焓/(kJ·mol^{-1})	玻璃化转变温度/℃
PMMA	1.19	−430.53	95～110
PS	1.12	37.24	90～100
CTPB	0.92	−9.71	−80
HTPB	0.92	−51.88	−70
HDPE	0.950	−1332.5	−120～−140
LDPE	0.926	−659.2	−108～−125
GAP	1.29	492.2	低于−45
PEG	1.01	−4 195.8	低于−50
AMMO	1.06	869.4	−45
BAMO	1.30	2877	−39
BAMO/THF	1.27	877.8	−61

2.2.2　石蜡

石油中在常温下呈固体或半固体形态的烃类化合物的混合物称为石油蜡,通过石油炼制得到的石油蜡一般可分为三类,即石蜡、混晶蜡(中间蜡)和微晶蜡。其中,石蜡是从重质柴油馏分和润滑油馏分中分离出来的固态烃,主要组分为正构烷烃,也含有少量的异构烷烃、环烷烃及芳香烃等组分,化学通式为 C_nH_{2n+2}($n = 18$～45)。随着平均相对分子质量的增大,沸点和熔点均升高,组成中的正构烷烃减少而异构烷烃和环烷烃增多。

根据用途及精炼程度,石蜡又可分为全精炼蜡、半精炼蜡、粗蜡、食品蜡、火柴蜡等类别,同时也可按照熔点将石蜡分为不同的牌号进行出售,如 52 号、54 号、56 号石蜡等。石蜡价格低,性能独特,已大量应用于能源、食品、石化、制药、装饰及包装等领域。

固液混合发动机燃料长期受燃面退移速率较低的缺陷困扰。斯坦福大学的 Arif 等人在环戊烷独特燃烧性能的启发下,以石蜡为主要原材料研发出了石蜡燃料,其燃面退移速率比 HTPB 高 3～4 倍,给陷入瓶颈期的固液混合发动机技术注入了新的活力(见图 2.2)。

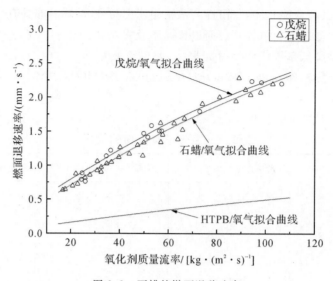

图 2.2　石蜡的燃面退移速率

Arif 认为,与气化-扩散主导的高分子聚合物燃料不同,石蜡燃料在燃烧过程中表面形成薄的熔融层,由于这层熔融层的黏度和表面张力都比较低,在氧化剂气流的驱动下,熔融层的不稳定性会增强,并形成液滴进入到边界层中。这种传质机理与喷注类似,都不依赖传热,因此燃料表现出较高的燃面退移速率。图 2.3 为含石蜡燃料的燃烧过程示意图。

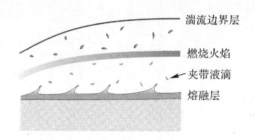

图 2.3　含石蜡燃料的燃烧过程

液滴生成的质量流率依赖于动态压力、熔融层厚度及液体溶融层性质,可表示为

$$\dot{m} \propto \frac{p_{dyn}{}^{\beta} h^{\delta}}{\sigma^{\theta} \mu^{\lambda}} \tag{2.13}$$

式中,μ 和 σ 分别为熔融液体的黏度和表面张力;$\beta,\delta,\theta,\lambda$ 为经验因数。

由式(2.13)可知,只有当熔融层液体具有较低的黏度和较小的表面张力时,液滴才会形成。例如高密度聚乙烯(HDPE)虽然也形成熔融层,但因熔融层的黏度比石蜡高 4 个数量级,液滴形成效应并不明显,而石蜡、聚乙烯蜡等燃料由于熔融层黏度较低,表现出较高的燃面退移速率。

由于石蜡具有燃面退移速率高、价格低廉、绿色环保、可用于超低温环境等优点,是一种极具发展与应用前景的固液混合发动机燃料。但石蜡也存在熔点低、力学性能差的缺陷,使发动机的弹道稳定性和多次开关机能力得不到保障。近年来国内外也开展了大量以石蜡和黏合剂为主要组分来进行燃料制备的研究,主要涉及的黏合剂有 PE,EVA,HTPB 等,称这类燃料为含石蜡燃料。这种燃料兼具了力学性能和燃面退移速率方面的优势,是未来固液混合发动机燃料的一个重要发展方向。

值得注意的是,我国石油资源虽并不丰富,但由于多数原油的含蜡量较高,因此石蜡资源较为丰富,是世界石蜡资源生产、出口和消费大国。目前我国的石蜡生产企业主要有茂名石化、高桥石化、燕山石化等 15 家,总生产能力在每年 150 万~160 万吨,国内消费量只有每年 45 万~50 万吨,产品 60％用于出口。但由于我国出口的石蜡产品大多为价格低廉的初级蜡,产品附加值较低,且往往因国际市场的需求减弱而库存严重。积极发展含石蜡燃料,并将其应用于航天推进领域,将对提升国内石蜡的消费量及促进国内石蜡行业的发展产生积极影响。

2.2.3　金属添加剂

常见的金属添加剂主要是指金属单质及其氢化物。由于金属单质具有较高的密度和燃烧热值,燃烧生成的凝聚相产物还有抑制不稳定燃烧的作用,且性质稳定、价格低廉,已普遍应用于固体推进剂中。虽然金属氢化物具有更高的能量特性,但限制于制备成本,且某些金属氢化物的化学稳定性有待改善,故目前仍未在固体推进剂中得以应用。与固体推进剂相似,金属单质及其氢化物也可以作为固液混合发动机的燃料添加剂,用以提高燃料的能量、改善燃料的燃烧性能,同时还可起到补强剂的作用。表 2.3 列出了部分燃料及其氧化物的物理化学性质。

表 2.3　部分燃料及其最终氧化物的性质

燃料	燃料			质量热值 $(kJ \cdot g^{-1})$	体积热值 $(kJ \cdot cm^{-3})$	最终氧化物	最终氧化物性质			
	密度 $(g \cdot cm^{-3})$	熔点 ℃	沸点 ℃				密度 $(g \cdot cm^{-3})$	熔点 ℃	沸点 ℃	生成焓 $(kJ \cdot mol^{-1})$
Al	2.70	660	2 467	31.1	83.9	$Al_2O_3(s)$	3.97	2 054	3 800	−1 676
B	2.34	2 077	2 550	58.7	137.0	$B_2O_3(s)$	2.46	450	2 065	−1 273
Be	1.85	1 287	2 468	66.5	123.0	$BeO(s)$	3.01	2 530	3 900	−609
C	2.25	3 652	/	32.8	73.8	$CO_2(g)$	/	−56.6	−78.5	−394
Li	0.534	181	1 342	43.2	23.0	$Li_2O(s)$	2.013	>1 700	/	−598
Mg	1.74	649	1 107	24.7	43.0	$MgO(s)$	3.58	2 832	3 260	−601
Ti	4.50	1 663	3 358	19.7	89.6	$TiO_2(s)$	4.26	1 830~1 850	2 500~3 000	−939
Zr	6.49	1 852	4 377	12.0	78.1	$ZrO_2(s)$	5.60	2 677		−1 098
HTPB	0.92	241	/	43.3	39.8	/	/	/	/	/

由表 2.3 可知,金属单质(包括硼)都具有较高的密度,因此在质量热值较高的情况下,也显示出了非常高的体积热值,这对体积受限的火箭发动机是极为重要的。在各金属单质中,铍的质量热值和体积热值都最高,但氧化铍有剧毒且铍元素在地壳中的丰度较低,因此难以应用。硼的热值也很高,但硼燃烧的耗氧量非常大,更适用于冲压发动机中。此外,硼粒子的表面包覆有沸点较高的氧化膜,使其点火和燃烧都较为困难,这也在一定程度上限制了硼的应用。

铝的质量热值和体积热值都很高,常温下化学性质稳定、高温下化学性质活泼,且价格低廉,因此已在固体推进剂中广泛使用。镁的热值虽然略低,但由于其化学性质活泼、易于点火和燃烧,在固体推进剂领域也有一定的应用。对于固液混合发动机来说,追求高能量是其永恒不变的发展方向,因此添加镁、铝等金属粉是固体燃料发展的必然选择。

值得注意的是,金属粉的加入往往还能够有效提高燃料的燃面退移速率,但提高幅度受氧化剂种类、燃料配方、燃料药型、发动机结构、工作压强等多种因素的影响,目前还没有公认的确切结论出现。与固体推进剂不同,考虑到燃料本身具有的化学稳定性,为了提高燃烧效率,很多发动机燃料更倾向使用镁粉或镁铝粉混合物。例如,早在20世纪60年代研发的"Sand-piper"靶机发动机便采用了90%PMMA/10%镁的燃料方案。

在粒度方面,虽然纳米金属粉具有点火容易、燃烧时间短、燃烧效率高等优点,但目前固液混合发动机燃料中使用的金属粉大多仍为微米级,这主要是因为纳米粉的性质过于活泼,在燃料制备过程中容易被迅速氧化,不但导致纯度降低引起的燃料能量下降,也使其点火性能受到影响。当采用黏合剂/金属粉燃料配方时,纳米金属粉较高的比表面积有时会使药浆的黏度过高,不利于燃料的浇注。另外,目前纳米金属粉的价格过高,也限制了其作为燃料的大规模应用。

作为一类重要的储氢材料,金属氢化物具有更高的生成焓,更容易点火燃烧且燃烧成气量大,不但可提高发动机能量,而且对改善燃料的点火燃烧性能也有明显的促进作用。常见金属氢化物的性质见表2.4。

表2.4 常见金属氢化物的性质

燃料	密度/(g·cm^{-3})	热分解温度/℃	生成焓/(kJ·mol^{-1})	燃烧热/(kJ·g^{-1})
LiH	0.76~0.82	972	95.8	44.2
AlH$_3$	1.49	175	−11.4	41.8
LiAlH$_4$	0.92	137	117.2	41.9
LiBH$_4$	0.67	280	190.6	60.4
NH$_3$BH$_3$	0.78	110	−56.5	46.6

由表2.4可知,LiBH$_4$和NH$_3$BH$_3$的质量热值都比较高,尤其是LiBH$_4$还具有极佳的热稳定性,但它们的密度都较低,且受制于硼元素燃烧时耗氧量高的缺陷,在体积受限、需要自供氧的火箭发动机中没有能量上的优势。同样,LiH和LiAlH$_4$也存在密度不高的问题。

AlH$_3$一直以来都被公认为是一种能够最先发展成熟的金属氢化物燃料,但纯的AlH$_3$在空气中不稳定,容易和空气中的水蒸气发生水解反应,且AlH$_3$也存在热分解温度低的问题。目前通过稳定化处理,已经使AlH$_3$的稳定性达到实际应用水平,预计不久的将来会率先在高能固体推进剂中得到应用,并也有望用作固液混合发动机燃料。

2.2.4 其他添加剂

其他添加剂包括增塑剂、交联剂、燃面退移促进剂、热辐射吸收剂、防老剂等。对高分子聚合物燃料来说,需要加入增塑剂来降低黏合剂体系的玻璃化转变温度,从而改善燃料的低温力学性能。常用的增塑剂有邻苯二甲酸二辛酯、癸二酸二辛酯等。

高分子聚合物需要在固化剂的作用下才能由低相对分子质量的预聚物转变成适度交联的

网状聚合物,不同高分子预聚物所需要的固化剂也不同,对于 HTPB、GAP 等具有羟基官能团的高分子预聚物来说,通常使用甲苯二异氰酸酯(Toluene Diisocyanate,TDI)、异佛尔酮二异氰酸酯(Isophorone Diisocyanate,IPDI)、六亚甲基二异氰酸酯(Hexamethylene Diisocyanate,HDI)等作为固化剂。

长时间贮存时高分子聚合物会发生由聚合物内部物理化学变化引起的老化,为了抑制燃料的老化,通常需要在燃料中加入少量的防老剂。目前广泛使用的是芳胺类防老剂,如 N,N′-二苯基对苯二胺(简称"防老剂 H"),N,N′-二-β-萘基对苯二胺(简称防老剂,DNP)。

固液混合发动机燃料长期受燃面退移速率低的困扰,因此加入能提高燃面退移速率的催化剂对发动机性能的提升非常重要。目前可用的燃面退移促进剂非常少,被证明有效的是高氯酸铵等固体氧化剂和二茂铁类催化剂。少量(5%～10%)高氯酸铵等固体氧化剂的加入能显著提高燃料的燃面退移速率,虽然此时燃料并不具备自持燃烧能力,但仍然会削弱固液混合发动机的安全性能,因此无法普及。二茂铁类催化剂是复合推进剂常用的燃速催化剂,在固液混合发动机燃料中也同样可以充当退移速率促进剂使用,对 HTPB、GAP、石蜡等燃料都有一定的燃面退移速率提升效果。

受制于燃料较低的燃面退移速率,固液混合发动机的工作时间普遍较长(十几秒至几百秒)。在发动机工作过程中,火焰主要通过对流和辐射对燃面进行传热,从而维持燃料的燃烧。对于不加金属粉的燃料来说,因颜色较浅燃面对火焰热辐射的吸收能力较弱,即热辐射容易"绕过"燃面而加热未燃燃料的内部,容易出现由燃料熔融、分解、蒸发等引起的药型改变,进而导致发动机内弹道性能的变化,严重时还易发生爆炸。因此需要在燃料中添加一些深颜色的组分,来提高燃面对火焰热辐射的吸收,最常用的是炭粉,用量在 2%左右。炭粉本来也具有较高的能量,不会对燃料的能量产生较大的负面影响,此外,若采用纳米炭粉还有提高燃面退移速率和燃烧效率的作用。

2.3　燃料药柱制备工艺

一般采用真空浇注法来制备设计形状的高分子聚合物燃料药柱,制备过程与复合固体推进剂相似,包括原材料准备、混合、浇注、固化、脱模、整形等环节。石蜡燃料药柱的制备流程与高分子聚合燃料大致相同,但由于石蜡的凝固过程存在非常明显的收缩现象,常采用离心浇注法制备工艺。

2.3.1　原材料准备

高分子聚合物燃料一般采用异氰酸酯类固化剂进行固化,若原材料中含有少量的水,则会通过固化剂的消耗使固化反应失败,同时水也可能与燃料中的各类催化剂、金属粉等发生反应,使燃料的质量稳定性难以得到保证。因此,对于高分子聚合物燃料和石蜡燃料来说,原材料准备中最主要的任务是进行原材料的烘干。

首先,根据待制备燃料配方,检查各待用原材料的各项指标,确保满足燃料配方需求;其次,进行物料核算,称取所需要的原材料;最后,将各原材料分别进行烘干。为了保证烘干效果,烘干过程一般在真空干燥箱中进行,烘干温度可设置为 80℃左右,对于高熔点石蜡来说,烘干温度可适当提高,使烘干过程中石蜡以液态形式存在,而又不至于挥发。根据原材料的多少,烘干时间可在 12～24 h 范围内进行调节。最终高分子聚合物燃料所用原材料的水分含量均不应高于 0.05%,石蜡燃料原材料的水分含量没有具有要求,但以不超过 0.1% 为宜。

2.3.2 混合工艺

质量合格的原材料经称量后便可进入混合程序,混合工艺的目的是获得宏观上组分分布均匀的药浆机械混合物,在未固化前显示为流体特性。称量可采用增量或减量法,高分子聚合物燃料由于固含量较低(一般低于 30%),混合过程中药料的黏度不大,加料顺序没有严格要求,一般高分子预聚物最先加入,固化剂最后加入,增塑剂、金属粉、燃面退移促进剂和防老剂等组分可根据具体情况对加入顺序进行调整。石蜡燃料混合过程中,一般先加入石蜡,待石蜡熔融完全后再加入金属粉、燃面退移速率促进剂等组分。

就质量而言,燃料药浆在固化前必须经过充分有效混合,因此混合机在结构上应当能够预防不同液体组分间的分层和固相粒子的沉降。混合过程中,高分子聚合物燃料药浆一般黏度不大,可在常温下混合,但在石蜡燃料制备过程中需要对混合温度进行精确控制,一般来说混合温度应比石蜡的熔融温度至少高 10～20℃,否则不但可能影响混合效果也可能使后续的浇注过程无法进行。此外,混合时药浆温度必须均匀,不应出现局部过热,否则热敏感的物料会发生降解,也不应出现局部过冷,否则易凝固组分可能会结块。一般药料的混合时间以 40～60 min 为宜。

混合机是燃料制造过程中的关键设备,在实际生产中常用的是卧式双桨叶混合机(桨叶是 S 形)和立式混合机(其桨叶通常作行星运动)。卧式混合机的搅拌锅内有两个 S 形桨叶,桨叶下部为两个半圆形锅槽,两锅槽连接处有一凸棱,如图 2.4 所示。桨叶与锅壁均用不锈钢制造且表面需要光滑处理,以降低与药料间的摩擦。桨叶与锅壁的间隙(一般为 2～3 mm)需严格控制,若间隙过小,则容易出现因摩擦较大引起的燃烧、爆炸等事故;若间隙过大,则不能有效混合。这种混合机存在的问题是密封垫压盖处可能会污染燃料,迅速出料也较为困难。

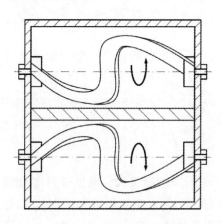

图 2.4 卧式混合机桨叶

立式混合机具有安全性好、搅拌效率高、易清理等优点,目前在工业生产中已逐渐代替卧式混合机。立式混合机主要是指双桨行星式混合机和三桨行星式混合机,其中双桨行星式混合机最为常见,两个桨叶可互相啮合,互相清理,既作自转又可作公转,以不对称旋转方式进行混合过程,如图 2.5 所示。混合锅为不锈钢制造,夹套可通热水保温,搅拌锅具有较好的密封性,其升降通过液压控制,工作时可实现真空搅拌以减少药浆中的气泡。

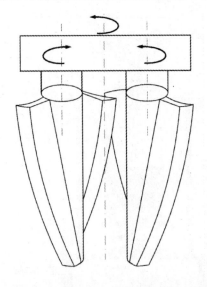

图 2.5 双桨行星式混合机桨叶示意图

2.3.3 浇注

浇注的主要目的是把混合好的药浆转移至药柱模具或推力室内,是燃料制备中的重要流程,若对参数控制不严则很容易导致燃料内部出现气孔。真空浇注是目前高分子聚合物燃料最常用的浇注方法,而真空浇注技术又可分为真空罐浇注技术和无缸浇注技术两种。

真空罐浇注技术是将药柱制备模具或推力室壳体置于真空罐内,混合好的药浆流经花板时被分割成许多细条(直径 4~8 mm),细条受重力作用在真空罐内缓慢下落,在下落过程这些细条又会进一步形成很多液滴。这样药浆在真空环境中的暴露面积便非常大,使药浆中的气泡更易排出。随着浇注过程的进行,燃料药浆逐渐填充满模具或推力室壳体,待浇注完成后,真空罐还要继续保持约 10~15 min 的真空环境,使表层药浆中的气泡尽量去除,如图 2.6 所示。

浇注过程中应严格控制真空罐中的压强,这是因为:一方面药浆浇注过程的驱动力是由药浆的压头和真空罐内外的压差产生;另一方面气泡驱除效果由药浆和真空罐内的压差决定,由于药浆黏度一般不大,通常真空罐内的余压保持在 10 kPa 以内便可较好地满足浇注需求。

值得注意的是,固液混合发动机的推力室并非完全被燃料药柱填充,除了燃烧孔道外,前燃烧室和后燃烧室都是为燃烧组织而预留的空间,若药浆直接浇注至推力室中,则浇注过程较为复杂且药柱尺寸难以精确控制,因此中小型发动机一般采用自由装填式装药方式,即燃料药柱先在模具中成型,然后再装填至推力室中。

无缸浇注技术采用推力室壳体充当真空浇注罐,即在推力室壳体内形成真空浇注环境,使燃料药浆直接浇注至推力室内。这种技术具有建设费用低、运行成本节约、真空可靠性高等优点,适用于大型发动机装药,但在浇注工序之前需要对后燃烧室(或前燃烧室)进行填充,以防止浇注时燃料的流入,且在浇注过程中需精确控制浇注终点,避免药浆的不足或浪费。

浇注过程需要对料斗及真空缸体(壳体)进行保温,温度值一般与混合温度一致,并尽量接近燃料的固化温度。

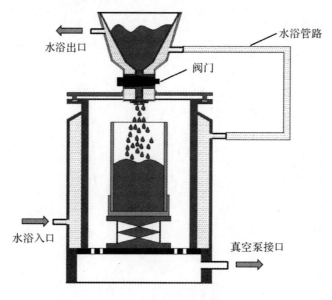

图 2.6　真空浇注装置示意图

石蜡燃料的主要原材料是固体石蜡。石蜡在混合过程中以液态形态存在,由于需要除去燃料中的气泡,在烧注过程中也以液态存在,只在固化过程中才完成由液态向固态的转变。石蜡的凝固过程会产生严重的体积收缩,通常采用离心浇注法来制备尺寸较为精确的燃料药柱。一种离心式石蜡燃料药柱成型装置的原理如图 2.7 所示。

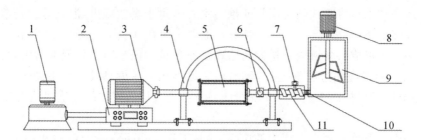

图 2.7　离心式药柱成型装置示意图

1—推拉移位泵;2—离心机控制箱;3—离心机;4—恒温箱;5—药柱模具;6—温度传感器;
7—流量监控器;8—电动机;9—药浆加热搅拌机;10—流量调节阀;11—恒温输送管路

该离心式浇注系统主要由推拉移位泵、离心机控制箱、离心机、恒温箱、药柱模具、恒温输送管路、电动机以及混合机组成。混合机与恒温输送管路间设有流量调节阀,用以控制药浆流量;恒温输送管路外表面被带有热电偶的加热带缠绕,在靠近药柱模具处的恒温输送管路中设置有温度传感器,用以实时监测管道内的药浆温度;药柱模具两端安装有铝合金盖,用来夹持固定模具并防止药浆流出,药柱模具放置在恒温箱内,可以根据燃料配方来改变浇注温度;离心机与控制置于限位轨道上,并可由推拉移位泵带动沿限位轨道移动,以适应不同尺寸燃料药柱的制备。

混合后的药浆通过螺杆传输至已装配有芯模的燃料制备模具中,电机通过传动轴带动模具进行高速旋转,输送进入模具中的药浆在离心力的作用下从壁面沿径向不断地充满模具,同时在离心力的作用下药浆中的气泡也被不断排出。模具置于恒温箱中,温度一般设置为石蜡熔点以下附近,这样在模具转动过程中药浆不断降温而凝固,凝固产生的收缩再被后续补充的药浆填充,便可保证药柱的尺寸精度。模具的转速需要根据实际情况来确定,较高的转速一方面能够更有效地去除药浆中的气泡,但另一方面又可能引起凝聚相粒子组分的分布不均,因此需要根据药浆的黏度而确定。

2.3.4 固化和脱模整形

对于高分子聚合物燃料来说,在经历混合和浇注流程后,还须加温固化成型,才能得到具有力学性能的固体燃料药柱。燃料的固化实质上是指在一定温度下药浆中的高分子预聚物与固化剂完成化学交联的过程,燃料和固化剂种类不同,所发生的化学反应也不同,即有不同的固化机理。

在药浆固化时,固化工艺条件(主要是指固化温度和保温时间)至关重要。燃料的正固化点是指固化过程中燃料各项性能(如硬度、延伸率、拉压强度、溶剂提取值等)出现稳定的起始时间或固化曲线上起始段和平稳段曲线斜率交点所对应的时间。最佳固化条件主要取决于正固化点时推进剂的性能是否满足发动机的装药要求,同时也取决于制造过程的经济性。

以最常见的 HTPB 燃料为例,其固化需要在恒温和低湿度条件下进行,通常温度每升高 $10\,^{\circ}\!C$ 固化反应速度增大一倍,从固化周期来看,较高的固化温度可缩短固化时间,具有一定的经济价值,但温度较高时药柱受到较大的热应力,对药柱的结构完整性不利。因此固化温度常定为 $50\sim60\,^{\circ}\!C$,为了缩短固化周期一般加入极少量的固化催化剂,如三苯基铋、辛酸亚锡、二月桂酸二丁基锡等。具体所需的固化时间与固化剂种类、固化温度及是否使用固化催化剂皆有关,如采用 TDI 为固化剂、固化温度为 $50\,^{\circ}\!C$、不使用固化催化剂时,固化时间通常在 $7\sim10$ 天。但当加入 0.1% 的三苯基铋时,固化时间缩短为 $3\sim4$ 天。

对于石蜡燃料而言,燃料的固化过程即是石蜡的凝固过程,且离心浇注过程完成的同时也完成了燃料的固化过程,因此不需要对燃料药柱再进行单独固化。

燃料固化完成后,再经脱模和整形工艺便可制成符合设计尺寸的固体燃料药柱。药柱成型模具的最关键部分是芯模,其主要作用是形成不同的药型(内孔形状),在完成了浇注和固化过程后芯模与燃料黏接在一起,需要进行脱模处理才可形成药柱的内型面。

芯模一般采用金属材料(如不锈钢、铝合金和铜等)制成,为了减小脱模力,常采用表面喷涂聚四氟乙烯涂层的方法,使用时在涂层上再喷涂一层硅油。这种芯模具有处理简单、脱模效果好、可多次使用等优点,对高分子聚合物燃料和石蜡燃料均适用。脱模过程在专用脱模机上进行,先拆掉与主芯棒连接的各类零部件,然后将主芯棒慢慢顶松并拔出,若还有芯瓣和叶片,则再逐个将其小心取出。

整形是对燃料药柱端面及内孔按设计要求的几何形状及尺寸进行修整的过程。如前所述,固液混合发动机的燃料药柱多采用自由装填形式,因此整形过程一般在推力室外且仅对药柱本身进行,整形方式可采用机械式也可以采用手工式。

2.3.5 药柱包覆

固液混合发动机的工作原理要求燃料药柱中开有一个或多个沿药柱轴向的内孔,孔道内为氧化剂与燃料掺混燃烧的主要场所。为了实现预定的内弹道性能,药柱可设计为内孔燃烧或内孔＋端面燃烧。在浇注过程中,燃料药浆浇注至包覆套或推力室中,固化后燃料的外圆柱面已经被包覆套覆盖,起到限制燃面作用,此时内孔和两端面都暴露在外界环境中,成为内孔＋端面燃烧。若要实现纯内孔燃烧,还要对两端面进行包覆处理。

发动机工作时,两端面直接与氧化剂接触,因此包覆材料应具有良好的耐烧蚀性能,常用的包覆材料为酚醛树脂和三元乙丙橡胶。在实际应用中多采用在药柱两端面直接贴片进行包覆的方法,包覆前先在药柱两端面涂一层衬层材料,如一种衬层材料的配方为:HTPB 预聚物 100 份、聚醚预聚体(异氰酸基含量 4.5%～6%)55～60 份、二氧化钛 80 份、癸二酸二辛酯 10 份。将包覆层片与涂覆了衬层材料的两端面紧密贴合,再经高温固化后便完成包覆过程。

值得注意的是,石蜡燃料的表面能较小,目前尚无对其进行包覆层黏贴的有效方法,且在燃烧过程中石蜡表面极易熔融,包覆层无法在高速气流作用下与药柱可靠黏结在一起,因此往往不对石蜡燃料进行端面包覆,一般采用内孔＋端面的燃烧方式。

2.4 燃料药柱缺陷检测

为了保证发动机安全可靠工作,需要燃料药柱结构完整且无气泡等缺陷存在。由于燃料药柱已被制成预定形状,无法通过取样来进行缺陷检测,只能进行无损缺陷检测。目前常用的无损检测方法有超声波检测、X 射线检测、激光全息检测和 CT 扫描检测方法等。

2.4.1 超声波检测

超声波检测燃料药柱缺陷是利用超声波具有良好的方向性、传播能量大和在不同声阻的两种物质界面上发生反射现象的特性而形成的检测方法。检测时,超声波探头发出的连续超声波射入待检测的燃料药柱,如果药柱的内部有缺陷,将有一部分入射的超声波被反射回来,接收探头所接收到的超声波能量就会减少。如果内部无缺陷,接收探头所接收到的能量则较大,且为恒定值,如图 2.8 所示。因此将接收探头所接收到的超声波能量的大小与其恒定值进行比较,可确定出缺陷类型、位置和大小。

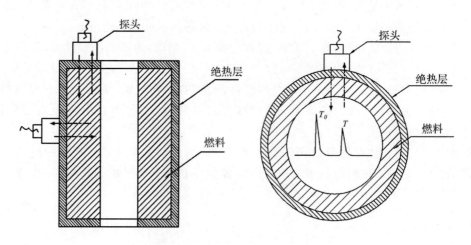

图 2.8 超声波缺陷检测示意图

采用超声波探头在燃料不同位置处进行探测可实现不同药型燃料药柱内部是否存在气孔、裂纹、杂质等缺陷的有效检测,辅以先进的数据处理方法还可对缺陷位置进行较为精确的确定,但当缺陷不明显时检测效果不佳,且难以对缺陷形状及尺寸进行有效测定。

2.4.2　X 射线数字成像法

X 射线可由阳极为金属钯、阴极为钨丝的真空两极电子管产生,当在两极间施加数十千伏至数百千伏的高电压时,电子从阴极飞向阳极,且有很高的能量。当电子撞击阳极时,大部分能量转换为热能,小部分被转化为 X 射线能并向管外发射。

X 射线具有较高的能量,能够穿透包括金属在内的物质,在穿透过程中部分能量被穿透物质吸收,使之强度发生衰减,且当 X 射线透过的物质具有不同结构时,衰减值也不同。因此待测物质中有杂质、裂纹、疏松和气泡等缺陷时,X 射线透过后其强度会发生变化,对 X 射线的强度变化进行分析便可获得燃料内部缺陷的存在、缺陷的位置以及缺陷尺寸。

图 2.9 为用于燃料药柱 X 射线无损检测系统组成示意图,可看出其主要由控制台、高压发生器、X 射线管、冷却器、图像增强器、CCD 相机和计算机等构成。

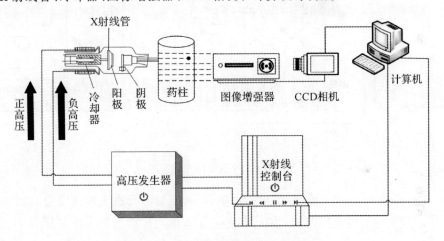

图 2.9　X 射线检测系统组成示意图

控制台的作用是控制 X 射线管的电压、电流和曝光时间。高压发生器的作用是将低电压变为高电压,并将交流电变为直流电,给 X 射线管提供电源。X 射线管产生 X 射线,冷却器用来冷却 X 射线管的阳极,以保护 X 射线管。

系统工作原理为:对不同的待检药柱,控制 X 射线源的管电压和管电流产生合适强度的射线束,在穿透药柱后射线束的能量衰减,图像增强器接收射线信号并在将其增强后输出可见光图像,再通过 CCD 相机将可见光图像转换为图像信号,最后传输至计算机内完成图像的采集、显示、处理和存储等。

若燃料药柱中存在裂纹、气孔等缺陷,X 射线在穿过药柱后的衰减变少,则图像表现为灰度偏亮;若药柱内混进容易吸收射线的异物,则射线难以透过,图像表现为灰度偏暗。通过对图像的分析可完成对缺陷的定性和定量检测。X 射线成像法具有可靠性强、分辨率高、适用范围广等优点,但无法获得断层剖面图像,无法实现药柱缺陷的精细化检测。

2.4.3 CT 扫描检测

CT 是电子计算机 X 射线断层摄影装置(Computerized Tomography)的简称,从物理学角度来看,CT 的原理是图像重构技术,通过重建图像逼真地把某一层面的结构展现出来,从而使待测样品某一层面的结构一目了然(见图 2.10)。CT 扫描能够获得极为清晰的图像,且能够以直观的图像形式展示燃料的断面结构,这是其他无损检测方法所无法达到的,因此 CT 扫描已在固体燃料和固体推进剂的无损检测中得到越来越多的应用。

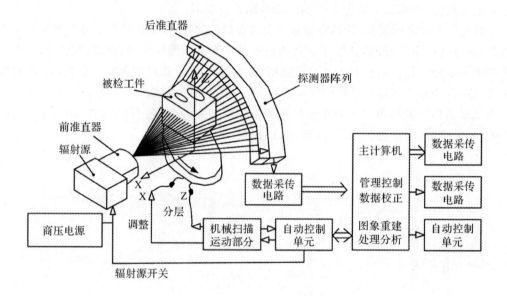

图 2.10 CT 系统组成示意图

CT 的工作原理为:当 X 射线穿过某一物质时,其能量部分被吸收而发生衰减,并符合衰减定律。假设物质的结构是均匀的,其长度为 L,穿透前和穿透后的强度分别为 I_0 和 I,则吸收因数 μ 为

$$\mu = \frac{I}{L}\ln\frac{I_0}{I} \tag{2.15}$$

实际上任何物质的内部结构难以均匀一致,可将在 L 长度方向上分为 n 个大小相等的小块,每小块的长度为 ΔL。ΔL 可视为均一的物质,吸收因数分别设为 μ_1、μ_2、μ_3,$\cdots$,μ_n。再假设通过第一小块后 X 射线强度为 I_1,通过第二块后强度为 I_2,$\cdots\cdots$,通过第 n 块后的强度为 I_n,则

$$I_1 = I_1 e^{-\mu_1 \Delta L}$$
$$I_2 = I_1 e^{-\mu_2 \Delta L} = I_0 e^{-(\mu_1+\mu_2)\Delta L}$$
$$\cdots\cdots$$
$$I_n = I_{n-1} e^{-\mu_n \Delta L} = I_0 e^{-(\mu_1+\mu_2+\ldots+\mu_n)\Delta L} \tag{2.16}$$

吸收因数随各种物质的不同而不同。对于密度大的物质 μ 值就大,反之,则 μ 值较小。在 CT 扫描中,吸收因数是用 CT 值表示的。

$$N_{CT} = 1\,000 \times \frac{\mu - \mu_{H_2O}}{\mu_{H_2O}}$$

因此对水来说,CT 值为零;对空气来说,由于吸收因数 μ 为零,CT 值为 $-1\,000$。

　　通过 CT 求出待测物质内部每一部位的 CT 值,以 CT 值表示物质内部组织的结构情况,通过计算机处理,可在显示屏上展现三维图像结构以及缺陷的空间位置与尺寸(见图 2.11)。

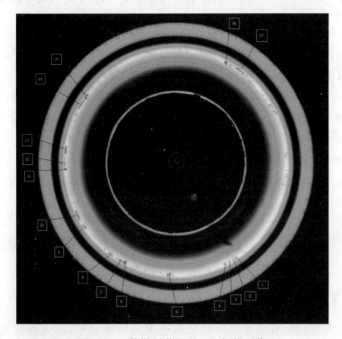

图 2.11　某燃料药柱的 CT 扫描图像

第3章 固液混合发动机氧化剂

氧化剂是固液混合发动机中质量占比最高的物质,一般以液态的形式贮存在储箱中。与液体火箭发动机多使用液氧(LOX)作为氧化剂不同,固液混合发动机多在小型飞行器中应用,更倾向于采用可储存的液体氧化剂,包括氧化亚氮(N_2O)、过氧化氢(H_2O_2)、四氧化二氮(N_2O_4)等。近年来,随着对发动机高能量、低易损、绿色环保等方面的迫切需求,硝酸羟胺(HAN)和高氯酸羟胺(HAP)等氧化剂也逐渐得到重视。由于固液混合发动机中的氧化剂一般为单一组分且种类极为有限,因此研究焦点多在于加注、输送、喷注及点火燃烧性能等方面。本章从固液混合发动机对氧化剂的性能要求出发,详细介绍常用的几种氧化剂的理化性质,同时对常用的几种推进剂组合进行简要介绍。

3.1 固液混合发动机对氧化剂的性能要求

3.1.1 基本物理化学性质

物理化学性质满足使用要求是液体氧化剂选择和评价的基础,这些物理化学性质包括冰点、沸点、密度、蒸气压等,以保证其贮存、运输、加注、喷注和燃烧等使用性能。一般来说,液体氧化剂所应具有的物理化学性质如下:

(1)冰点较低。一般要求低于$-50℃$,使发动机能够在较低的温度环境下工作,包括寒冷的天气条件和低温空间条件。

(2)沸点较高。一般要求高于$50℃$,使发动机能够在较高的温度环境下工作,包括炎热的天气条件和高温空间条件。

(3)饱和蒸气压较大。固液混合发动机多采用挤压或自增压的方法来进行氧化剂的输送,较高的饱和蒸气压可减少(甚至避免)增压气体的使用。

(4)易与燃料发生燃烧反应。具有较短的点火延迟时间,最好能够与燃料接触发生自燃或自身能够通过催化分解而自燃,这样便可省却点火器并天然具备多次开关机能力。

表 3.1 列出了常见固液混合发动机常见氧化剂的物理性质。

表 3.1 常见氧化剂常温下的物理性质

氧化剂	密度/(g·cm^{-3})	冰点/℃	沸点/℃	蒸气压/kPa	生成焓/(kJ·kg^{-1})[①]
HNO_3	1.55	-41.6	83.9	2.69	-2128
N_2O_4	1.44	-11.2	21.2	102	-212.6
N_2O	1.22[②]	-90.8	-88.5	$4.01×10^3$	1864
LOX	1.14	-219	-183	507[③]	/
90% H_2O_2	1.39	-11.6	141	0.665	-6569

续表

氧化剂	密度/(g·cm⁻³)	冰点/℃	沸点/℃	蒸气压/kPa	生成焓/(kJ·kg⁻¹)①
95% H₂O₂	1.41	−5.2	146	0.493	−6051
98% H₂O₂	1.43	−2.6	149	0.399	−5742
80% HAN	1.53	−28	/	/	−5997
90% HAN	1.61	−15	/	/	−4763
80% HAP	1.66	−23	/	/	−4835
90% HAP	1.80	4	/	0.066	−3456
80% ADN	1.48	/	/	/	−4102

注：①温度 298 K，压强 101 kPa 下的标准生成焓；

②温度−88.5℃，压强 101 kPa 下液体密度；

③−164℃下液体饱和蒸汽压

　　我国幅员辽阔，作为火箭发动机要在最冷的冬季和最热的夏季都能保持可靠工作。由各氧化剂的冰点和沸点可知，硝酸是唯一一种能够在−40～50℃范围内均保持为液态的氧化剂，且具有较高的密度。氧化亚氮的临界温度为 36.4℃，临界强 7.245 MPa，在常温下以气液混合物的形式存在，在较高温度条件下又能够以非气非液的超临界形式存在，且具有较高的饱和蒸压，因此也是一种高低温适应能力较强的液体氧化剂。

3.1.2　能量

　　能量是衡量推进剂性能的最重要指标，在火箭发动机中常用比冲来表征推进剂的能量。氧化剂是推进剂的重要组成部分，离开推进剂体系单独考虑氧化剂的能量并无意义，而且在表征方法上也存在困难，因此常将氧化剂与某一燃料进行搭配组成推进剂体系，通过不同推进剂体系的能量特性来考查氧化剂的能量。值得注意的是，当燃料种类和发动机工作条件固定时，推进剂的能量排序一般与选取的燃料种类无关，即在进行能量评估时可任选燃料。为了更接近实际应用情况，常选用 HTPB 燃料。

　　HTPB 燃料与一些氧化剂组合时，推进剂的性能见表 3.2。

表 3.2　几种推进剂的能量

推进剂	最佳氧燃质量比①	氧化剂密度(g·cm⁻³)	推进剂密度(g·cm⁻³)	比冲② s	密度比冲②(s·g⁻¹·cm⁻³)
HNO₃/HTPB	4.0	1.55	1.37	2 439.8	3 342.6
N₂O₄/HTPB	3.6	1.44	1.29	2 427.8	3 131.9
N₂O/HTPB	6.5	1.22	1.17	2 367.6	2 770.1
LOX/HTPB	2.3	1.14	1.07	2 606.7	2 789.2
90% H₂O₂/HTPB	7.2	1.39	1.31	2 365.3	3 098.5

续表

推进剂	最佳氧燃质量比[①]	氧化剂密度 $(g \cdot cm^{-3})$	推进剂密度 $(g \cdot cm^{-3})$	比冲[②] s	密度比冲[②] $(s \cdot g^{-1} \cdot cm^{-3})$
95%H_2O_2/HTPB	6.6	1.41	1.32	2 417.0	3 190.5
98%H_2O_2/HTPB	6.3	1.43	1.33	2 444.3	3 251.1
80%HAN/HTPB	11.5	1.53	1.46	2 105.4	3 037.2
90%HAN/HTPB	10.2	1.61	1.51	2 219.0	3 358.8
80%HAP/HTPB	9.1	1.66	1.54	2 150.3	3 317.9
90%HAP/HTPB	7.9	1.80	1.63	2 337.4	3 815.1

注:①比冲最大时氧气与燃料的质量比;②通过热力学计算得到,压强膨胀比为30:1。

由表 3.2 可知,液氧由于含氧量高,在用作氧化剂时比冲最高;过氧化氢具有较高的含氧量和生成焓,因此也可使推进剂具有较高的比冲。除表 3.2 列出的氧化剂外,为了进一步提高推进剂的能量,人们也研制过一些卤族高能氧化剂,如液氟、二氟化氧、五氟化氯等,但这些氧化剂的毒性大,腐蚀性强,有的也存在化学性质过于活泼的问题,因此难以在实际中得到应用。

3.1.3　安全性能

氧化剂的安全性能对保障生产、运输、贮存、工作时人员、设备和场地等的安全至关重要,因此是某种氧化剂能否实际应用的一项重要前提条件。通常要求氧化剂的闪点、燃点和点燃能量高,可燃极限范围窄;热稳定性好,热爆炸温度高;对冲击、振动、摩擦、压缩等外界作用不敏感。表 3.1 中所列氧化剂安全性能皆能满足发动机使用要求,但过氧化氢的安全性相对较差,易发生由热分解引起的燃烧爆炸事故,这对于高浓度过氧化氢(不低于 95%)来说尤为严重。

3.1.4　贮存性能

固液混合发动机一般要求能够进行长期贮存,这对于固体燃料来说不存在问题,因此液体氧化剂的贮存性能是关系到发动机能否长期贮存的关键。具体要求是在长期贮存、运输及转注过程中,氧化剂不变质、不分解、吸湿性小;与材料的相容性好,即对材料的腐蚀性小,且材料对氧化剂的质量无影响。在表 3.1 所列氧化剂中,液氧的沸点很低,为 $-183\ ℃$,在常温下无法贮存;硝酸、四氧化二氮、过氧化氢溶液都具有较强的腐蚀性,需要对储箱和管路等进行特殊处理;硝酸羟胺、高氯酸羟胺和二硝酰胺铵的水溶液都呈弱酸性,贮存性能相对较好;氧化亚氮化学性能稳定,无腐蚀性,在所有氧化剂中贮存性能最好,但由于其具有较高的饱和蒸气压,需要在高压下贮存,需要储箱和管路都具有较好的密封性能。

3.1.5　人体健康与环境危害性

很多液体氧化剂是有毒的,需要采取特殊措施来保护操作人员。毒性低的衡量指标主要是半数致死剂量(LD_{50})和半数致死浓度(LC_{50})比较高,最高容许浓度(MAC)也要比较高,这样氧化剂及其燃烧产物对操作人员的毒害便较小,对环境污染也会较小。

常见液体氧化剂的毒性数据见表 3.3。

表 3.3　常见氧化剂的毒性数据

氧化剂	$LD_{50}/(mg \cdot kg^{-1})$①	$LC_{50}/(mg \cdot m^{-3})$	$MAC/(mg \cdot m^{-3})$
N_2O_4	170	126	3.76
N_2O	未建立标准	1 068	180
LOX	/	/	/
H_2O_2	/	/	/
HAN	882	/	/
HAP	1 200	184	/
ADN	588	210	/

注：①大白鼠吸入 4 h 后,数据来源 TOXNET 毒性数据库。

在表 3.3 所列氧化剂中,四氧化二氮为剧毒工业品,在操作过程中应注意防止中毒情况发生,而过氧化氢和液氧是无毒的。氧化亚氮是一种麻醉剂,吸入 90% 以上的氧化亚氮气体时,可引起深度麻醉,高浓度吸入有窒息危险。长期或反复接触氧化亚氮可能对骨髓、神经末梢、生殖或发育等造成危害。2005 年美国政府工业卫生学家会议规定:正常 8 h 工作日和 40 h 工作周的时间加权平均接触限值（体积分数）为 50×10^{-6},最高容许含量（体积分数）为 100×10^{-6},即 $180 \ mg \cdot m^{-3}$。硝酸羟胺、高氯酸羟胺和二硝酰胺铵虽然自身有毒,但配成溶液后饱和蒸气压非常低,无法通过呼吸作用吸入人体,其毒性对氧化剂的贮存、转运、加注等流程来说基本不对人身健康造成损害。

3.1.6　成本

选择能够工业化生产、价格低廉的液体氧化剂,既可保证大量供应又能降低使用费用,因此也是氧化剂筛选时的一项重要指标。另外,固液混合发动机的应用以民用为主,也决定了成本在其研制和使用中的重要性。在本章所述的所有氧化剂中,液氧由于多采用空气分离法制得,原材料基本无成本,生产工艺也较为简单,故而价格最为低廉,是小型运载火箭用固液混合发动机最为理想的氧化剂;氧化亚氮和四氧化二氮的价格适中（低于 100 元·kg^{-1}）,对发动机成本的影响不大;高浓度过氧化氢由于腐蚀性强、危险性高、应用范围窄,价格相对较高（90% 过氧化氢约 150 元·kg^{-1}）。

硝酸羟胺和高氯酸羟胺分别只在航天发姿轨控动机和新型鱼雷上使用,需求量小且合成路线相对复杂,价格较为昂贵（约 2 000 元·kg^{-1}）,从成本上来看难以应用到固液混合发动机中;二硝酰胺铵是一种新型固体推进剂氧化剂,其合成路线非常复杂,导致成本高昂（约 6 000 元·kg^{-1}）,若考虑成本同样无法应用于固液混合发动机。

3.2　氧化亚氮（N_2O）

氧化亚氮又称笑气,有轻微的麻醉作用,常温常压下是无色有甜味的气体,常温下加压能够液化成可贮存的无色液体。氧化亚氮具有密度大、可贮存、低毒、无腐蚀性、成本低廉、燃气绿色环保等优点,成为目前固液混合发动机中应用最为广泛的一种氧化剂。更重要的是,液体氧化亚氮具有较高的饱和蒸气压,可实现氧化剂供给过程的自增压,从而摆脱了对高压气瓶的依赖,能够有效降低发动机系统的质量、体积及复杂程度。

3.2.1 制备方法

实验室常用硝酸铵热分解法来制备氧化亚氮,得到的氧化亚氮气体粗产品再经过精制、压缩、冷却、干燥和液化等工序即可得到高纯产品,制备原理为

$$NH_4NO_3 \xrightarrow{\Delta} N_2O\uparrow + 2H_2O$$

该方法需要在高温的条件下进行操作,比较危险,而且产品的纯度难以保证。另一种相对简便的实验室制备氧化亚氮的方法是碱分解硝基脲法,其原理为硝基脲先在水中水解生成硝酰胺和雷酸(HOCN):

$$O_2N-NH-CO-NH_2 + H_2O == H_2N-NO_2 + H_2O + HOCN$$

当溶液中存在有碱时,水解得到的 HOCN 与碱发生反应生成 NaCN。同时,在碱的催化下,硝酰胺经脱水反应生成氧化亚氮,即

$$H_2N-NO_2 == N_2O + H_2O$$

以 95%~97% 纯度的氧化亚氮作为原料,经过常温吸附和低温下数次间歇抽空,可以得到高达 99.998% 纯度的高纯氧化亚氮产品。

在工业上,常采用硝酸铵热分解法和氨接触氧化法来制备氧化亚氮,硝酸铵热分解法的原理上文已经进行叙述,此处不再赘述。氨接触氧化法的原理为氨气和氧气的混合气体在催化剂存在下通过氧化还原反应生成氧化亚氮,即

$$2NH_3 + O_2 \longrightarrow N_2O + H_2O$$

在反应过程中一般生成少量一氧化氮和二氧化氮副产物,因此需要严格控制反应温度和供氧量,以保证氧化亚氮的产率。产物经高压水洗、干燥后,再经低温精馏便可得到纯度较高的氧化亚氮气体。

3.2.2 物理化学性质

氧化亚氮在常温常压下以气体形式存在,在加压条件下可液化,液体氧化亚氮在 20℃ 时的蒸气压约为 50 个标准大气压[①]。氧化亚氮可溶于乙醇和浓硫酸,易溶于醚和脂肪油,微溶于水。氧化亚氮的主要物理性质参数见表 3.4。

表 3.4　氧化亚氮的主要物理性质参数

参数名称及单位	数　值
冰点/℃	−90.8
沸点/℃	−88.5
气体密度(283 K,0.101 MPa)/(kg·m⁻³)	1.83

① 1 标准大气压=101.325 kPa。

续表

参数名称及单位	数　　值
液体密度(283 K,7 MPa)/(kg·m^{-3})	1.228
黏度(气体,273 K,0.101 MPa)/(μPa·s)	13.50
饱和蒸气压(293 K)/MPa	5.24
液体表面张力(293 K)/(mN·m^{-1})	1.75
导热因数(273 K,0.101 MPa,液体)/(W·m^{-1}·K^{-1})	0.015 1
比定容热容(0.101 MPa,气体)/(kJ·kg^{-1}·K^{-1})	0.661 9(273K)
比定压热容(0.101 MPa,气体)/(kJ·kg^{-1}·K^{-1})	0.858 0(273K)
熔化热/(kJ·kg^{-1})	148.58
汽化热/(kJ·mol^{-1})	17.82
临界温度/℃	36.5
临界压强/Pa	7.25×10^6
临界密度/(kg·m^{-3})	457
折射率(309 K,589.6 nm,273 K)	1.000 505

氧化亚氮在常温下比较稳定,不与水、酸和碱反应,不和臭氧、卤素、氢气、PH$_3$、H$_2$S、碱金属或王水反应。氧化亚氮不能被氧气氧化,即使氧化亚氮与氧气混合加热到红热温度也不会发生反应。氧化亚氮在高温下能够发生分解反应,生成氧气和氮气,热分解的起始温度约为650℃,在催化剂(银、铂、铜、镍的氧化物)存在下热分解温度可下降至350℃。

氧化亚氮在一定条件下可以和许多金属或非金属反应,而且氧化亚氮在高温的条件下是强氧化剂,若将其与氨、氢、一氧化碳或某些易燃烧物质的混合物加热则可能发生由剧烈氧化还原反应而引起的爆炸。氧化亚氮能够助燃,但助燃能力不如氧气、四氧化二氮等强氧化剂,而且助燃效果也受燃料种类、温度、压强等条件的影响。

3.2.3　安全及贮存性能

(1)着火危险性。氧化亚氮本身不燃烧,但是当遇到如乙醇、乙醚等易燃气体时,能起到助燃的作用而引起燃烧,并且燃烧过程中可能产生一氧化氮这种污染性燃烧产物。虽然相对于其他氧化性强的氧化剂来说,氧化亚氮的着火危险性较低,但在生产、贮存、运输、转注等过程中仍要严格进行防火管理。氧化亚氮应与可燃物分开贮存,操作过程中应远离火种、热源,并在良好的自然通风条件下进行。

若发生氧化亚氮的着火,消防人员应当穿戴防毒面具和消防服,迅速切断电源,用雾状水保持火场中的容器冷却,并用水喷淋保护切断气源的人员,然后根据着火的原因选择恰当的灭火剂在上风向灭火。

(2)爆炸危险性。在撞击、摩擦、火灾或其他着火源的作用下,氧化亚氮存在有爆炸的危险。在高温时，氧化亚氮具有强氧化性，能够与金属、碳、硫黄等发生剧烈反应，加热氧化亚氮与氨、氢、一氧化碳或者一些其他易燃物质的混合物时可能发生爆炸。另外，在受压情况下，氧化亚氮也存在有爆炸的危险。因此在实际操作过程中，应采取严格措施，保障氧化亚氮的操作环境，防止爆炸情况的发生。

（3）氧化亚氮的贮存。氧化亚氮在室温下的化学性质并不活泼，与钢、不锈钢、铝、铝合金、铜和铜合金等金属具有较好的相容性，但是在加热的条件下会将这些金属氧化。同时，常用的密封材料，如聚氯乙烯、聚四氟乙烯等对氧化亚氮也具有良好的耐腐蚀性。因此，贮存氧化亚氮所用储箱可选择的材料非常多，通常可将氧化亚氮置于耐压钢瓶内贮存。在贮存过程中应与易燃物、可燃物、还原剂等分开存放，避免阳光直射，库房应保持通风，远离火种、热源。

3.2.4　毒性及防护

氧化亚氮曾作为吸入麻醉剂在医药上长期使用，一般认为氧化亚氮对细胞没有毒性作用，在吸入人体后，大多以氧化亚氮的形式由肺排出，仅有非常少的一部分有可能转变为对人体有害的一氧化氮。人体吸入80％的氧化亚氮气体和氧气的混合气体时，可引起深度麻醉，当吸入的氧化亚氮和空气混合物中氧的浓度很低时可导致窒息，长期吸入高浓度的一氧化氮气体也会导致窒息。另外，长期过量反复接触会发生贫血及中枢神经系统损害等疾病，长期吸食可能会引起高血压、晕厥，甚至心脏病发作。

氧化亚氮是《京都议定书》中所规定的6种温室气体之一，大气中的氧化亚氧含量虽然很低，但单分子氧化亚氮的增温潜势却是二氧化碳的310倍。氧化亚氮存留在大气中的时间长，可以输送到平流层中，目前氧化亚氮浓度在大气中的增加，已经引起了广泛的关注。同时，氧化亚氮也是损耗臭氧层的物质之一。

由于氧化亚氮具有一定的毒性，要求操作环境必须有良好的自然通风条件，接触高浓度氧化亚氮时建议佩戴自吸过滤式防毒面具（半面罩），若需要进入氧化亚氮的高浓度区或罐内作业，必须有人监护。一旦吸入氧化亚氮，应迅速转移至有新鲜空气的地方，如出现呼吸困难症状，需要给予输氧，并立即就医。

在氮化亚氮贮存过程中，严禁明火，贮存场地应使用防爆电器。若发生泄漏情况，应立即撤离到上风处，并对污染区进行隔离、通风，加速有毒气体的扩散。在切断泄漏源时，操作人员应佩戴自给正压式呼吸器。

3.3　四氧化二氮（N_2O_4）

四氧化二氮常温下为红棕色液体，它的氧化性强、密度大、安全及贮存性好，作为氧化剂能使推进剂获得较高的比冲，是一种常见的液体氧化剂。在液体火箭发动机中，四氧化二氮常与肼类燃料组合形成可自燃的双组元推进剂，在早期的固液混合发动机中，四氧化二氮也常被作为重点考虑的氧化剂使用，但实际应用中存在的环保、安全、人身健康等问题也限制了其进一步的发展与普及。

3.3.1　制备方法

常用氨氧化法和次氯亚硝酰法来制备四氧化二氮。其中氨氧化法一般通过直接合成法生

产浓硝酸的过程来制取二氧化氮,二氧化氮经冷凝后再蒸馏便可得到高浓度的四氧化二氮,反应方程式为

$$4NH_3 + 5O_2 \longrightarrow 4NO + 6H_2O$$
$$2NO + O_2 \longrightarrow 2NO_2$$
$$2NO_2 \longrightarrow N_2O_4$$

次氯亚硝酰法的制备原理是,先由盐与硝酸生成亚硝酰氯,然后再经氧化得到二氧化氮,二氧化氮经冷凝后再蒸馏便可得到高浓度的四氧化二氮,反应方程式为

$$3NaCl + 4HNO_3 \longrightarrow 3NaNO_3 + NOCl + 2H_2O + Cl_2$$
$$2NOCl + O_2 \longrightarrow 2NO_2 + Cl_2$$

美国军用标准 MIL-PRF-26539G 中规定,四氧化二氮的采购指标见表 3.5。

表 3.5 四氧化二氮的采购指标

项目名称	指标值
四氧化二氮质量分数/(%)	≥99.5
当量水质量分数/(%)	≤0.17
氮化物质量分数/(%)	≤0.040
颗粒物质量浓度/(mg·L^{-1})	≤10.0

影响四氧化二氮质量的主要因素是当量水和颗粒物,四氧化二氮浓度的下降主要是由于水分增加,而且水分可以和四氧化二氮反应生成硝酸,因此水分实际上是由硝酸和游离水组成,故称当量水。当量水的增加会使四氧化二氮的腐蚀作用增强,而颗粒物会堵塞输送系统滤网以及加注器等部件,对发动机的正常工作产生影响。

此外,若四氧化二氮中含有氯化物(主要以亚硝酰氯的形式存在),会加速对金属的腐蚀速度。氨氧化法制备的四氧化二氮不存在亚硝酰氯,而由次氯亚硝酰法制备的四氧化二氮亚硝酰氯的质量分数应低于 0.005%。

3.3.2 物理化学性质

常温下四氧化二氮为红棕色的透明液体,由于挥发,会冒出红棕色的烟(四氧化二氮气体),有强烈刺激性气味。实际上,纯四氧化二氮是无色的,产生红棕色的原因是四氧化二氮部分离解成二氧化氮,成为二者的混合物,即

$$NO_2 + NO_2 \underset{解离}{\overset{聚合}{\rightleftharpoons}} N_2O_4$$

随着温度的下降,四氧化二氮中的二氧化氮量也越来越少,因此颜色也越来越浅,至冰点时,二氧化氮消失。温度升高,二氧化氮量含量增大,常压下温度升至 140℃时,四氧化二氮完全解离为二氧化氮。当温度高于 140℃时,二氧化氮开始分解为一氧化氮和氧气,温度达到620℃时分解完全。

四氧化二氮的主要物理参数见表 3.6。

表 3.6　四氧化二氮的主要物理参数

参数名称	数　值
冰点/℃	−11.23
沸点/℃	21.15
密度(288 K)/(g·cm^{-3})	1.458
黏度(288 K)/(mPa·s)	0.449
饱和蒸气压(288 K)/Pa	7.5×10^4
表面张力(288 K)/(N·m^{-1})	2.66×10^{-2}
比导电率(293 K)/(s·m^{-1})	2.217×10^{-9}
热导率(288 K)/(W·m^{-1}·K^{-1})	0.1558
比热容(293 K)/(J·kg^{-1}·K^{-1})	1.51×10^3
汽化热(沸点)/(J·kg^{-1})	4.14×10^3
临界温度/℃	158.2
临界压强/Pa	1.013×10^7
液体体积热膨胀因数(293 K)/(1/K)	1.645×10^{-3}

由于四氧化二氮的氧化性较强,因此可以和胺类、肼类、糠醇等接触而自燃。利用这一特点通常将四氧化二氮与肼类组合作为双组元推进剂,由于推进剂可自燃,不需要设计点火器,对需要多次开关机的发动机具有重要意义。四氧化二氮和碳、硫、磷等物质接触容易着火,和很多有机物的蒸气混合易发生爆炸,另外,四氧化二氮仅可助燃,本身不自燃。

四氧化二氮易吸收空气中的水分而生成硝酸,无水或含水量很少的四氧化二氮对金属的腐蚀性较小,但随着含水量的增强,腐蚀性增强,这一现象对铝合金和碳钢尤为明显。

3.3.3　安全及贮存性能

(1)着火危险性。四氧化二氮是强氧化剂,可以和胺类、肼类、糠醇等接触而自燃,也容易与其他燃料发生燃烧反应。如偏二四肼与水按 1∶1 进行稀释后,与四氧化二氮接触仍然会着火。再如含有 35%四氧化二氮的空气和含 60%偏二甲肼蒸气的空气接触,温度达到 50℃时也会着火。

因此在贮存四氧化二氮时应将其与燃料组分完全隔离,并禁止明火。库房应保证良好的通风条件,温度和湿度都不宜过高。

(2)爆炸危险性。四氧化二氮在常温下很稳定,能够密封贮存在耐压金属容器中(主要是不锈钢和铝合金),同时四氧化二氮对冲击、振动、摩擦等不敏感,在这些作用下不会发生爆炸。当温度较高时,四氧化二氮会发生分解,产生大量气体,在密闭条件下容易因容器压力升高而发生爆炸。

四氧化二氮的热爆炸温度为 565℃,某些杂质会使爆炸温度降低,如加入 20%的铝合金粉末爆炸湿度降至约 410℃。四氧化二氮与空气不反应,当采用挤压式输送时,可以用空气进行增压。

另外,四氧化二氮与一些卤化物有机溶剂混合,当受热或受冲击时会发生猛烈爆炸,这些卤化物包括二氯甲烷、三氯甲烷、四氯化碳和二氯乙烯等。在实际操作中应避免与这些溶剂相接触。

(3)四氧化二氮的长期贮存。液体氧化剂一般需装在金属储箱中贮存和运输,储箱、管路、阀门及与其直接接触的部件必须与四氧化二氮一级相容。适用于贮存四氧化二氮的金属材料包括以下几种。

1)不锈钢。2Cr13、0Cr17Mn3N、0Cr20Ni24Si4Ti 和 Cr25Mn5N。

2)铝及铝合金。L1、L2、L3、L4、LF6 和 ZL104。

3)其他。耐蚀镍基合金、铬镍铁合金。

实践证明四氧化二氮在 1Cr18Ni9Ti 不锈钢及 LF3 铝合金容器中可以长期贮存,贮存 10 年后质量无明显改变,贮存容器也无明显腐蚀,因此四氧化二氮具有长期贮存稳定性。

在氧化剂储箱中,为了保证密封一般还要设计一些非金属件,某些部件还要涂润滑脂。适用于四氧化二氮的非金属材料主要有以下几种。

1)塑料。聚四氟乙烯、聚三氟氯乙烯、聚全氟乙丙烯。

2)橡胶。羧基亚硝基氟橡胶。

3)石墨。酚醛石墨(DF-4K)、呋喃石墨(DF-4F)。

4)润滑脂。7804 抗化学润滑脂、705 抗化学润滑脂、301 号油膏、特 12 号油膏。

5)其他。刚玉、氧化硅。

在四氧化二氮的长期贮存或运输过程中有时会发生泄漏,不但可能造成人员灼伤和中毒,还可能与其他易燃易爆品接触发生着火和爆炸。实际上这些泄漏多发生于法兰、阀门等管路连接处,如连接松动、密封垫片损坏、焊缝渗漏等,应及时封堵住泄露部位,并处理更换损坏部件。

另外需要注意的是,在长期贮存时四氧化二氮的贮量不宜低于容器容积的 50%,不得高于容器容积的 90%,同时采用氮气或氦气增压保护,压力为 0.02～0.05 MPa。

四氧化二氮的长期贮存环境应满足以下条件:

1)环境温度在 5～21℃ 范围内,相对湿度不大于 85%。

2)贮存场所保持清洁,通风良好、严禁阳光直射。

3)备有二氧化氮浓度监测仪、报警系统、消防救护设备、防护用品、中和剂和充足的水。

4)电器皆为防爆设计,无明火源。

5)不得存放燃料、易燃品及其他杂物。

6)设有醒目的安全标志,禁止无关人员在场。

3.3.4　毒性及防护

《剧毒化学品目录》(2015 版)中规定四氧化二氮属于剧毒化学品,实际上四氧化二氮的毒性归因为二氧化氮的毒性。由于二氧化氮气体呈红棕色且有刺激性气味,故易于察觉,工作区空气中二氧化氮的最高允许浓度为 3.76 mg·m^{-3}。

二氧化氮对人体的危害随其浓度的增加而加重,主要刺激呼吸道,引起咳嗽、气喘、胸闷、恶心、呕吐、呼吸困难,并可能引起肺水肿。另外,四氧化二氮贱到皮肤或眼睛上,会引起严重的化学烧伤。

四氧化二氮渗漏、泄露或排空时,二氧化氮气体会扩散到大气中,使周围的人、畜、禽等中毒,使植物受到损害,场地设备受到腐蚀,含有四氧化二氮的废水排到水沟和地下会污染附近水源。

若四氧化二氮溅入眼睛,应该立即用大量生理盐水或水冲洗,然后就医;若四氧化二氮溅到皮肤上,应立即用大量的水冲洗,然后用碳酸氢钠粉末涂于接触部位,最后再用水冲洗,严重者需就医;吸入大量二氧化氮者,需要立即转移至空气新鲜处,并迅速就医,呼吸困难者还需迅速给氧。

3.4　绿色四氧化二氮(MON)

加入一氧化氮(NO)后,四氧化二氮的腐蚀性和冰点均显著降低,从而有效地改善了四氧化二氮的使用性能,常称这种混合物为混合氮氧化物(Mixed Oxides of Nitrogen,MON),对于 NO 含量标称值为 $X\%$ 的混合氮氧化物可表示为 MON $-X$。由于 NO 与 N_2O_4 反应生成暗蓝色的三氧化二氮(N_2O_3),使 N_2O_4-NO 体系呈现绿色,因此也常将该混合物称为绿色四氧化二氮。

3.4.1　制备方法

绿色四氧化二氮常见的生产方法是:首先,亚硝酸钠溶液与稀硫酸反应制备一氧化氮气体,经碱洗、分离、精致和压缩后,被提纯的四氧化二氮吸收制成 MON -30,然后将 MON -30 与提纯的四氧化二氮定量混合,即可制得绿色四氧化二氮 MON -1 和 MON -3,反应方程式为

$$3NaNO_2 + H_2SO_4(稀) \longrightarrow 2NO + H_2O + Na_2SO_4 + NaNO_3$$
$$NO + NO_2 \longrightarrow N_2O_3$$

美国军用标准 MIL $-$ PRF $-$ 26539G 中规定,绿色四氧化二氮的采购指标见表 3.7。

表 3.7　美国军用标准 MIL $-$ PRF $-$ 26539G 中绿色四氧化二氮的采购指标

项目名称	指标值			
	MON -1	MON -3	MON -10	MON -25
NO 质量分数/(%)	0.6~1.0	2.5~3.0	10.0~11.0	25.0~26.0
NO 和 N_2O_4 总质量分数/(%)	≥99.5	≥99.5	≥99.5	≥99.5
当量水质量分数/(%)	≤0.17	≤0.17	≤0.17	≤0.17
氯化物质量分数/(%)	≤0.040	≤0.040	≤0.040	≤0.040
非挥发性残渣浓度/(mg·L^{-1})	≤10.0	≤10.0	≤10.0	≤10.0

参照美国军用标准,并结合国情实际,我国也制定了 MON -1 和 MON -3 的国家军用标

准《绿色四氧化二氮规范》GJB 1964—1994,规定的采购指标见表 3.8。

表 3.8　《绿色四氧化二氮规范》GJB 1964—1994 中规定的绿色四氧化二氮采购指标

项目名称	指标值			
	MON－1		MON－3	
	A 级	B 级	A 级	B 级
NO 质量分数/(%)	0.6~1.0	0.6~1.0	2.5~3.0	2.5~3.0
NO 和 N_2O_4 总质量分数/(%)	≥99.5	≥99.6	≥99.5	≥99.6
当量水质量分数/(%)	≤0.17	≤0.05	≤0.10	≤0.05
氯化物质量分数/(%)	≤0.040	≤0.040	≤0.040	≤0.040
铁离子浓度/(mg·L^{-1})	/	≤0.3	≤0.7	≤0.7
非挥发性残渣浓度/(mg·L^{-1})	≤10.0	≤8.0	≤10.0	≤8.0

由表 3.7 和表 3.8 可知,国军标 GJB 1964—1994 中将 MON－1 和 MON－3 各分为 A 级和 B 级两个等级,且比美军标多了一项铁含量的要求。这是因为腐蚀产物中的 Fe^{3+} 以颗粒或凝胶形式存在,若铁含量过高,则有可能堵塞氧化剂输送管路及加注器,不利于发动机的正常、可靠工作。

3.4.2　物理化学性质

绿色四氧化二氮常温下性质稳定,含有少量一氧化氮的绿色四氧化二氮(MON－1 和 MON－3)为外观清澈、均相的绿色液体。而对于一氧化氮含量较高的 MON－10 来说,颜色和气味与四氧化二氮类似,呈红棕色且有刺激性气味,这主要是因为部分三氧化二氮和四氧化二氮在常温下离解为红棕色二氧化氮气体。绿色四氧化二氮的物理性质参数见表 3.9。

表 3.9　绿色四氧化二氮的物理性质

项　目	MON－1	MON－3	MON－10	MON－25	MON－30
冰点/℃	−12.1	−13.6	−23.6	−55.7	−80.35
沸点/℃	18.0	18.0	9.7	−9.0	−16.1
密度(288 K)/(kg·m^{-3})	$1.455×10^3$	$1.450×10^3$	$1.432×10^3$	$1.403×10^3$	$1.393×10^3$
黏度(288 K)/mPa·s	0.444	0.443	/	0.970	/
饱和蒸气压(288 K)/Pa	$9.046×10^4$	$9.069×10^4$	$1.308×10^5$	$3.318×10^5$	$4.766×10^5$
表面张力(288 K)/(N·m^{-1})	$27.46×10^{-3}$	$28.35×10^{-3}$	/	/	/
热导率(288 K)/(W·m^1·K^{-1})	0.133	0.1365	/	/	/
比热容(288 K)/(J·kg^{-1}·K^1)	/	$1.528 1×10^3$	/	/	/
汽化潜热(288 K)/(J·kg^{-1})	/	$4.194 7×10^5$	/	/	/
生成焓(293 K)/(J·kg^{-1})	/	$−2.440 9×10^5$	/	/	/

一氧化氮常温常压下为无色气体,冰点-163.6℃,沸点-151.8℃,可被空气很快氧化成为二氧化氮;纯三氧化二氮在凝聚态时呈蓝色,冰点-102℃,无固定沸点,常压下易解离为一氧化氮和二氧化氮;纯四氧化二氮性质参阅本章3.3.2节。

绿色四氧化二氮为有腐蚀性的强氧化剂,有水存在时腐蚀性更强,与空气接触不燃烧,但能助燃。绿色四氧化二氮与肼类、胺类、脂类和糠醇等燃料接触可以自燃,但随着一氧化氮含量的增加,自燃性不断降低。绿色四氧化二氮与碳、硫、磷等接触容易着火,与许多有机物蒸气形成的混合物容易发生爆炸,但对机械冲击、热或爆轰均不敏感。

3.4.3 安全及贮存性能

(1)着火危险性。绿色四氧化二氮的氧化性较强,与某些燃料接触发生自燃,当高浓度绿色四氧化二氮蒸气(NO_2)与肼类液体燃料接触时也会发生自燃,如质量分数为75%的二氧化氮与甲基肼液体接触时,在室温条件下就会发生自燃。

绿色四氧化二氮在贮存时应将其与燃料组分完全隔离,禁止明火,库房应保证良好的通风条件,温度和湿度都不宜过高。发生由绿色四氧化二氮引起的着火事故时,严禁使用卤素灭火器灭火。

(2)爆炸危险性。绿色四氧化二氮在常温下性质稳定,在高温、高压或冲击条件下存在爆炸可能性。当温度较高时,绿色四氧化二氮贮箱内会产生大量二氧化氮气体,在密闭条件下容易因容器压力升高而发生爆炸。若容器发生泄漏,二氧化氮易与燃料蒸气形成爆炸性混合物,在密闭空间内尤为危险。

(3)绿色四氧化二氮的长期贮存。绿色四氧化二氮液体可在常温下进行长期贮存,贮存时应选用金属贮运加注罐贮存,贮运加注罐应采用焊接结构,并应安装有泄出阀、安全阀、加注阀、增压阀和排空阀。适用于贮存绿色四氧化二氮的金属材料包括以下几种。

1)钛及钛合金。TA_1,TA_2M,TA_2R工业纯钛,TC_4,TC_4M,TC_4R钛合金。

2)不锈钢。1Cr18Ni9Ti、00Cr18Ni13不锈钢。

3)其他。Ti51Zr27Ni15Cu7钎焊料。

绿色四氧化二氮对不锈钢具有腐蚀性,腐蚀速率约为$2.5×10^{-7}$ mm·年$^{-1}$,而对钛合金的腐蚀几乎可以忽略。观测实验结果表明,当绿色四氧化二氮贮存于不锈钢贮箱内时,贮存初期腐蚀速率较大,但从第三个月起绿色四氧化二氮中铁含量保持不变,饱和溶解量为0.79 mg·kg^{-1};相比之下钛合金在绿色四氧化二氮中的饱和溶解量为0.11 mg·kg^{-1},所以在绿色四氧化二氮加注和贮存过程中应尽量使用钛合金制备的器具。

在管路与贮箱中还需要使用一些非金属材料作为密封件,与绿色四氧化二氮一级相容的非金属材料有以下几类。

1)塑料。聚四氟乙烯塑料、聚全氟乙丙烯塑料、FC-5增强氟塑料。

2)润滑脂。7804抗化学润滑脂、7805抗化学密封脂。

绿色四氧化二氮在长期贮存过程中要求贮运加注罐始终处于良好的密封状态。我国航空航天工业标准《绿色四氧化二氮安全使用规定》(QJ 3255—2005)中,关于绿色四氧化二氮的贮存要求如下。

1)绿色四氧化二氮质量经检验合格后,方可入库贮存;绿色四氧化二氮装量不得大于贮运加注罐容积的90%。

2)绿色四氧化二氮应用干燥氮气和氦气正压(0.02～0.08 MPa)保护。

3)库房相对湿度不大于 85%,温度应不低于 10℃ 且不高于 40℃;在贮存过程中,每周检查一次贮运加注罐有无泄漏现象。

4)保护压力低于 0.02 MPa 时需及时增压至 0.02～0.08 MPa。

3.4.4　毒性及防护

绿色四氧化二氮在常温下相当稳定,但其蒸气为毒二氧化氮气体,危害性可参阅 3.3.4 节。绿色四氧化二氮对操作人员的主要危害途径如下:

1)吸入绿色四氧化二氮蒸气。

2)皮肤与绿色四氧化二氮液体或高浓度蒸气接触。

3)绿色四氧化二氮溅入眼睛。

我国航空航天标准《绿色四氧化二氮安全使用规定》(QJ 3255—2005)中,关于接触绿色四氧化二氮的安全防护措施规定如下:使用或处理绿色四氧化二氮时,应穿戴符合规定的防护用品,包括防毒面具、耐酸手套、耐酸工作服和耐酸高筒靴等;防护用品要穿戴合身,便于工作;进行绿色四氧化二氮的贮存、运输、转注、加注等操作前应制定完善的事故处理预案。

航空航天工业标准《绿色四氧化二氮安全使用规定》(QJ 3255—2005)中,视不慎操作的严重程度,规定下述自救和急救方法:

1)绿色四氧化二氮若溅到眼睛中,应立即用 0.5% 的碳酸氢钠溶液或大量水冲洗眼睛,时间不少于 15 min,并送医院诊治;绿色四氧化二氮若溅到皮肤上,应立即用 2% 的碳酸氢钠溶液或大量水冲洗皮肤,时间不少于 15 min,并送医院诊治;被绿色四氧化二氮污染的衣物要尽快脱掉,用水冲洗。

2)目视可见二氧化氮蒸气或喉部已有刺激感时,说明二氧化氮浓度已达到危险程度,在此情况下应尽量把中毒人员抬到无污染处(不可让其自己行走)、保暖、静卧、避免活动。

3)呼吸困难的人员,应立即进行吸氧,并送医院诊治;若呼吸停止,则禁止使用压胸或压臂式人工呼吸方法救治,应使用苏醒器正压给氧,并送医院救治。

3.5　过氧化氢(H_2O_2)

过氧化氢又称双氧水,是一种呈弱酸性的无色无臭透明液体,由于具有密度高、毒性低、低饱和蒸气压等优点,可作为单组元推进剂或双组元推进剂的氧化剂用于液体火箭发动机中。固液混合发动机也常采用过氧化氢作为氧化剂,如国内的"北航"系列探空火箭。近年来,人们对绿色环保的日益重视,也极大地推动了过氧化氢作为氧化剂在航天动力系统中的应用。

3.5.1　制备方法

目前国内外一般采用蒽醌法制备过氧化氢,这种方法由里德尔和法雷德尔发明,具有能耗低、成本低、可大规模生产等优点。另外,美国的壳牌公司还成功开发出了异丙醇自动氧化法。

蒽醌法的反应方程式为

$$AQ + H_2 \xrightarrow{\text{催化剂}} HAQ$$

$$HAQ + O_2 \longrightarrow AQ + H_2O_2$$

该方法以蒽醌衍生物(主要是 2-烷基蒽醌)作为催化剂载体,在催化剂存在下,用氢将溶于适当有机溶剂中的 2-烷基蒽醌(AQ)氢化,生成相应的 2-烷基氢蒽醌(HAQ)。溶剂中的 HAQ 与催化剂分离后,可以用空气或者富氧气体对其进行氧化,生成 H_2O_2,同时 HAQ 又复原为 AQ。

异丙醇自动氧化法的反应方程式为

$$(CH)_3CHOH + O_2 \longrightarrow CH_3COCH_3 + H_2O_2$$

工业制备出的过氧化氢水溶液质量分数一般不超过 50%,而当前推进剂用过氧化氢的质量分数一般都超过 70%,因此需要对过氧化氢进行必要的浓缩。由于水比过氧化氢的沸点低 50.2℃,两者不能形成共沸物,因此可采用精馏法进行浓缩。在精馏前通常将稀品蒸发,并保留少量的蒸发残液,以除去难挥发杂质,然后将蒸出的过氧化氢与水的混合蒸气精馏,再通过后续的二级精馏法或冷冻法可得到质量分数达 99% 的过氧化氢水溶液。

美国军用标准 MIL-PRF-16005F(2003)中规定了 4 种类型和 2 种级别的过氧化氢指标,见表 3.10。

表 3.10　过氧化氢技术指标

物质名称	指标				
	70 型 稳定级	85 型 稳定级	90 型 稳定级	90 型 高纯级	98 型 高纯级
过氧化氢质量分数/(%)	71~73	85~87	90~91.5	90~91.5	98~99
氯化物(Cl)/(mg·kg^{-1})	≤0.8	≤0.2	≤2	≤0.5	≤0.5
硝酸盐(NO^{3-})/(mg·kg^{-1})	≤3.9	≤5.0	≤7.5	≤5.0	≤5.0
磷酸盐(PO$_4{}^{3-}$)/(mg·kg^{-1})	≤0.2	≤0.2	≤0.5	≤0.2	≤0.2
硫酸盐(SO$_4{}^{2-}$)/(mg·kg^{-1})	≤2.3	≤0.5	≤5	≤0.5	≤0.5
铵离子(NH$_4{}^{+}$)/(mg·kg^{-1})	≤2.3	≤3.0	≤3.0	≤3.0	≤3.0
24h,100℃ 下活性氧损失(%)	≤2	≤2	≤2	≤2	≤2
蒸发残渣/(mg·kg^{-1})	≤15	≤10	/	≤20	≤20
总碳/(mg·L^{-1})	≤200	≤40	≤105	≤40	≤40
铝(Al)/(mg·L^{-1})	≤0.2	≤0.2	≤1.0	≤0.35	≤0.35
锡(Sn)/(mg·L^{-1})	0.8~3.1	1.0~4.0	0.7~7.0	1.0~4.0	1.0~4.0
铬(Cr)/(mg·L^{-1})	≤0.11	≤0.03	/	≤0.03	≤0.03
铅(Pb)/(mg·L^{-1})	≤0.04	≤0.03	/	≤0.03	≤0.03
锰(Mn)/(mg·L^{-1})	≤0.04	≤0.03	/	≤0.03	≤0.03
铁(Fe)/(mg·L^{-1})	≤0.11	≤0.03	/	≤0.03	≤0.03

续表

物质名称	指标				
	70 型 稳定级	85 型 稳定级	90 型 稳定级	90 型 高纯级	98 型 高纯级
铜(Cu)/(mg·L^{-1})	≤0.04	≤0.03	/	≤0.03	≤0.03
镍(Ni)/(mg·L^{-1})	≤0.04	≤0.03	/	≤0.03	≤0.03
锑(Sb)/(mg·L^{-1})	/	/	/	≤0.03	≤0.03
砷(As)/(mg·L^{-1})	/	/	/	≤0.03	≤0.03
金(Au)/(mg·L^{-1})	/	/	/	≤0.03	≤0.03
锌(Zn)/(mg·L^{-1})	/	/	/	≤0.03	≤0.03
钛(Ti)/(mg·L^{-1})	/	/	/	≤0.03	≤0.03

3.5.2　物理化学性质

过氧化氢与水及大部分水溶性液体有机物都互溶,过氧化氢用水稀释后其分解活性显著降低。质量分数高于 65% 的过氧化氢水溶液结冰时体积收缩,冷却过程中产生过冷现象,且冰点远低于其真实冰点。过氧化氢的主要物理化学性质参数见表 3.11。

表 3.11　过氧化氢的主要物理化学性质参数

物理化学特征	物理化学性质参数
气味	类似于低浓度氮氧化物气味
外观	无色澄清液体
相对分子质量	80% H_2O_2:28.88
	90% H_2O_2:31.286
	95% H_2O_2:32.571
	98% H_2O_2:33.424
	100% H_2O_2:34.016
冰点/℃	80% H_2O_2:−22.35
	90% H_2O_2:−11.65
	95% H_2O_2:−5.25
	98% H_2O_2:−2.65
	100% H_2O_2:−0.65

续表

物理化学特征	物理化学性质参数
沸点/℃	80% H_2O_2:约 131.85
	90% H_2O_2:140.85
	95% H_2O_2:145.85
	98%~99% H_2O_2:148.85
	100% H_2O_2:149.85
自燃温度/℃	90% H_2O_2(空气中):209.85
	99% H_2O_2(空气或氧气中):121.85
密度(298 K)/(g·cm⁻³)	80% H_2O_2:1.3339
	90% H_2O_2:1.387
	98% H_2O_2:1.431
	100% H_2O_2:1.444
饱和蒸气压(303 K)/Pa	80% H_2O_2:933.1
	90% H_2O_2:665.78
	98% H_2O_2:399.47
黏度/(mPa·s)	80% H_2O_2:1.26
	90% H_2O_2:1.158
	95% H_2O_2:1.16
	98% H_2O_2:1.158
	100% H_2O_2:1.153
表面张力(293 K)/(N·m⁻¹)	80% H_2O_2:约 7.7×10^{-2}
	90% H_2O_2:7.914×10^{-2}
	95% H_2O_2:7.964×10^{-2}
	95% H_2O_2:7.995×10^{-2}
	100% H_2O_2:8.015×10^{-2}
热膨胀因数(273~298 K)/(K⁻¹)	80% H_2O_2:0.740×10^{-3}
	100% H_2O_2:0.785×10^{-3}
介电常数	80% H_2O_2:约 80
	100% H_2O_2:73.6
电导率(298 K)/(Ω·m)⁻¹	80% H_2O_2:3.1×10^{-4}

过氧化氢是微酸性液体,具有较好的漂白作用。过氧化氢在常温下不能燃烧,但分解出的氧能强烈助燃。由于具有较强的氧化性,过氧化氢可以点燃如木材、棉花、布、纸等多种有机物质。在一定条件下质量分数在 65% 以上的过氧化氢能与很多有机化合物发生反应,并形成爆炸性混合物,同时与一些燃料混合时能自燃。

作为推进剂的氧化剂时,由于氧化能力不够强,一般无法与燃料直接组成自燃型推进剂。但许多无机化合物可作为过氧化氢分解的催化剂,如在高锰酸钾和氧化铁的催化作用下,过氧化氢能够迅速分解,放出大量氧、热量和水蒸气。利用这种分解的催化作用可以将不能自燃的推进剂变为自燃型。

质量分数高于 67% 的过氧化氢溶液,若完全分解,则产生的热量能够使所有分解产物变为蒸气;质量分数高于 74% 的过氧化氢溶液,若给予足够的引爆能,便可发生爆轰。另外,过氧化氢对热、杂质、酸度、强光等均很敏感,极易发生分解,一般需要加入少量稳定剂,如磷酸及其盐类、锡酸盐、8-羟基喹啉等。

3.5.3　安全及贮存性能

(1)着火危险性。过氧化氢本身不可燃,但它可能与可燃物发生反应放出热量而引起可燃物的燃烧,加之过氧化氢分解放出的氧有较强的助燃作用,使得过氧化氢的生产、贮存、运输及转注过程中都极易发生着火。

从本质上来说,过氧化氢存在着火危险性的原因是其易分解,产生的热和氧是燃烧反应能够发生的重要前提条件。酸度、温度、光照、杂质等都是影响过氧化氢分解的重要因素,过氧化氢在 pH 值为 4 ± 0.5 时最稳定,碱性条件下极易分解;强光,尤其是短波长射线也会引起过氧化氢的分解;过氧化氢常温下就缓慢分解,速率大约每年 1%,每升高 8.3℃ 分解速率约增加 1倍,在 140℃ 时迅速分解并可能导致爆炸;大多数重金属(如铁、铜、银、铅、汞、锌、镍和锰等)及其氧化物和盐都是过氧化氢分解的催化剂。

(2)爆炸危险性。过氧化氢的爆炸危险性也同样源于其分解生成氧并放出热量,尤其在密闭的环境中可能引起容器内压强的迅速上升并发生猛烈爆炸。

过氧化氢的爆炸极限为 26%～100%(物质的量分数),质量分数为 74% 的过氧化氢,其上方蒸气浓度可达 26%(物质的量分数),遇到电火花时可发生气相爆炸。另外,过氧化氢与许多有机物(如糖、淀粉、醇类和石油产品等)形成的混合物在冲击或电火花的作用下也能发生爆炸,这是因为过氧化氢能与这些物质反应或能被这些物质中杂质催化分解。

(3)过氧化氢的贮存。贮存过氧化氢的容器及组件应由相容性较好的材料制造,且非常干净,不得落入尘土、铁锈等杂质。与过氧化氢相容性较好的金属材料主要有铝、铝合金 L2、钽等,非金属材料主要有聚四氟乙烯、玻璃填充聚四氟乙烯、乙烯－四氟乙烯共聚物等。

过氧化氢贮存时,不能与燃料和有机物质接触,也不得有明火或电火花,避免受到光、热和冲击的作用。如果出现过氧化氢的渗漏,可用大量水冲洗并及时处理渗漏情况。为了抑制过氧化氢的热分解,通常还要加入少量的稳定剂,常用稳定剂为磷酸(加入量为 3×10^{-6}～5×10^{-6}),可使过氧化氢溶液保持酸性。值得注意的是,对于微量污染来说,稳定剂能够使过氧化氢保持稳定,若污染严重则需要迅速采取紧急措施。

3.5.4　毒性及防护

过氧化氢的毒性是由它的活性氧化作用所引起的,高浓度过氧化氢蒸气对上呼吸道和肺有刺激作用。但由于过氧化氢的挥发性很小,一般不会通过呼吸被吸入过氧过氢蒸气而引起中毒,考虑到其具有强烈的烧灼感,也几乎不可能吞入中毒。实际上,过氧化氢对人体的危害主要是其与皮肤、眼睛、黏膜等接触引起的化学烧伤。另外,高浓度的过氧化氢溶液与普通衣物接触很容易发生着火。

在进行过氧化氢操作时,必须进行全身皮肤防护。乙烯基涂层、丁苯橡胶、氯丁橡胶或聚乙烯制成的手套可用于手的防护;天然橡胶、聚氯乙烯、氯丁橡胶及聚乙烯制品可用于身体的防护;塑料面罩、护目镜和头巾等可用于防护头和面部。

眼睛若不慎接触过氧化氢应迅速用大量水冲洗,并立即就医。皮肤或普通衣物接触过氧化氢后应及时将被沾染的衣物脱去,并用大量水冲洗接触部位,然后就医。吸入过氧化氢气体后,应尽快转移至空气新鲜处,若出现窒息等严重中毒现象,应立即供氧,并立即就医。

3.6　液氧(LOX)

液氧常与液氢或煤油组合成双组元液体推进剂,现代大型运载火箭多采用液氧作为氧化剂。由于低成本运载火箭是固液混合发动机技术的一个重要应用方向,20 世纪 90 年代美国火箭公司开发了多种用于小型运载火箭的固液混合发动机,皆采用液氧作为氧化剂,供给方式有挤压和泵压两种。另外,由于便宜易得、使用方便、无毒环保等优点,气氧大量用于固液混合发动的实验室研制及地面试车实验。

3.6.1　制备方法

液氧的主要制备方法为空气分离法,按照分离工艺又可分为低温精馏法、常温变压吸附法、膜分离法和吸收法 4 种,其中最为经济的方法是将空气进行液化分馏。

干燥空气中氧占 21% 的体积,氮占 78%,惰性气体占 0.94%,还有二氧化碳及其他。空气分馏制氧法是先将空气压缩、冷却,并使空气液化,利用氧、氮组分沸点的不同(液态氮的沸点 −195.89℃,液态氧的沸点 −183℃)在精馏塔中使气、液接触,进行热质交换,高沸点的氧组分不断地从蒸气中冷凝成液体,低沸点的氮组分不断地转入蒸气之中,使上升的蒸气中含氮量不断地提高,而下流液体中含氧量越来越高,从而使氧、氮分离。

美国军用标准 MIL - PRF - 25508F 中规定了液氧按质量可分为 A,B,F 三个等级,各等级的主要指标见表 3.12。

表 3.12　液氧主要指标

项　目	指标值		
	A	B	F
氧体积分数/(%)	≥99.6	≥99.5	≥99.99
总杂质体积分数/10^{-6}	≤4 000	≤5 000	≤100
碳氢化合物体积分数/10^{-6}	≤50	≤67.7	≤20
乙炔体积分数/10^{-6}	≤0.25	≤0.5	≤0.05

续表

项　目	指标值		
	A	B	F
水体积分数/10^{-6}	≤3	≤26.3	≤3
甲烷体积分数/10^{-6}			≤16
乙烷体积分数/10^{-6}			≤2
丙烷及碳数大于 3 的烷烃体积分数/10^{-6}			≤1
卤代烃体积分数/10^{-6}			≤1
二氧化碳和一氧化碳体积分数/10^{-6}			≤1
其他气体(氮气、氩气和氖等)体积分数/10^{-6}			≤75
颗粒物的质量浓度/$(mg \cdot L^{-1})$	≤1.0	≤1.0	≤1.0

3.6.2　物理化学性质

液氧为淡蓝色的无味透明液体,沸点为 $-183℃$,冷却至 $-218.8℃$ 时凝结成蓝色晶体。液氧和氧气都具有感磁性,在磁铁作用下可带磁性,并被磁铁所吸引。液氧不导电,但有电的积蓄能力,如沸腾时由于摩擦可产生电荷积存。在环境温度下,液氧若装在绝热性能良好的容器中,容器容积为 $1.7\ m^3$ 时 24 h 的蒸发率可低至 1.4%;容器容积为 $5.1\ m^3$ 时 24 h 的蒸发率仅约 0.4%。液氧的一些物理参数见表 3.13。

表 3.13　液氧的物理参数

参数名称		数　值
	冰点/℃	-218.8
	蒸气压(288 K)/Pa	7.5×10^4
	沸点/℃	-183.0
	气体密度/$(g \cdot cm^{-3})$	0.004 5
	液体密度/$(g \cdot cm^{-3})$	1.14
沸点时	汽化热/$(kJ \cdot mol^{-1})$	6.81
	液体黏度/$(Pa \cdot s)$	1.86×10^{-4}
	液体表面张力/$(N \cdot m^{-1})$	1.32×10^{-2}
	比热容/$(J \cdot kg^{-1} \cdot K^{-1})$	54.43
	热导率/$(W \cdot m^{-1} \cdot K^{-1})$	0.1528
	生成焓/$(J \cdot mol^{-1})$	378.5

续表

参数名称		数　值
临界点	温度/℃	−118.4
	压力/MPa	5.08
	密度/(g·cm⁻³)	0.436
三相点	压力/Pa	146.33
	气体密度/(g·mL⁻¹)	1.036×10⁻⁵
	液体密度/(g·cm⁻³)	1.306
	固体密度/(g·cm⁻³)	1.359

液氧也是一种强氧化剂，能助燃但不能自燃。液氧的化学性质比较稳定，对撞击不敏感，也不易分解，但液氧蒸发后生成的氧气能与乙炔、氢气和甲烷等可燃气体混合形成极易爆炸的混合物。另外，液氧与凡士林、酒精、润滑油等接触时也能发生剧烈的氧化反应。

3.6.3　安全及贮存性能

(1)着火危险性。液氧的火灾危险性为乙类，液氧与燃料接触一般不会自燃。当液氧与液体燃料接触时，会引起液体燃料的冷却并凝固，而凝固的燃料和液氧的混合物对撞击较为敏感，在加压的情况下常常转为爆炸。液氧的燃烧一般有两种类型，一种是燃料和液氧混合时不发生着火，但当进行点火或受到机械撞击时能发生爆炸；另一种是燃料和液氧接触之前或接触时燃烧已经开始，此时出现着火或燃烧并可能伴随有反复的爆炸现象。燃烧的类型主要取决于氧和燃料的混合比及点火情况。

因此，在液氧的贮存、运输和转注等过程中，需要严格防范液氧的泄露，并远离燃料和火源。

(2)爆炸危险性。液氧与所有燃料的混合物都有爆炸的危险性，尤其当混合物呈凝固状态时，极易发生由静电、撞击、电火花等作用引起的爆炸。而且液氧的蒸气与可燃蒸气混合也可形成爆炸性混合物。

当液氧贮存在密闭的容器中，而系统又无法保温时，则会发生由于液氧的蒸发而引起的压强升高，尤其当液氧处于临界温度以上时，液氧无法维持液体状态。如果泄压不及时则一旦超过容器的压强承受极限就会引起物理爆炸。

(3)液氧的贮存。液氧属于低温氧化剂，贮存过程中存在蒸发损失，只能短期储存。液氧的温度较低，储存设备材料的选取必须考虑材料在低温下的物理性质及材料与液氧间的反应性。金属与液氧接触时一般具有化学稳定性，但液氧的低温能够使普通结构钢和铸铁等材料变脆。另外，钛合金在氧环境中对冲击很敏感，因此也不适合作为贮存设备材料。可用于液氧贮存设备的金属材料包括以下几类。

1)铝及其合金。LD1、LD2、LD5、LD10、LY9、LY12、LF2、LF3 和 LC4 等。

2)9%镍铜合金。

3)不锈钢。1Cr18Ni9Ti 和 0Cr19Ni9 等。

4)铜及其合金。铝青铜(QAl10 - 3 - 1.5)和黄铜(H62)等。

5)镍及其合金。N8 等。

考虑到液氧的强氧化性及低温性,在液氧及气氧系统中可使用的非金属材料有:聚四氟乙烯、聚三氟氯乙烯、偏氟乙烯与六氯丙烯的共用聚物等。另外,在液氧系统中不能使用石油基的润滑剂,需要使用如氟碳润滑剂或全氟化碳润滑剂等特殊润滑剂。

3.6.4　毒性及防护

氧气可以维持人和动物的呼吸,液氧和氧气无毒,对环境也没有污染作用。但人和动物在高浓度氧的环境下长时间生存也会存在不良反应。另外,液氧若喷溅到皮肤上可引起低温冻伤,因此需要进行必要的低温防护。

3.7　硝酸羟胺(HAN)

HAN 是白色针状晶体,在空气中极易吸湿,常配成高浓度水溶液使用。HAN 水溶液具有密度高、冰点低、稳定性强、无毒和燃气绿色环保等优点,是一种综合性能优异的液体氧化剂,应用领域包括火炮发射药、液体火箭推进剂、导弹和卫星的姿轨控推进剂等,同时也是一种较为理想的固液混合发动机氧化剂。

3.7.1　制备方法

HAN 的制备方法主要有沉淀法、离子交换树脂法、电渗析法、肟法和电解法。沉淀法是由硫酸羟胺和硝酸钡进行复分解反应,生成硝酸羟胺和硫酸钡沉淀。沉淀法工艺简单且产物纯度高,但制备成本较高且生成的沉淀完全去除较困难,只适用于实验室少量制备。离子交换树脂法和电渗析法存在工艺复杂、成本高、设备条件要求苛刻等缺陷,也难以用于大规模工业生产。

目前肟法和电解法是两种最常用的 HAN 工业化制备方法。肟法以硫酸羟胺、丙酮和碱为原材料,先在硫酸羟胺中加入过量的丙酮,再加碱中和其中的硫酸,然后常压蒸馏出丙酮肟,最后加入等量的硝酸,回流并减压蒸出水和丙酮,从而得到较高浓度的 HAN。反应原理为

$$2(CH_3)_2C{=}O+(NH_2OH)_2 \cdot H_2SO_4+2NaOH \longrightarrow 2(CH_3)_2C{=}NOH+Na_2SO_4+4H_2O$$

$$(CH_3)_2C{=}NOH+HNO_3+H_2O \Longleftrightarrow (CH_3)_2C{=}O+(NH_2OH) \cdot HNO_3$$

电解法的反应机理为:阳极反应水氧化成氢离子和氧气,即

$$3H_2O \longrightarrow 1.5O_2+6H^++6e^-$$

阴极反应是硝酸与氢离子反应生成羟胺,然后再与硝酸中和生成 HAN

$$HNO_3+6H^++6e^- \longrightarrow NH_2OH+2H_2O$$

$$NH_2OH+HNO_3 \longrightarrow (NH_2OH) \cdot HNO_3$$

3.7.2　物理化学性质

纯净的 HAN 是白色针状晶体,密度为 1.841 g · cm^{-3},熔点为 48℃,热分解温度约为 100℃,可与任意比例的水混合,溶于乙醇,微溶于丙酮、甲醇等有机溶剂。HAN 具有较强的

吸湿性,在空气中能够迅速吸湿而变成液体,因此常采用其水溶液作为氧化剂使用。室温下 HAN 水溶液最大浓度可达到 95%,溶液显酸性,无刺激性气味。图 3.1 所示为 HAN 水溶液的密度和黏度与浓度的关系图。

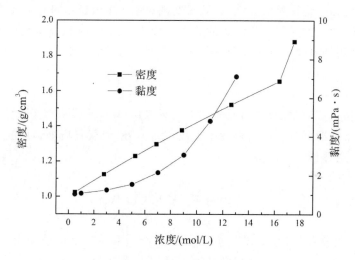

图 3.1　溶液密度和黏度随浓度的变化

HAN 在水溶液中以 NH_3OH^+ 和 NO_3^- 离子的形式存在,其中 NH_3OH^+ 离子表现出还原性,NO_3^- 离子表现出氧化性,受引发时可发生反应并放热($112.8\ kJ\cdot mol^{-1}$),因此可单独作为一种液体推进剂使用,但能量较低。另外,低浓度 HAN 溶液还常作为还原剂应用于提取放射性元素(铀、钚、镎类)、处理核原料以及核废料的再生。

纯净的 HAN 溶液在常温下的分解极其缓慢,即使在 118℃ 条件下也可安全存放 17 h,但 HAN 溶液在有铁离子和铜离子的存在下,会存在分解加速的情况。这主要是因为铁及过渡金属离子都可作为络合物的中心离子,HAN 在水溶液中以 NH_3OH^+ 和 NO_3^- 离子的形式存在,NH_3OH^+ 中的氮原子和氧原子以及 NO_3^- 中的氧原子都存在孤对电子,可作为配位原子与金属离子络合,形成的络合物使 N—H 键和 N—O 键变弱,从而发生键的断裂或取代反应。

为了抑制 HAN 溶液的分解、提高 HAN 溶液的贮存稳定性,可加入少量的稳定剂,常见的稳定剂有二胺衍生物、氨衍生物、吡啶和亚甲基膦酸衍生物等。

3.7.3　安全及贮存性能

常温下 HAN 溶液不会发生挥发和分解,因此其存贮较为安全,只要避免具有催化作用的杂质落入储箱中,便可避免由于 HAN 分解引起的燃烧和爆炸。常温下 HAN 溶液能缓慢腐蚀铜和铁,但基本不与镍、铬、316 不锈钢反应,也不与聚乙烯、聚四氟乙烯、聚三氟乙烯等非金属材料反应,因此在进行储箱设计时,要充分考虑 HAN 溶液与储箱材料的相容性。为了保证贮存安全,HAN 溶液应与燃料分开贮存,并远离明火及热源。

3.7.4　毒性及防护

通常认为 HAN 溶液是无毒的,高浓度水溶液也不会产生有毒蒸气,由于 HAN 溶液呈弱酸性,与皮肤接触可能造成皮肤的轻微灼伤,因此在操作时应当对皮肤进行适当防护。HAN

溶液对眼睛有一定的刺激作用,虽然溶液并不挥发,但若溅入眼睛可能出现结膜变红、水肿等情况,经大量水清洗后可明显改善。另外,动物实验结果表明,口服 HAN 可能产生低血压、正铁血红蛋白血症等。

3.8　高氯酸羟胺(HAP)

高氯酸羟胺是一种白色针状结晶,但同样由于吸湿性强且在水中具有很高的溶解度,常将其配成水溶液作为液体推进剂的氧化剂,多用于鱼雷等水下推进。如 HAP 与 OTTO - II 组成的推进剂比冲高达 347.1 s,已被世界上最先进的重型热动力鱼雷所采用。HAP 水溶液由于具有密度大、含氧量高、冰点低等优点,也可用于固液混合发动机的氧化剂,综合性能优于过氧化氢。

3.8.1　制备方法

目前高氯酸羟胺的制备方法主要有电解法、复分解法、离子交换法三种。

(1)电解法。苏联曾用电解法来制备高氯酸羟胺,这种方法的原理是硝酸在高氯酸中进行阴极还原,阴极电解反应方程式为

$$NO_3^- + 6e + 7H^+ + HClO_4 \longrightarrow NH_2OH \cdot HClO_4 + 2H_2O$$

但该方法由于能耗高、生产成本高、工业化生产困难而未能被推广使用。

(2)复分解法。20 世纪 70 年代,高氯酸羟胺基本上都是采用复分解法制得的,原理是在水溶液中通过硫酸羟胺和高氯酸钡的复分解反应生成硫酸钡沉淀和高氯酸羟胺的稀水溶液。硫酸钡沉淀可以过滤去除,高氯酸羟胺的稀水溶液可通过 55～60℃ 下的减压浓缩来提高浓度。复分解反应的方程式为

$$(NH_2OH)_2 \cdot H_2SO_4 + Ba(ClO_4)_2 \longrightarrow 2NH_2OH \cdot HClO_4 + BaSO_4 \downarrow$$

复分解法存在生产成本高、耗时较长、沉淀难过滤等缺陷,限制了其在工业生产中的广泛应用。

另外,也可以在非水溶剂(乙醇或甲醇)中通过高氯酸钠和盐酸羟胺或硫酸羟胺的复分解反应,获得高氯酸羟胺。反应方程式为(以盐酸羟胺与高氯酸钠反应为例):

$$NH_2OH \cdot HCl + NaClO_4 \longrightarrow NH_2OH \cdot HClO_4 + NaCl \downarrow$$

由于反应产物氯化钠不溶于醇,可以采用过滤的方式将其除去,接着在滤液中加入氯化烷,使高氯酸羟胺在低温下析出,收率最高可达 90%。该方法虽然可以降低生产成本,但使用的大量易燃有机溶剂使操作危险性大大提高。而且存在产物分离困难、产品杂质较多的缺陷。

(3)离子交换法。离子交换法是 20 世纪 70 年代末发展起来用于制备高氯酸羟胺的新方法,该方法基于树脂选择交换的性质,将干扰阴离子和阳离子逐渐分离、去除,最终获得高氯酸羟胺的水溶液。作用机理为

$$R-SO_3H + NH_2OH \cdot HX \longrightarrow NH_2OH \cdot HSO_3 + HX$$

$$NH_2OH \cdot HSO_3 - R + HClO_4 \longrightarrow NH_2OH \cdot HClO_4 + R-SO_3H$$

其中,R 为离子交换树脂骨架结构;X 为 Cl^-/SO_4^{2-}。

离子交换法制备高氯酸羟胺存在许多优势:①以水为反应介质,使整个操作过程比较方便,并可有效降低生产成本;②产品的收率高、纯度高、不含二次污染物,甚至原料本身含有的

重金属杂质也会被树脂吸附,且树脂可以反复使用。在工艺放大中该方法制得的高氯酸羟胺收率高达 99%,蒸发结晶后其纯度也在 99% 以上,因此具有非常好的工业应用前景。

3.8.2 物理化学性质

高氯酸羟胺是一种白色针状结晶,在水、乙醇、丙酮中的溶解度非常高,很难溶解于乙醚,且在苯和四氯化碳中几乎不溶。高氯酸羟胺具有很强的吸湿性,甚至仅暴露在空气中就能因吸水而变成液体,因此常使用其高浓度水溶液作为氧化剂。82.5% HAP 水溶液的密度为 1.715 $g \cdot cm^{-3}$,冰点为 $-20℃$,对爆轰波和枪击不敏感,非密闭条件下燃烧不发生爆轰,80℃ 下加热 30 天不分解,开始分解的放热温度高于 210℃。高氯酸羟胺的主要物理化学性质见表 3.14。

表 3.14 高氯酸羟胺的主要物理化学性质

物理化学性质	数 值
密度/($g \cdot cm^{-3}$)	2.06
熔点/(℃)	87.5~89.0
蒸汽压(95℃)/10^{-3} Pa	1.33
汽化热/($kJ \cdot mol^{-1}$)	138.07
分解温度/(℃)	180
标准生成焓/($kJ \cdot mol^{-1}$)	−276.144
撞击感度(5 kg,25 cm^2)	70%
摩擦感度(85°摆角,25 cm^2)	90%
爆炸压力下限/MPa	14.6

高氯酸羟胺的水溶液显酸性,80%、82.5% 和 85% 高氯酸羟胺水溶液的密度分别为 1.655 $g \cdot cm^{-3}$、1.715 $g \cdot cm^{-3}$ 和 1.754 $g \cdot cm^{-3}$,可使推进剂具有较高的密度比冲。高氯酸羟胺水溶液的冰点随浓度的变化如图 3.2 所示。

由图 3.2 可知,高氯酸羟胺水溶液的冰点随浓度的增大先降低后升高,在浓度为 64% 时达到最低冰点 $-51℃$。一般来说为了保证推进剂的能量,高氯酸羟胺水溶液的浓度需要在 80% 以上,冰点基本能满足使用要求。

高氯酸羟胺的热分解温度约为 200℃,分解的第一步是先生成羟胺和高氯酸,随后羟胺和高氯酸会发生进一步的分解和氧化还原反应。高氯酸羟胺水溶液的化学性质稳定,温度在 210℃ 以上时才会发生放热分解,爆燃温度为 680~860 K,要保持它的爆燃能力,水的含量应为 5%~20%。

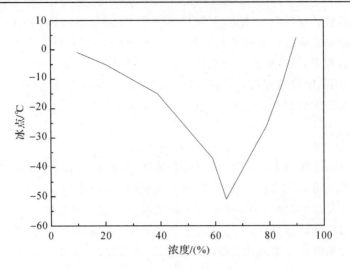

图 3.2　高氯酸羟胺水溶液的冰点与浓度关系

3.8.3　安全及贮存性能

（1）高氯酸羟胺的危险性。高氯酸羟胺分解生成羟胺和高氯酸，羟胺非常不稳定，在室温下遇水和 CO_2 时会迅速发生分解，对其进行加热则会发生猛烈爆炸，而高氯酸即使在室温下也会发生分解并放热。因此，高氯酸羟胺的热分解具有一定的燃烧和爆炸危险性。

高氯酸羟胺的水溶液在常温下会进行缓慢分解，多价金属离子（特别是 Fe^{3+}，Cu^{2+}）会加速其分解过程。82.5％高氯酸羟胺溶液 100℃ 下，6 h 的老化试验结果见表 3.15。

表 3.15　82.5％高氯酸羟胺溶液安定性

序　号	加入离子	$\omega/(mg \cdot kg^{-1})$	$\omega_{HAP}/(\%)$	分解率/（%）
1	无	0	83.80	0.33
2	Fe^{3+}	6.8	82.02	3.33
3	Fe^{3+}	10.9	81.73	3.67
4	Fe^{3+}	19.4	80.62	4.19
5	Fe^{3+}	5.1	81.42	4.53
6	Cu^{2+}	11.8	79.73	6.39
7	Fe^{3+}	20.6	79.00	8.23

由表 3.15 可知，高氯酸羟胺溶液本身的安定性较好，加热 6 h 后仅分解了 0.33％；然而，当引入 Fe^{3+} 离子、Cu^{2+} 离子时，高氯酸羟胺的安定性显著降低。这是由于在高氯酸羟胺溶液中羟胺主要以离子的形态存在（离子形态的羟胺稳定性高于羟胺分子，表现出较佳的安定性）。但是羟胺离子会与多价金属离子（如 Fe^{3+}、Cu^{2+}）形成配合物，使得 N—O 键和 N—H 键变弱甚至发生断裂，最终导致高氯酸羟胺的分解加速，因而存在质量和安全隐患。

（2）高氯酸羟胺的贮存。高氯酸羟胺最好以浓溶液的方式进行密封贮存，且所选用容器及组件应由与其相容性较好的材料制造,并保持内部干净,避免落入铝、铜、铁、纸、木头等杂质。与高氯酸羟胺浓溶液相容性较好的材料有陶瓷、玻璃、聚乙烯、聚四氟乙烯等。在选用和制造高氯酸羟胺贮存容器时,常以铝合金为基体,通过微弧氧化及等离子喷涂的方法在铝合金表面制备陶瓷层,并采用静电喷涂聚乙烯粉的方法对铝合金表面陶瓷层进行封闭。高氯酸羟胺贮存时应尽量避免与高价金属离子接触,并可通过加入适量酸的方式来保持其稳定性。

3.8.4 毒性及防护

高氯酸羟胺常以水溶液的形式贮存、运输和加注,常温下其水溶液呈酸性。高浓度高氯酸羟胺水溶液的蒸气无毒,不会对呼吸道和肺部产生刺激,但溶液与皮肤长期接触后,可能会引起局部皮炎或过敏反应,高氯酸羟胺不慎落入眼睛时会产生轻微刺激。

在进行高氯酸羟胺溶液操作时,应着工装并戴橡胶手套来保护皮肤,若高氯酸羟胺不慎落入眼睛或与皮肤接触时应及时使用大量清水冲洗刺激部位,严重者需及时就医。

3.9 二硝酰胺铵(ADN)

二硝酰胺铵(Ammonium Dinitramide,ADN)是一种白色片状或针形晶体,分子式为 $NH_4N(NO_2)_2$,是一种新型固体推进剂氧化剂。由于 ADN 具有很强的吸湿性,在水中有很高的溶解度,因此可将其配成水溶液作为液体氧化剂使用,ADN 水溶液具有密度高、稳定性强、无毒、燃气绿色环保等优点,是一种综合性能优异的液体氧化剂。在 ADN 的水溶液中添加适当的燃料组分(如甲醇、乙醇等),还可以制成 ADN 基液体推进剂,如 1997 年瑞典最早提出了代号为 LMP-101 的 ADN 基液体推进剂(配方为 61%ADN、26%水和 13%丙三醇)。

3.9.1 制备方法

按照原料的不同,ADN 的制备方法主要分为:硝基脲法、氨基甲酸酯法、氨基丙腈法、二丙腈胺法和氨基磺酸盐法。硝基脲法是以尿素为原料合成 ADN,反应过程为

$$H_2NCONH_2 + HNO_3 \longrightarrow H_2NCONHNO_2 + H_2O$$
$$H_2NCONHNO_2 + NO_2BF_4 + 3NH_3 \longrightarrow NH_4N(NO_2)_2 + NH_4BF_4 + H_2NCONH_2$$

此法原材料价格低廉,合成步骤简单,但产品回收率低(20%～45%),采用的硝化剂 NO_2BF_4 十分昂贵,且反应必须在低温、无水下进行。因此需要对硝化剂进行改进(如改用 N_2O_5)并提高产品得率,才能使硝基脲法得到工业化应用。

氨基甲酸酯法以氨基甲酸乙酯为原料,一次硝化生成 N-硝基氨基甲酸乙酯铵盐,再经二次硝化得到 ADN。该方法原料来源广泛,工艺简单。但二次硝化较难掌握,且产率较低。

氨基丙腈法一般以氢氧化钠水溶液作为溶剂,以 β-氨基丙腈与氯甲酸丙酯为原料,经过硝化、氨化逐步合成 ADN,此法得到的 ADN 产率高,环境污染小,缺点是二次硝化控制条件较为苛刻。

二丙腈胺法以丙烯腈作为原料,利用二丙腈胺合成 ADN,合成步骤较少,产品收率较氨基丙腈法有所提高,但仍然没有解决二次硝化控制困难的问题。

上述方法普遍存在硝化反应困难的问题,目前在大规模生产中一般采用氨基磺酸盐法。该方法是硝硫混酸作为硝化剂,以氨基磺酸盐 $NH_2SO_3X(X=Na,K,NH_4$ 等)为原料合成

ADN,以氨基磺酸铵为例,首先进行硝化反应,有

$$NH_2SO_3NH_4 + HNO_3/H_2SO_4 \longrightarrow HN(NO_2)_2$$

当溶液中 $HN(NO_2)_2$ 浓度达到最大时,将生成的 $HN(NO_2)_2$ 用氨中和,有

$$HN(NO_2)_2 + NH_3 \longrightarrow NH_4N(NO_2)_2$$

该法优点是原料易得、反应步骤少、易于操作、反应条件温和、产品得率高,缺点是用氨中和反应液时,除生成 ADN 外,往往会生成硝酸铵和硫酸铵等副产物,分离副产物的操作比较复杂。

常用的分离技术有活性炭吸附法和有机溶剂提取法两种。吸附法首先将混合物水溶液与活性炭接触,并用水洗涤三次除去副产物,然后用极性有机溶剂将 ADN 洗脱,最后将洗脱溶液蒸发,得到 ADN 产品。有机溶剂提取法则是先将溶液蒸干,然后将干燥后的固体采用有机溶剂进行溶样处理,副产物经过滤除去,最后蒸干滤液中的溶剂得到 ADN 产品。

3.9.2　物理化学性质

固体 ADN 的密度为 $1.812~\mathrm{g \cdot cm^{-3}}$,熔点为 92℃,热分解温度约为 127℃,氧平衡为 25.8%,标准摩尔生成焓为 $-148~\mathrm{kJ \cdot mol^{-1}}$,易溶于水、丙酮、醇类、乙腈,微溶于乙酸乙酯。ADN 在空气中能够迅速潮解成水溶液,ADN 饱和水溶液的冰点约为 -15℃,室温下饱和水溶液中 ADN 的质量分数约为 78%。表 3.16 给出了不同温度下二硝酰胺铵在水中的溶解度。

表 3.16　不同温度下二硝酰胺铵在水中的溶解度

温度/℃	溶解度/(%)
−15	58.3
−10	62.7
0	69.3
20	78.1

由表 3.16 可以看出,随着温度的升高,ADN 在水中的溶解度也上升。由于溶液中的水仅起到溶解 ADN 使之转化为液体的作用,在发动机工作过程中不提供能量,是氧化剂中的"无效"组分,因此溶解度越高越好。当温度为 -15℃时,ADN 在水中的溶解度仅为 58.3,难以为发动机的工作提供较多的有效氧,因此当采用 ADN 溶液作为氧化剂时,最好将贮存与工作状态设计在常温附近。

ADN 水溶液的密度主要受到 ADN 含量和温度的影响,ADN 溶液密度随 ADN 质量分数增大而增大,且略高于硝酸铵,如图 3.3 所示。

当温度升高时,溶液摩尔体积增大,密度减小,如图 3.4 所示。

ADN 在水溶液中以阳离子 NH_4^+ 和阴离子 $N(NO_2)_2^-$ 离子的形式存在,铵根离子易与空气中的水分子结合,是导致 ADN 吸湿性较强的主要原因,二硝酰胺阴离子是典型半共平面和共振稳定结构,其能量略高于高氯酸盐,因此当以 ADN 作为氧化剂时,推进剂往往可提供更高的比冲。

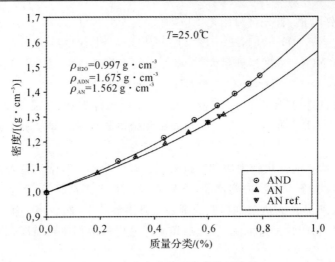

图 3.3 溶液密度随质量分数的变化

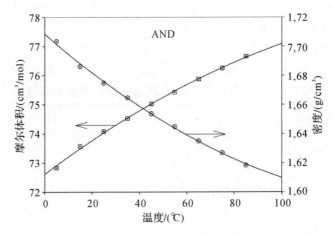

图 3.4 溶液摩尔体积和密度温度的变化

固体 ADN 在常温下较稳定,加热时易分解,热安定性较差,但 ADN 溶液的热分解极其缓慢,贮存稳定性较好。为了防止 ADN 溶液的热分解,还可以加入适量碱性物质作为稳定剂,常见的稳定剂有乌洛托品、2-硝基二苯胺和甲基二苯脲等。

3.9.3 安全及贮存性能

ADN 的静电火花感度与高氯酸铵(Ammonium Perchlorate,AP)相近,撞击感度和摩擦感度高于 AP,但比硝肪肼(Hydrazinium Nitroformate,HNF)的感度低,一些固体氧化剂的感度数据见表 3.17。目前主要通过球形化和包覆来降低 ADN 的感度,以增加使用安全性。

常温下 ADN 水溶液不会发生挥发和分解,存贮较为安全,其长贮稳定性主要需考虑杂质的影响。如当溶液中含有一定量的硝酸铵时,会引起 ADN 的酸催化分解;再如当溶液中含有有机杂质(如洗涤残留的有机溶剂)时,ADN 的分解也会加速;同时一些长链有机化合物会降低 ADN 的感度。为了确保安全,ADN 溶液应注意与燃料分开贮存,并远离明火及热源。

表 3.17 ADN 的安全性能

化合物	ADN	AP	HNF	RDX	HMX
撞击感度/J	5[①]	13.7	1.6	3.5	4.2
摩擦感度/N	72[②]	353	29	193	113
静电火花感度/mJ	≥726	≥726	≥726	180~726	225~726

注:①撞击感度的特性落高 h_{50} 为 24 cm(2 kg 落锤,药量 30 mg);
　　②摩擦感度的爆炸概率为 14%(2.4 MPa,66 °,药量 20 mg)。

3.9.4 毒性及防护

按照《化学品毒性鉴定技术规范》,ADN 属微毒物质,实验表明高浓度 ADN 水溶液无刺激性气味,不产生有毒气体,对皮肤也无刺激性、腐蚀性和毒性,对眼睛表现出物理机械性刺激作用。因此在进行相关实验、生产操作时应佩戴护目镜,实验过程中若不慎溅入眼内,应迅速用大量清水冲洗,避免结膜刺激症状的发生。

此外,动物实验结果表明,口服 ADN 溶液会对肝脏产生急性损伤,具体表现为肝组织结构紊乱、肝细胞水肿、中央静脉扩张,同时在一定程度上对于动物的生长发育也存在抑制作用。

3.10 固液混合发动机常见推进剂组合

如前文所述,固液混合发动机常用氧化剂包括液氧、过氧化氢、氧化亚氮等,燃料包括高聚物燃料和石蜡燃料两类,固液混合发动机的使用场景(用途)多由氧化剂性质所决定,常见推进剂组合归纳为以下几种。

(1)液氧/高聚物燃料。液氧的氧含量高、密度大且价格低廉,广泛用于液体火箭发动机氧化剂,固液混合发动机的一个重要应用领域就是小型运载火箭,考虑到发动机的能量与经济性,液氧成为氧化剂的最佳选择。小型运载火箭的直径为米级,因此对燃料药柱的成型工艺有着较高要求,目前只有高聚物燃料能够实现大型药柱的精密制造,因此液氧/高聚物燃料是目前小型运载火箭用固液混合发动机的最佳推进剂组合。后续随着石蜡燃料的不断发展,凭借低成本和高燃面退移速率的优势,也有可能取代高聚物燃料。

(2)氧化亚氮/高聚物燃料。采用氧化亚氮作为氧化剂时,固液混合发动机具有较好的贮存性,但能量较低,适用于对能量不敏感的应用领域。高聚物燃料在地球气温范围内具有较好的力学性能,能够适应大机动、强震动、强冲击等复杂外界环境,因此氧化亚氮/高聚物燃料是一种较好的靶标及太空飞船用固液混合发动机推进剂组合,同时该推进剂组合以往也较多地应用于探空火箭用固液混合发动机。

(3)过氧化氢/高聚物燃料。过氧化氢具有能量高、密度大且价格较低的优势,并且通过自催化反应可与部分碳氢燃料发生自燃,当作为氧化剂时发动机不需要设计点火器,更适合在可多次开关机的固液混合发动机中使用。发动机关机时,燃烧室内仍然具有较高温度,若要使燃料药柱保持原有药型则要求固体燃料具有较好的高温力学性能,因此过氧化氢/高聚物燃料这种推进剂组合既能使发动机方便启动又能够保证启动过程中燃烧的稳定性,主要应用领域为姿轨控发动机和部分对弹道性能要求高的探空火箭。

（4）氧化亚氮/石蜡燃料。石蜡燃料具有较高的燃面退移速率,在采用简单药型的情况下可实现较大的发动机推力,且石蜡的价格比高聚物低得多,具有显著的成本优势。因此近年来国内外在探空火箭领域,越来越倾向采用氧化亚氮/石蜡燃料作为固液混合发动机推进剂,另外由于石蜡具有较低的玻璃化转变温度(约−90℃),且氧化亚氮的冰点较低(−90.8℃),因此适用于极低温工作环境,如月球、火星探测等。

（5）过氧化氢/石蜡燃料。由于石蜡燃料的高温力学性能普遍较差,当发动机关机时未燃烧的固体燃料会在发动机余温的作用下出现变软、流淌等现象,使燃料药型发生明显改变而无法满足再次启动要求,因此过氧化氢/石蜡燃料推进剂组合通常不能使固液混合发动机具有多次机关机的能力。但由于过氧化氢的能量较高,而石蜡燃料的燃面退移速率较高且价格低廉,因此这种推进剂组合更适用于对能量和价格具有特殊要求的探空火箭用固液混合发动机。

（6）绿色四氧化二氮/石蜡燃料。对于低温应用环境来说,不但要考虑氧化剂的冰点,还要能保证推进剂具有较好的低温点火性能,四氧化二氮的氧化性较强且密度大,是一种常用的液体氧化剂,但却具有冰点高的缺陷(−11.23℃),无法适应低温环境。绿色四氧化二氮是在四氧化二氮中加入一定量的一氧化氮制成,具有更低的冰点并且腐蚀性可显著减弱,因此可以采用绿色四氧化二氮/石蜡燃料作为低温固液混合发动机推进剂。如美国喷气推进实验室正在以冰点为−55℃的MON−25(一氧化氮含量25%)作为氧化剂,研制用于火星样品返回器上升级的固液混合发动机。

第4章 固液混合发动机基本结构组成

固液混合发动机主要由氧化剂贮存与输运系统及推力室两部分组成,对于贮存与输运系统来说,其主要功能是贮存氧化剂,并在发动机工作时稳定地将氧化剂输运至推力室,在研制过程中可充分借鉴液体火箭发动机的相关设计经验。而对于推力室来说,因其结构与固体火箭发动机极为相似,亦可参考固体火箭发动机的相关设计准则。因此,本章主要针对固液混合发动机的结构特点,介绍发动机的基本构成,相关零部件的具体设计方法可参考液体火箭发动机及固体火箭发动机相关的文献资料。

4.1 氧化剂贮存与输运系统

氧化剂贮存与输运系统的作用是贮存液体氧化剂,并在发动机工作时向推力室内稳定地输运氧化剂。液体氧化剂根据其理化特性在特定的储箱中贮存,至于输运方式,则主要分为挤压式和泵压式两种。

4.1.1 氧化剂储箱

储箱是贮存氧化剂的容器,根据输运形式的不同,可将储箱分为承载式和非承载式。对于承载式储箱来说,其设计压强较高(一般>0.5 MPa),适用于挤压式氧化剂输运系统或饱和蒸汽压较高的氧化剂(如 N_2O);非承载式储箱设计压强一般低于 0.5 MPa,适用于泵压式低饱和蒸汽压氧化剂输运系统。一般来说,储箱结构的选取除需要考虑具体配置条件外,还需要满足以下要求:

(1)对于确定的氧化剂量,储箱质量应当尽可能小,可采用强度高及密度小的储箱材料,并选择合理的储箱形状。

(2)储箱的结构和制造工艺简单。

(3)储箱结构应便于液体氧化剂的加注和泄出。

(4)储箱结构应保证氧化剂供给结束后剩余氧化剂(无法输运的氧化剂)的量较少。

(5)储箱的强度满足在储箱受到发动机运输、贮存和飞行中的载荷作用时,没有残余应变。

(6)储箱材料与氧化剂相容性好,能在长期贮存中保持稳定状态。

储箱的形状和结构在一定程度上决定了发动机的总体尺寸和质量特性。按形状来分,储箱可分为圆筒形、球形、截锥形、环形及组合形。最常见的储箱形状为上下底呈椭球或球形的圆筒形,这种储箱对于各舱段的对接及储箱生产工艺等都是最佳选择。有时为了满足火箭总体要求,也可把储箱做成截锥形,但这会导致储箱的长度及重量的增大。对于低温氧化剂(如液氧)来说,储箱容积相同时,球形储箱具有较小的表面积,可有效降低外防护层的质量,且在相同增压压强下,球形储箱壁厚较薄,因此质量也比圆柱形储箱小,因此,在满足火箭总体要求时对低温氧化剂也可采用球形储箱。

为了缩短发动机长度、更为紧凑地放置组件,也可采用环形储箱。该种储箱由壳体、上底、下底以及支撑件组成,储箱壳体为薄壁件,既承受内压又承受外部作用力,由于制造工艺复杂,在实际中应用较少。

可用于氧化剂储箱的材料需要满足以下条件:①与氧化剂的相容性较好;②具有较高的比强度和比刚度;③具有良好的工艺性。如果氧化剂具有腐蚀性,则需要选择抗腐蚀性好的材料,若要判断储箱材料与氧化剂是否相容,通常需要开展相容性实验。对于存储低温氧化剂的储箱来说,要考虑材料在低温下的比强度和比刚度,若采用挤压式输运氧化剂则储箱材料的强度是需要重点考虑的问题之一。

目前氧化剂储箱材料主要有金属合金和复合材料。常用的储箱合金材料牌号有 5A06 铝合金、TC4 钛合金及 5B70 铝镁钪合金等。其中钛合金的抗腐蚀性好、密度低且比强度高,是一种较为理想的储箱材料,但价格较为昂贵。复合结构的比强度更高且具有更低的密度,是当前氧化剂储箱的重要发展方向,这种结构的储箱由壳体和衬套组成,壳体由具有较高比强度的复合材料(碳纤维、玻璃纤维等)缠绕而成,主要起承受内力作用,衬套一般由铝合金、聚乙烯、聚酰亚胺等材料制成,主要起密封作用。

火箭上面级发动机可能在失重情况下工作,而导弹发动机常出现负载荷的情况,在这些情况下,挤压气体与液体氧化剂可能形成气液混合物,进而使管路发生气堵现象,严重影响氧化剂的稳定输运。克服气堵现象的常用方法为通过胶囊或膜片将挤压气体与氧化剂隔开。含膜片的氧化剂储箱工作过程如图 4.1 所示。

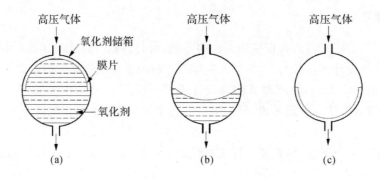

图 4.1　含膜片的氧化剂储箱工作示意图
(a)充满;(b)部分排出;(c)完全排出

4.1.2　挤压式氧化剂输送系统

氧化剂输送系统的作用是在发动机工作时以特定压力和流量稳定地向推力室输送氧化剂。氧化剂输送方式可分为挤压式和泵压式两种,对于小型固液混合发动机来说,氧化剂流量一般较小,为了使系统简单,常采用挤压式,而大型发动机则往往要求较大的氧化剂流量,考虑到供给能力及体积,一般采用泵压式。

挤压式输送系统又可分为落压式和恒压式两种。典型的恒压系统主要由增压气瓶、减压阀、氧化剂储箱、膜片阀、电磁阀、限流圈(或气蚀文氏管)、导管等组成。图 4.3 为恒压式输送系统示意图。

输送系统工作时,电爆阀首先打开,增压气瓶内的气体进入减压阀内,减压至系统所需压力的增压气体进入氧化剂储箱并挤压氧化剂。当储箱内的压力达到膜片阀的破裂压力时,膜片阀打开,氧化剂先后经膜片阀、限流圈和电磁阀后进入推力室头部的喷注器中。减压阀可使增压气体对氧化剂的挤压力维持不变,因此采用恒压式输送系统的发动机具有恒定的氧化剂的流量,最终有助于使整个工作过程中发动机的推力保持一致。

　　落压式输送系统结构如图 4.2 所示,增压气体与氧化剂一般都储存在氧化剂储箱内,由于系统中没有减压阀,因此在发动机工作过程中随着氧化剂的逐渐排出,增压气体所占的体积增大,对氧化剂的挤压力便会逐渐减小,即氧化剂流量、燃烧室压强及发动机推力都随着工作时间的增加而在不断减小,发动机始终在变工况下工作。

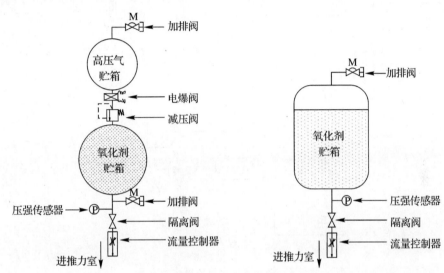

图 4.2　落压式输送系统示意图　　　　图 4.3　恒压式输送系统示意图

　　只有化学稳定性较强的气体才能作为增压气体,实际多采用氦气和氮气。由于氦气的相对分子质量 4 比氮气的相对分子质量 28 小得多,在相同条件下采用氦气作为增压气体时可减少增压气体的用量,即能够使气瓶轮廓尺寸和系统质量都显著降低。另外,氦气在经减压阀节流后温度反而升高,具有更强的挤压能力。但目前国内氦气主要靠进口,价格较为昂贵,只在价值较高的发动机中采用,普通固液混合发动机一般皆采用氮气作为增压气体。

　　由于靠高压气体的挤压作用才能实现氧化剂的流动,因此挤压式输送系统的氧化剂储箱包含在高压系统之内,这使储箱必须具有较强的承压能力,为此储箱壁厚就要加大,进而直接导致发动机消极质量和体积都相应增大。此外,系统中还要设置挤压气瓶和阀门组件,这也在一定程度上增大了发动机的体积和质量,因此该系统多用于燃烧室压强不太高的小型固液混合发动机中。

4.1.3　泵压式氧化剂输送系统

　　对于应用于运载火箭等领域的大型固液混合发动机,若采用泵压式输送系统,则能够在有效提高氧化剂供给能力的同时,使发动机具有更小的质量和体积,这主要是因为该系统不需要使储箱维持较高的压力,壁厚便可设计得较薄,同时也省去了挤压气瓶等组件。

　　离心式涡轮泵具有流量高和结构简单的优点,常用其来输送液体氧化剂。图 4.4 为几种涡轮泵输送液体氧化剂方案。简单燃气涡轮泵是最为便捷的传动方式,涡轮的工质源通过燃气发生器获得,一种常见的方法是采用基于过氧化氢催化氧化过程的燃气发生器,以过氧化氢分解气体作为泵涡轮的工质源。此外,也有从燃烧室引出燃气作为工质源或附加固体推进剂燃气发生器来驱动涡轮泵的做法。

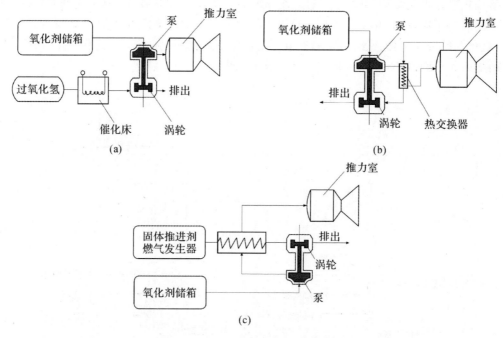

(a)

(b)

(c)

图 4.4　涡轮泵输送液体氧化剂方案
(a)方案一;(b)方案二;(c)方案三

　　由于涡轮泵的工质是通过燃气发生器获得的,为了使泵能够稳定工作,需要合理选择泵的入口压力。其中最重要的是避免泵入口处的液体氧化剂发生气蚀,应通过在储箱内建立一定的增压压力来保证泵入口达到必要的压力水平,或在入口安装作为前置泵的螺旋离心轮来提高液体氧化剂压力。

4.2　推力室

　　推力室主要包括喷注器、点火器(或催化床)、燃烧室和喷管等部分,其中喷注器可使氧化剂有效地雾化和蒸发,点火器为氧化剂与燃料的点火提供能量,燃烧室是氧化剂与燃料掺混与燃烧场所,喷管是固液混合发动机的能量转换部件。图 4.5 为推力室结构示意图。

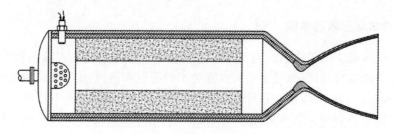

图 4.5　推力室结构示意图

4.2.1 氧化剂喷注器

固体燃料的燃烧性能与供应至燃面上的氧化剂状态直接相关,当氧化剂为气态时,燃面附近的燃烧为典型的扩散燃烧,但若氧化剂以液滴形式落于燃面上则会导致燃烧过程极为复杂且对燃烧效率有显著的负面影响,因此需要在发动机头部设置喷注器以实现氧化剂的雾化与蒸发,从而使氧化剂更多地以气态的形式且更为分散地进入燃烧室中。

氧化剂喷注器一般由独立的、不同形式的喷嘴阵列组成,常见的喷嘴形式为直流式、离心式和直流-离心组合式 3 种(见图 4.6)。

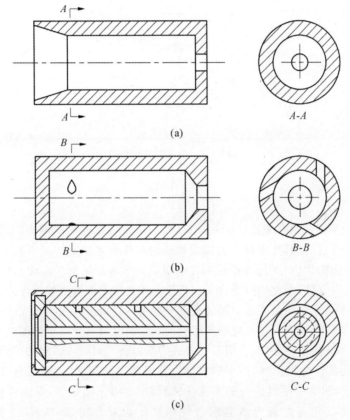

图 4.6　3 种喷注器喷嘴
(a)直流式喷嘴;(b)切向孔式离心喷嘴;(c)直流-离心式喷嘴

直流式喷嘴的气动阻力小,喷射距离较大,能够将局部雾化的液体氧化剂输送至燃料孔道内。采用这种喷嘴时,氧化剂在燃烧室内的流线最短,燃料和氧化剂的掺混效果也最差,因此不但使发动机的燃烧效率较低,还往往导致较低的燃面退移速率。考虑到采用这种喷嘴的喷注器结构简单且水力损失较小,在采用过氧化氢等氧化性较强的氧化剂时经常使用,另外,对于大长径比推力室来说,为了保证氧化剂在燃料孔道内沿轴向尽可能地均匀分布,也可使用该种喷嘴。

离心式喷注器采用离心式喷嘴,虽然喷射距离较近,但却能够形成尺寸更小的雾化液滴。由于设置喷注器的目的是使氧化剂和燃料更好地进行掺混,因此这种喷嘴有着广泛的应用,尤其是采用氧化性较低的 N_2O 等氧化剂或推力室长径比较小时。

直流-离心组合式喷嘴可大致认为是两种喷注方式的组合,即外部离心式、内部直流式的喷嘴组合,由于喷嘴内部本身便具有不同的喷射距离,可以较为方便地调节沿燃料孔道轴向的喷射长度。这种组合式喷嘴流量分配一般由试验确定,直流喷嘴的流束应位于离心式喷嘴流束的涡流区内,直流分量通常可达 30% 左右。

直流-离心组合式喷嘴组成的喷注器能够产生较强的旋流且具有较长的喷射距离,对于长度较大的推力室可在有效保障燃烧效率的同时,也可使沿燃料孔道轴向的燃烧更为均匀。另外,当推力室(燃料药柱)长度较大时,喷注器也可潜入燃料孔道内(见图 4.7),不但可缩短推力室长度,也可使喷注更为有效。

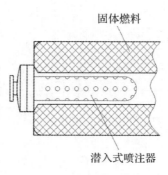

图 4.7　潜入式喷注器

4.2.2　点火器

对于非自燃型推进剂组合来说,需要采用点火器来实现推进剂的燃烧。固液混合发动机的氧化剂和燃料是分开放置的,比宏观上为预混状态的固体推进剂更加难以点火。同时由于燃料为固体状态且一般由惰性组分组成,若要实现全面点火则需要足够多的能量以使全部燃面都发生热分解并逸出燃料气体,因此固液混合发动机比液体火箭发动机更加难以点火。另外,当发动机重新启动时,还要考虑熄火后燃面上可能存在厚度不同且较难点火的未完全分解固相产物层。从传质角度来说,这些产物阻碍了氧化剂向燃料的扩散及燃料热分解产物的逸出;从传热角度来说,由于这些产物为热的不良导体,会阻碍已着火的高温燃气向固体燃料的传热。

当采用过氧化氢作为氧化剂时,可以在推力室头部设置催化床,催化剂可采用表面沉积有 $KMnO_4$、$NaCO_3$、$NaNO_3$ 等活性组分的多孔固体颗粒,也可采用银网,具体可参阅本书 5.3 节。在燃烧室入口处过氧化氢分解为高温水蒸气和氧气的混合物(90% H_2O_2 绝热分解温度为 760℃),一般固体燃料在这种情况下都可以被点燃,因此不需要再设置点火器。图 4.8 为一种典型的过氧化氢催化点火推力室结构示意图。

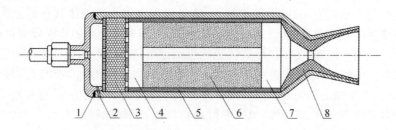

图 4.8　一种典型的 H_2O_2 催化点火推力室结构示意图

1—密封环;2—泄压孔;3—催化剂床;4—前燃烧室;5—绝热层;6—药柱;7—后燃烧室;8—喷管

　　一般来说,即使是氧化性较强的硝酸也很难在较短点火延迟时间内同碳氢燃料发生自燃,因此若采用除过氧化氢外的其他液体氧化剂时往往需要设置点火器,对于需要多次开关机的发动机来说还需要点火器可以多次工作。当启动次数较少时,可选择在发动机头部设置火工品点火器,由于点火器只能一次使用,因此需要根据启动次数来安装多个点火器,这种点火方式具有点火能力强和使用方便的优点,但受制于发动机尺寸及操作便捷性,重新启动次数受限。

　　更为普遍的做法是采用火炬式电点火器,采用火花塞来点燃用于点火的燃料和氧化剂,利用燃烧产生的高温燃气来对发动机进行点火。对于大型固液混合发动机来说,可以通过引入发动机氧化剂旁路来提供点火器所需的氧化剂,燃料可采用甲烷、丙烷、煤油等,对于小型发动机来说,为了简化系统,也可以采用另外贮存的氧气作为氧化剂。这种点火器可实现多达数十次的发动机重启,并可根据实际需求调整点火能量。火炬式电点火器的几个典型示例可参阅5.3 节。

4.2.3　燃烧室

　　燃烧室既是固体燃料的贮存场所,又是氧化剂和燃料掺混与燃烧的场所,同时也是推力室的主要组成部分。固液混合发动机的燃烧室从物理结构上一般由燃烧室壳体、前封头、后封头及相应的热防护部件组成。从功能上来说,燃烧室可分为前燃烧室、主燃烧室和后燃烧室三部分。

　　燃烧室壳体不但需要承受推进剂燃气的高温高压作用,还要承受飞行过程中复杂的外力及环境载荷,因此壳体材料首先应具有较好的高温力学性能。同时,为了提高发动机的质量比(推进剂质量与发动机总质量之比),要求材料壳体材料具有较高的比强度和比模量。目前常用的壳体材料为高强度钢(如 25CrMnSiA、30CrMnSiA 和 35SiMnCrMoV 等)和纤维缠绕复合材料(如碳纤维缠绕复合材料)。其中高强度钢虽然密度较高,但高温力学性能较好、加工方便、价格较低廉,在中小发动机中最为常用;采用碳纤维缠绕壳体可有效降低发动机的消极质量,在大型发动机中最为适用。

　　燃烧室的外形设计和强度校核与固体火箭发动机一致,在此不再赘述。燃烧室壳体一般为圆筒形,前后封头为椭球形。若采用钢壳体,则一般使用卷焊或旋压来制造壳体,前后封头皆采用冲压制造工艺,壳体与前后封头通过焊接连接到一起;若采用复合纤维缠绕材料,则壳体和前后封头可以一体成型,但制造工艺更为复杂。

　　在燃烧室中,以固体燃料为界,沿氧化剂的流向可将燃烧室分为前燃烧室、主燃烧室和后燃烧室。前燃烧室主要发生氧化剂的雾化和蒸发,由于在与主燃烧室的界面处有明显的固体燃料台阶,因此在靠近主燃烧室处还发生着氧化剂和少量燃气的回流,起到稳定燃烧的作用。氧化剂和燃料的掺混、燃烧主要在主燃烧室的燃烧边界层中进行,其间发生着氧化剂流与燃料分解气相产物间的燃烧反应,通常由扩散控制。

　　固液混合发动机中的燃料和氧化剂分别以固态和液态形式存在,导致燃烧为典型的扩散燃烧且扩散尺寸较大,考虑到燃气流速较大且发动机空间有限,燃料和氧化剂在主燃烧室内一般难以完全反应,因此常在主燃烧室后设置一空腔作为后燃烧室,以提高发动机的燃烧效率。对于高聚物燃料来说,一般后燃烧室长度设计为燃料外径的 4/5 左右,对于石蜡燃料来说,由于夹带液滴的燃烧速率较低,后燃烧室长度需要更大。

　　发动机壳体材料的强度随温度的升高而显著降低,由于燃烧室内温度较高,若壳体直接暴露在燃气环境中,则可能发生由温度升高而导致的壳体结构失效。对于固液混合发动机来说,三个燃烧区域温度差别明显,一般采用和固体火箭发动机类似的被动式热防护,即采用内绝热层。内绝热层黏贴于壳体内壁,本身呈现惰性且为热的不良导体,可有效降低燃气向壳体的传热。

前燃烧室靠近发动机头部,对于采用过氧化氢的发动机,催化后的热分解产物温度可达700℃,受主燃烧室中传热作用影响,局部温度可达 1 000℃,而且在发动机工作过程中内绝热层都受氧化剂气流的冲刷作用,需要具备较好的力学性能,一般采用酚醛树脂衬套作为内绝热层。当采用其他氧化剂时,前燃烧室中的温度一般不超过 200℃,可不使用绝热层,对长时间工作发动机也可在燃料药柱附近黏贴绝热层软片(如三元乙丙橡胶)对前燃烧室进行防烧蚀处理。

主燃烧室发生着氧化剂与燃料的扩散燃烧,随着燃气的流动,燃气的温度越来越高(最高可达 3 000℃以上),但由于燃气与燃烧室壳体间还存在未燃的燃料药柱,而药柱又一般是热的不良导体,因此虽然燃气温度较高,但壳体的热负荷较小,可参考固体火箭发动机在壳体内壁黏贴软片型内绝热层(如三元乙丙橡胶)进行防烧蚀处理。

后燃烧室中发生的是燃气中未反应燃料与氧化剂间的氧化还原反应,因此该区域的温度比主燃烧室中还要高(可达 3 500℃以上),由于燃气与壳体间除绝热层外不存在其他部件,因此对绝热层的防烧蚀能力要求非常高,目前一般采用多晶石墨衬套作为绝热层。

4.2.4　燃料药柱

如第 3 章所述,固液混合发动机燃料总体上可分为高聚物燃料和石蜡燃料两类,其中高聚物燃料主要由高分子预聚物固化而成,一般采用真空浇注法来制备具有一定形状与尺寸的燃料药柱,制备过程包括混合、浇注、固化等环节。石蜡燃料主要组分为固体石蜡,由于固体石蜡的熔融会产生明显的收缩,因此常采用离心浇注来制备尺寸精度较高的燃料药柱。

在确定了燃料配方后,药柱制备方法便随之确定,但对于真正在发动机中使用的燃料药柱来说,还要考虑药型及装药工艺。固液混合发动机的工作原理决定了固体燃料药柱必然采用内孔燃烧方式,为了保证发动机的内弹道性能,需要对燃料的燃面进行控制,即需要对药柱的孔道进行合理设计。按燃面的变化规律,燃料药柱可分为增面型、等面型和减面型三类。

最为常见的燃料药型为管型、星型和车轮型(见图 4.9),其中管型药柱最为简单,为增面燃烧,且可以配合旋流喷注器来实现燃气的旋流,有利于燃面退移速率和燃烧效率的提高,但燃面较小,当燃面退移速率较低时只能通过增加内径来提高发动机的推力,会造成燃料装填分数的降低;星型和车轮型药柱都可设计为等面燃烧,且能够兼顾装填分数和燃面面积(车轮型药柱更为突出),但皆无法实现燃气的旋流。此外,对于低燃面退移速率的高聚物燃料来说,为了提高发动机推力也常采用多孔复杂药型来增大燃面,如多孔轮辐型药柱。

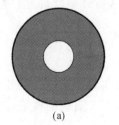 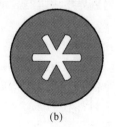  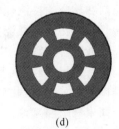

(a)　　　　　　　(b)　　　　　　　(c)　　　　　　　(d)

图 4.9　几种常见燃料药型

(a)管型;(b)星型;(c)车轮型;(d)多孔轮辐型

另外,当采用旋流喷注器时,在气动阻力作用下燃气的旋流强度随着燃气的流动而逐渐减弱,对于大长径比燃料药柱来说,药柱轴向末端处燃气的旋流作用可能变得非常弱。为了进一步加强燃气的旋流作用,近年来也发展了一些使燃气产生旋流的特殊形状药柱。

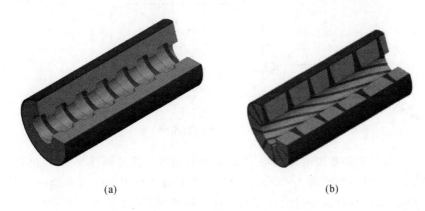

(a)　　　　　　　　　　　　　　　(b)

图 4.10　旋流燃料药型

(a)螺纹型;(b)组合型

如图 4.10(a)所示是一种螺纹型药柱,这种药柱制备简单且旋流数可调,在实验研究中多有用到。图 4.10(b)中的药型针对石蜡燃料而设计,燃料外壳及内旋转片都是塑料通过 3D 打印制造而成,旋转片间填充有石蜡燃料。当发动机工作时,由于石蜡燃料的燃面退移比塑料快,因此石蜡燃料的燃面始终低于塑料,在塑料旋转片的导流作用下孔道内的燃气始终呈现旋流状态。另外,塑料旋转片存还起到"加强筋"的作用,可有效克服石蜡力学性能较差的缺陷。

与固体推进剂相同,固体燃料的装药方式也可分为自由装填式和贴壁浇注式两种,其中小型固液混合发动机多采用自由装填式,贴壁浇注式装药工艺兼具装药效率与装药质量优势,对于大型发动机来说更为适用。当采用自由装填式时,先按照药柱尺寸及药型生产出绝热套和芯模,绝热套既用于形成药柱的外轮廓,又作为包覆层限制燃面,同时还用作内绝热层,一般采用酚醛树脂或橡胶软片材料。芯模用于形成燃料药柱的内孔,通过专用连接装置与绝热套一起组成药柱制备模具。

燃料药柱的制备工艺可参阅 2.3 节中相关内容,在此不予赘述。制备好的燃料药柱,可通过黏合剂与发动机壳体黏结在一起,黏合剂多采用 HTPB 预聚体,加上 TDI 固化剂和一定量的炭黑、氧化铬、氧化镁等填料组成。待黏合剂固化完成后即完成了黏接过程,同时也意味着发动机装药的完成。

若采用贴壁浇注装药工艺,要先在推力室内壁粘贴内绝热层,然后再根据所选燃料类型采用真空浇注或离心浇注法进行装药。

4.2.5　喷管

喷管是发动机的能量转换部件,它将燃气的热能和势能转变为发动机的动能,另外也可以通过喷管实现发动机的推力矢量控制。火箭发动机的喷管都是由型面逐渐收缩的收敛段、型面逐渐扩张的扩散段及两者间的喉部组成的。燃气在收敛段中的压强和温度逐渐降低,而速度逐渐增大,在喉部燃气加速至当地声速。燃气在扩散段流动时,压强和温度继续降低,而速度继续增大(出口处速度可达 Ma＝3～5)。

按型面的不同,常见发动机喷管可分为锥形喷管和钟形喷管(又称特型喷管)两类,其中锥形喷管的型面如图 4.11 所示。

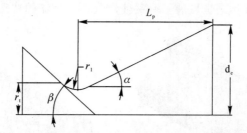

图 4.11　锥形喷管型面

锥形喷管收敛段和扩散段的母线均为直线,喉部通过圆弧与两母线相切,圆弧的曲率半径一般取相同值,且为喉部半径的 1～2 倍。喷管收敛半角一般在 $30°\sim60°$ 范围内,收敛角对喷管性能的影响较小,但当收敛角过大时需要考虑收敛段型面可能出现的严重烧蚀,而过小时又会使喷管长度增大,因此收敛半角一般选择 $45°$ 左右。扩散角增大时,喷管长度减小,可缩短发动机长度并减小喷管质量,但喷管出口燃气的径向速度增大,喷管效率降低,工程上扩散半角常采用 $18°$ 左右。锥形喷管一般常用于小型探空火箭发动机,可充分发挥成本优势。

双圆弧喷管是一种常见的特型喷管,其收敛段喉部和扩散段型面皆由圆弧构成,如图 4.12 所示。采用这种型面结构可有效缩短喷管长度,但喷管效率较低。

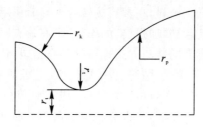

图 4.12　双圆弧喷管型面

为了满足弹箭总体需求,发动机的长度往往需要严格限制,此时可将喷管的扩散段设计成钟形,常称这种喷管为钟形喷管,其型面如图 4.13 所示。

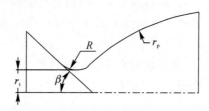

图 4.13　钟形喷管型面

钟形喷管型面比较复杂,常用型面确定方法为特征曲线法、双圆弧法和抛物线法。其中,特征曲线法虽然可获得满足气体动力学要求的精确型面,但存在计算和加工都较为复杂的缺点,工程应用较少。双圆弧法和抛物线法都是型面近似造型法,计算简单、加工精度高,在工程中最为常用。

　　火箭发动机的燃气具有高温、高压和高流速特性,对于某些推进剂组合来说,燃气中还可能含有冲刷性较强的金属氧化物粒子及具有强化学腐蚀性的燃气组分(HCl 和 NO_x 等),因此喷管(特别是喉部)常发生包括热化学烧蚀和机械剥蚀在内的喷管烧蚀。对于固液混合发动机来说,燃烧过程是典型的扩散燃烧且扩散尺度较大,氧化剂与燃料普遍难以完全反应,这不但导致发动机的燃烧效率较低,同时也带来了严重的喷管热化学烧蚀问题。因此对喷管的热防护需要重点考虑,且需要特别关注喉部的热化学烧蚀情况。

　　一般来说,固液混合发动机的喷管既可采用被动热防护式喷管,也可选择再生冷却式喷管。考虑到结构复杂性,应用于探空火箭等领域的中小型发动机,采用被动热防护式喷管最为适合。考虑到重量和经济性,实用性最好的为如图 4.14 所示的复合喷管。

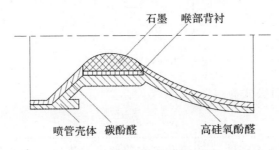

图 4.14　复合喷管结构示意图

　　为了降低因喉部烧蚀而引起的发动机性能下降,可在喉部设计圆柱段,一般圆柱段的长度可设计为喉部半径的 1/10～3/10,对于燃烧效率较低的发动机,还可以根据情况适当增大。值得注意的是,由于固液混合发动机天然存在燃烧效率较低的缺陷,在采用硝酸、四氧化二氮、氧化亚氮等含氮液体氧化剂时,燃气中往往含有一定量的氮氧化物,这些氮氧化物在高温下具有极强的氧化性,此时以钨合金作为喉衬材料时往往会发生严重的热化学烧蚀,应采用石墨或碳/碳复合材料。

　　此外,为了提高固液混合发动机的燃烧效率,一般设计有后燃烧室,若为了缩短发动机长度而将喷管潜入至燃烧室内则无法发挥后燃烧室的作用,因此固液混合发动机一般不采用潜入式喷管。

　　再生冷却式喷管设置有内外两层喷管壁,以液体氧化剂作为冷却剂,发动机工作时,液体氧化剂流入由内外壁组成的冷却套中,通过对流冷却实现喷管的热防护,因此采用这种冷却方式需要氧化剂的化学性质稳定。高浓度过氧化氢和硝酸在高温下极易分解,且硝酸、四氧化二氮等氧化剂腐蚀性极强,因此皆无法应用于再生冷却式喷管。目前可采用再生冷却式喷管的主要为以液氧和氧化亚氮为氧化剂的大型固液混合发动机,设计方法可参见液体火箭发动机设计中的喷管部分,此处不予赘述。

4.3　节流部件

　　为了保证固液混合发动机的推力稳定,需要对氧化剂的流动状态进行严格控制,使其具有稳定的流量,因此通常需要在发动机的推力室前设置节流部件,常见的节流部件为限流孔板和气蚀文氏管(文氏管)。

4.3.1 限流孔板

限流孔板(见图 4.15)是一种中心开孔的圆片,对液体和气体均可节流,能够保证发动机系统在一定的压力及氧化剂流量下工作,同时也可增加系统阻抗,有利于提高发动机的工作稳定性。限流孔板结构简单,价格低廉,节流效果好,在氧化剂供给系统中得到了广泛应用。

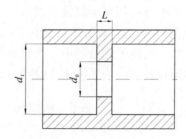

图 4.15 限流孔板结构

限流孔板的压降计算公式为

$$\Delta p = \xi \frac{\rho u^2}{2} \tag{4.1}$$

式中,Δp 为压降;ρ 为氧化剂密度;u 为氧化剂在管路中的流速;ξ 为流阻因数。一般来说,流阻因数与孔板的几何尺寸及氧化剂的流动状态都有关,可由下式确定:

$$\xi = \left[\left(0.5 + \tau \sqrt{1 - \frac{A_0}{A_1}} \right) \left(1 - \frac{A_0}{A_1} \right) + \left(1 - \frac{A_0}{A_1} \right)^2 + \lambda \frac{L}{d_0} \right] \left(\frac{A_1}{A_0} \right) \tag{4.2}$$

式中,A_0 为节流孔面积;A_1 为入口管路截面积;τ 为修正因数;λ 为沿程损失因数;L 为节流孔长度。

4.3.2 气蚀文氏管(文氏管)

文氏管(见图 4.16)是先收敛后扩散的圆管,若在喉部以后区域出现稳定气蚀区时,则称这种文氏管为气蚀文氏管。

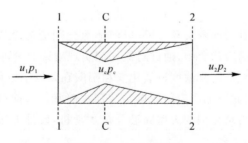

图 4.16 文氏管结构

液体流动过程中由于所受压力低于液体的饱和蒸汽压而使液体大量汽化的现象称为气蚀,气蚀现象的发生使单一液体的流动变为气液两相流动,如图 4.17 所示。

由于文氏管的尺寸有限,当液体氧化剂在文氏管中流动时,可认为入口、喉部及出口截面处的位能相等,由伯努力方程可得

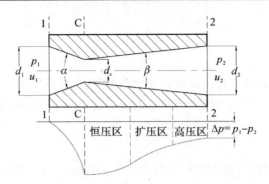

图 4.17　气蚀文氏管内参数变化示意图

$$\frac{p_0}{\rho} = \frac{p_1}{\rho} + \frac{u_1^2}{2} = \frac{p_1}{\rho} + \frac{u_2^2}{2} + \xi_1 \frac{u_2^2}{2} = \frac{p_c}{\rho} + \frac{u_c^2}{2} + \xi_c \frac{u_c^2}{2} \qquad (4.3)$$

式中，p_0 为液体氧化剂的滞止压力；p_1、p_c 和 p_2 分别为入口截面、喉部截面和出口截面处的静压；u_1、u_c 和 u_c 分别为入口截面、喉部截面和出口截面处的流速；ξ_1 和 ξ_c 分别为扩散段和收敛段的流阻因数；ρ 为液体氧化剂密度。

由式(4.3)可知，对于给定的文氏管及液体滞止压力，当出口压力 p_2 由高到低不断变化时，氧化剂的流速 u_2 逐渐增大，由于出口截面保持不变，则氧化剂流量随之增大。由于文氏管的喉部面积一定，氧化剂流量增大则意味着喉部压力 p_c 的降低，当 p_2 下降到氧化剂的当地饱和蒸汽压时，喉部便会发生由液体氧化剂蒸发而引起的气蚀现象。当 p_2 下降至一定程度时会出现 p_c 不再下降的现象，从而保持喉部流速与流量均不发生改变，此时仅出现气蚀区扩大使喉部到出口的压力损失增大。

大量实验结果表明，气蚀文氏管有如图 4.18 所示的流量特性。当入口压力 p_1 保持不变时，产生气蚀时的出口截面压力 $p_2' = (0.85 \sim 0.90)p_1$。当出口压力 $p_2 > p_2'$ 时，氧化剂流量随 p_2 的降低而增大；当 $p_2 \leqslant p_2'$ 时，氧化剂流量则不随 p_2 降低而变化，即气蚀文氏管在充分气蚀条件下工作，此时只要喉部面积和入口压力恒定，氧化剂的流量为定值，即使下游压力出现变化也不会影响氧化剂流量。

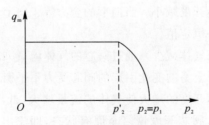

图 4.18　气蚀文氏管流量特性

对于固液混合发动机来说，可采用气蚀文氏管来实现特定流量氧化剂的精确稳定供给，同时也可使用可调气蚀文氏管通过氧化剂流量调节来实现对发动机推力的精确调节，可调气蚀文氏管部分可参见本书 5.2 节。此外，气蚀文氏管能够有效隔离氧化剂供给系统与燃烧室间的压强振荡，可作为系统管路中的稳定部件。

4.4 各类阀门

固液混合发动机的正常工作需要配合使用多种阀门,以实现增压气体的压力调节,以及增压气体和氧化剂的通断。按照功能可将常见的阀门分为减压阀、隔离阀、断流阀等多种类型。

4.4.1 减压阀

固液混合发动机工作时,随着增压气瓶中气体量的减少,压力降低。对于恒压式氧化剂输送系统来说,为了保证发动机的稳定工作需要挤压气体的压力保持恒定,因此需要使用减压阀将气瓶中的高压气体节流至系统需要的恒定压力。另外,发动机氧化剂断流及通流都需要通过阀门作动实现,有时需要高压气体来使阀门作动,便需要配置减压阀,用以提供阀门做动所需要的特定压力气体。减压阀的工作基于力的平衡作用,膜片式减压阀示意图如图 4.19 所示。

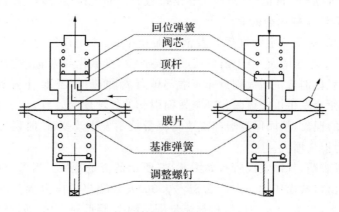

图 4.19 膜片式减压阀示意图

减压阀工作前,阀芯处于全开位置,高压气体经阀芯节流进入低压腔后,逐渐建立起的低压压力作用在膜片上,使阀芯开度减小。当向下的合力等于向上的合力时,阀芯位置达平衡状态,使阀门输出压力保持某一恒定值。

当输入压力降低时(增压气体减少),通过阀芯的气体流量减小,减压阀低压腔内的压力也随之下降,出现由作用在膜片上力的变化引起的阀芯受力不平衡,即向上的合力大于向下的合力,导致阀芯开度增大。阀芯开度的增大使气体的流量增大,低压腔内的压力便随之升高,当使膜片受力再次达到平衡时,阀芯开度恢复至原有状态,即输出压力升至输入压力降低前的水平。

当减压阀输出的气量减小(如下游氧化剂流量阀调小),低压腔内的压力升高,作用在膜上的力增大,阀芯开度便会减小使进气量减小,直至低压腔内的压力恢复至原有水平,此时阀芯处于新的平衡位置。值得注意的是,为了保证输出压力恒定,减压阀的阀芯开度随着输入压力的降低而不断增大,当阀芯达到最大开度时,出口压力无法继续保持恒定,而是随输入压力的降低而显著减小,即减压阀无法正常工作。

常见的减压阀品种分为不卸荷正向减压阀和卸荷式反向减压阀。正向减压阀是指高压气体在阀座处的流动方向与阀芯开启方向一致,反向减压阀以此类推。不卸荷正向减压阀适用于出口压力低、稳压精度低、流量较小的情况,因此极少有应用。卸荷式反向减压阀适用中等流量且出口压力精度要求不高的情况,在地面发动机试验和指挥减压阀(工作时只有压力输出而无流量输出,用来控制其他阀门)中应用普遍。一种卸荷式反向减压阀如图 4.20 所示,由于具有高低压卸荷装置,进口压力变化对出口压力影响较小,故稳压精度较高。

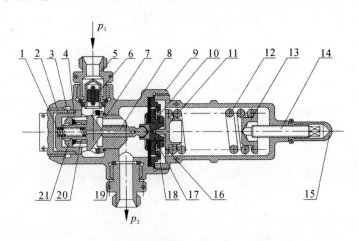

图 4.20 反向卸荷式减压阀示意图

1—回位弹簧;2,15—螺帽;3—衬套;4—橡皮碗;5,19—接管嘴;6—过滤器组件;7—阀座;8—阀芯;9—壳体;10—膜片组件;11,13—弹簧座;12—基准弹簧;14—调整螺杆;16,21—螺母;17—安装盘;18—隔栅弹片;20—支撑环

高压气体首先由进口接管嘴经过滤器组件流至壳体的环形高压腔内,然后经过衬套上的孔进入衬套内,最后经过阀芯节流后变为低压气体。低压气体经出口接管嘴流出减压阀,低压腔经阀芯的中心小孔与封闭的卸荷装置左腔连通。卸荷装置由螺母、支撑环和橡皮碗组成,敏感元件为膜片组件,比较元件为基准弹簧,它产生的弹簧力与膜片上的气压力及其他力平衡,以保持出口压力恒定。调节基准弹簧的压缩量可改变出口压力的稳定值,回位弹簧用来保证阀芯顺利关小直至关闭。反向卸荷式减压阀具有流量大、稳压精度高、尺寸小等优势,在飞行用发动机中普遍应用。

4.4.2 隔离阀

固液混合发动机一般需要具备一定的贮存性能,为了保证液体氧化剂的可靠密封,需要在氧化剂储箱后的管路处设置隔离阀。当采用过氧过氢作为氧化剂时,隔离阀还能够起到启动阀的作用,即当隔离阀打开后,发动机便开始启动。膜片阀由于结构较简单,是一种最常见的隔离阀,其主要由上、下两个壳体及壳体间夹住的膜片组成,膜片能够承受一定的压力。在发动机存放时,储箱内的压力低于膜片的破裂压力,因此可将液体氧化剂与推力室有效隔绝。

当发动机开始工作准备时,增压气体进入氧化剂储箱内,储箱内压力的增大会使膜片发生形变,当压力达到膜片阀的打开压力时膜片破裂,氧化剂便会进入电磁阀前使发动机处于待启动状态。膜片阀为单次使用阀门,一种平板式膜片阀结构如图 4.21 所示。

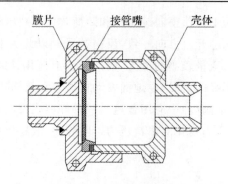

图 4.21　平板式膜片阀

膜片常用牌号为 L4－M 的纯铝板制成,为了控制膜片的破裂压力和破裂部位,一般需在膜片上采用冲压方法预制一定形状的刻痕,其同时起到防止膜片碎屑形成、堵塞下游阀门与管路的作用。常见刻痕形式如图 4.22 所示。

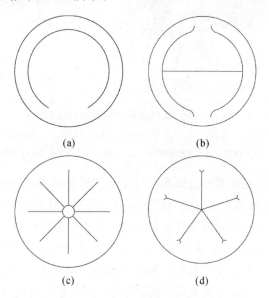

(a)　　　　　　　　(b)

(c)　　　　　　　　(d)

图 4.22　常见膜片刻痕
(a)单铰型;(b)双铰型;(c)辐射型;(d)开花型

通过控制刻痕的深度可调节膜片阀的破裂压力,膜片破裂后被上、下壳体夹住的部分作为铰链留在原处,而破裂后膜片的破片虽然与膜片本体连接在一起,但倒向下游管壁附近,这样不但使管路得到联通也有效防止了破片堵塞下游的阀门与管路。

类似图 4.22 的膜片阀无动作机构,结构简单且易小型化,在小型固液混合发动机中作为隔离阀而广为应用,但存在阀门打开压力差异性较大的情况,这对于中大型发动机来说是不可接受的。对于中型发动机来说,常加入作动机构,并采用电爆管作为作动能源,来提高阀门的可靠性,如膜片式碟形阀和切刀阀等。对于大型发动机来说,阀门的空间限制较小,结构可更为复杂,如采用大型气动球阀等。

4.4.3 断流阀

固液混合发动机的停机是通过切断氧化剂的供给而实现,因此需要在隔离阀的下游安装断流阀,使下达关机指令后氧化剂能够被及时切断。另外,为了使发动机具备多次启停能力,可采用具有多次工作能力的断流阀,实现氧化剂的多次通断。常见的断流阀类型主要有菌形阀、蝶形阀、球形阀、电磁阀和电爆阀等。

(1)菌形阀。菌形阀是一种通过气压控制的常闭式阀门,具有工作压力高、工作温度范围广、响应速度快、密封性好等优势,作为断流阀而应用较多。一种低温液体氧化剂用波纹管式菌形阀如图 4.23 所示,该阀门位于泵后主系统管路中,可用于控制推力室中的液氧供给。

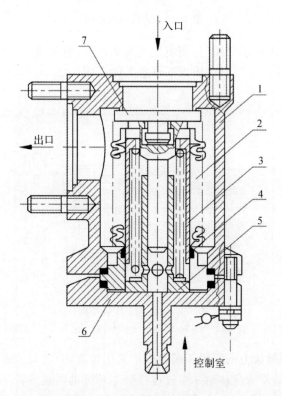

图 4.23 波纹管式菌形阀

1—壳体;2—波纹管组件;3—护套;4—弹簧;5—套筒;6—法兰;7—阀芯

发动机工作前,控制腔内充有高压气体使阀芯与阀座紧密密封,从而使阀门处于常闭状态。发动机工作时,控制腔内的高压气体泄出,在泵后氧化剂压力的作用下弹簧与波纹管的阻力被克服,使阀芯开度逐渐增大直至阀门完全打开,氧化剂便可稳定地输送至推力室中。当需要关机时,向控制腔中重新充入高压气体,再加上弹性组件的作用力可使阀门迅速关闭,氧化剂输送被切断。值得注意的是,液体氧化剂在菌形阀中转弯,使阀的压力损失较大,因此更适用于高供给压力、可储存的氧化剂。

(2)蝶形阀。蝶形阀是指阀芯为圆盘、围绕阀轴旋转来达到开启与关闭的一种阀,具有结构紧凑、流阻小、质量小等优点,作为断流阀在中大型液体火箭发动机中具有广泛应用,也可应用于中大型固液混合发动机中。图 4.24 所示为一种发动机关机用蝶形阀。

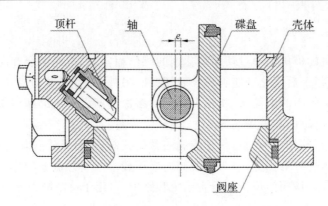

图 4.24　关机用蝶形阀

该蝶形阀为一次使用常开式阀门,当下达关机指令后,电爆管工作产生高压燃气使电爆解锁机构解锁,阀盘在弹簧力及液流作用力下迅速关闭。图 4.25 为一种可多次工作的蝶形阀。

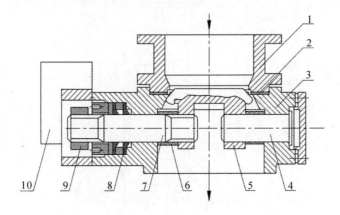

图 4.25　多次工作蝶形阀

1—连接法兰;2—密封唇;3—壳体;4—轴;5—蝶盘;6—调整环;7—主轴;8—密封环;9—连杆;10—作动器

该蝶形阀在作动器弹簧力的作用下圆盘处于关闭位置,当需要开启时,在作动器一侧通入高压气体或液体时,作动器活塞移动并通过连杆使主轴带动阀盘旋转,使阀门开启。当需要关闭时,向作动器另一侧通入高压气体或液体,在压力及弹簧力的作用下阀门关闭。

(3)球形阀。球形阀的阀芯为椭球形,突出优点为压损小,在航天发动机中也较为常见。图 4.26 为一种一次性工作的高压断流球形阀。

该球形阀为常开式,下达关机指令后,高压气体作用于顶杆上,推动主轴的凸块使主动轴转动,主动轴通过花键带动球旋转。当球旋转至 85° 时,球上的凸轮部分与阀座脱离,阀座在 12 个小弹簧的作用下压紧球体,从而实现氧化剂的断流。当球旋转至 90° 时,壳体阻止主动轴上的凸块运动,而顶杆继续前移而锁住主动轴上的凸块,球便保持在 90° 旋转时的关闭位置。

球形阀也可设计为多次工作形式,但要解决球与密封件间的摩擦,以提高工作寿命。一种常见的处理方式为通过安装在转轴上的凸轮机构将阀座抬起,使球在转动的初始阶段将阀座从球上抬起而脱离接触,以减少球与阀座间不必要的摩擦。

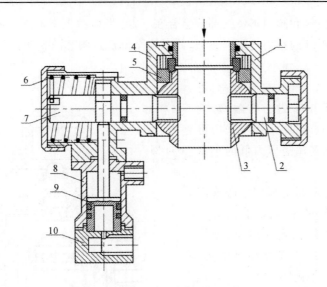

图 4.26　一种球形阀

1—壳体;2—轴;3—球;4—弹簧;5—阀座;6—扭簧;7—主动轴;8—套筒;9—顶杆;10—高压气体接头

(4)电磁阀。电磁阀是一种通过电能对阀门通断进行控制的阀,由电磁铁及阀门组件两大部分组成。电磁铁由线圈和铁心组成,通电时产生吸力,将输入的电能换为机械位移进而实现阀门组件的有效控制。电磁阀具有远程多次启动及高频脉冲工作能力,因此在固液混合发动机中得到了广泛应用,主要安装于喷注器前部以及增压气瓶与氧化剂储箱间用来控制氧化剂和增压气体的通断。图 4.27 所示为一种同轴整体结构电磁阀。

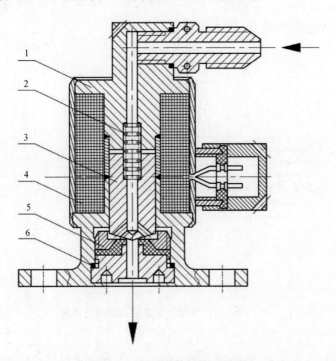

图 4.27　同轴整体结构电磁阀

1—壳体;2—弹簧;3—阀芯;4—线圈;5—阀座;6—调整垫

该电磁阀将电磁铁和阀门本体两部分组合在一起,壳体由上下两件导磁体和中间一个隔磁环焊接而成。隔磁环的作用是隔断磁通,使磁通全部经过阀芯而做功,阀芯既是衔铁又是阀门的启闭件。

电磁阀具有操作方便、响应迅速、可多次工作的优点,但由于磁力有限,影响了对阀芯的作动能力,因此常用于采用可贮存氧化剂,且氧化剂输送压力低的小型固液混合发动机。

(5)电爆阀。电爆阀是利用电爆管产生的高压燃气来作动的一种阀门,具有密封性好、尺寸小、质量轻、响应迅速、操作简单等优点,适于一次工作发动机使用。图 4.28 为一种常开的锤式电爆阀。

发动机关机时,给电爆管通电,爆燃产生的高压燃气进入阀芯细颈处的壳体空腔,从而将细颈拉断。阀芯在燃气作用下挤入阀座中,从而使氧化剂断流。

图 4.29 为一种常开的柱塞式电爆阀,发动机收到关机指令后,给电爆管通电,高压燃气进入柱塞左端的空腔,将柱塞端头的凸肩切断,推动柱塞运动直至其锥形头部挤入壳体的锥形阀座中,从而使通路切断。

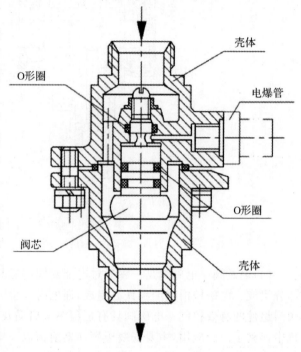

图 4.28　锤式电爆阀

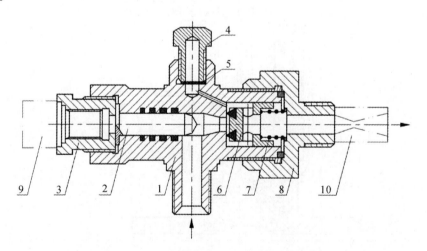

图 4.29　出口有缓冲装置的柱塞式电爆阀

1—壳体;2—柱塞;3—压盖;4—缓冲器;5—膜片;6—单向阀阀芯;7—弹簧;8—接管嘴;9—电爆阀;10—气蚀文氏管

电爆阀也可设计为常闭式,作为隔离阀使用,一种常闭式电爆阀结构如图 4.30 所示。

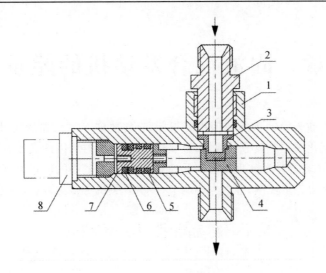

图 4.30　切帽式电爆阀
1—壳体；2—接管嘴；3—切帽；4—切片；5—O 形圈；6—挡环；7—柱塞；8—电爆管

当发动机接到开机指令后,电爆管爆燃产生的高压气体推动柱塞和切刀将切帽切破,切刀带着被剪切下的破片进入壳体右腔使氧化剂通路打开。

上述 3 种电爆阀都是直接作用形式,只适用于中、小型发动机,对于一次工作的大型发动机来说应采用电爆解锁的间接作用式电爆阀。一种解锁结构如图 4.31 所示。

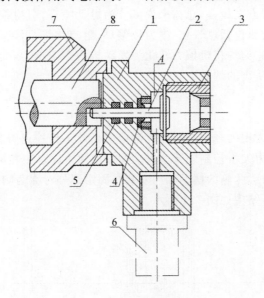

图 4.31　电爆解锁机构
1—电爆壳体；2—锁销；3—压盖；4—塑料碗；5—O 形圈；6—电爆管；7—阀体；8—转轴

当阀门需要关闭时,电爆管爆燃产生的高压燃气进入电爆壳体的 A 腔,将锁销右端的凸肩剪断,且将锁销推向右端,锁销受燃气作用力从转轴中拔出,从而实现解锁。转轴上的阀盘在液流和弹簧力的共同作用下使阀门关闭。

第5章 固液混合发动机的能量管理

能量管理能力是航天发动机的一项重要指标,直接决定了飞行器的机动性和防干扰能力。固液混合发动机的氧化剂和燃料分开放置,且氧化剂的流动可控,因此天然具备多次开关机和推力调节能力,而且也能较容易地实现推力矢量控制,进而具有较强的能量管理性能。本章主要介绍固液混合发动机推力矢量控制、推力大小调节、多次开关机等常见方法,并进行优缺点分析。

5.1 发动机推力矢量控制

5.1.1 推力矢量控制装置概述

飞行器在飞行过程中需要保持一定的姿态,为了满足弹道要求并克服外界扰动,必须施加一定的控制力。在大气层内工作的飞行器通常可通过舵翼来进行姿态控制,但当飞行速度较低时,可能出现动压不足而无法有效控制的现象,对于大气层外工作的飞行器则无法用舵翼来进行控制,因此往往要求火箭发动机具有推力矢量控制能力。

固液混合发动机的推力矢量控制主要通过喷管出口排气方向的改变以获得侧向力来实现,推力矢量控制的实现方案较多,总体来说可分为可动喷管、引射控制装置及机械致偏装置三类。其中,机械致偏装置包括燃气舵、推力致偏环、阻流片等,可动喷管包括轴承摆动喷管、柔性喷管、旋转喷管等,它们均将机械力转化为发动机的侧向推力,而引射控制装置通过引射流体的附加流动来产生所需的侧向力。

5.1.2 轴承摆动喷管

由于具有较小的推力损失、结构简单、控制精度高及工作稳定等优点,摆动喷管是一种常见的固液混合发动机推力矢量控制装置。摆动喷管通常由固定在燃烧室后部的固定部分和可动部分构成,可动部分对称两侧的摆动轴与安装在固定部分对称两侧的轴承连接配合,之间的间隙采用垫片进行密封,结构如图5.1所示。

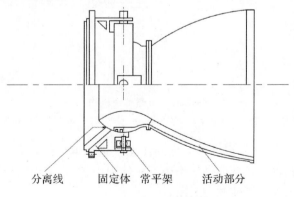

分离线　固定体　常平架　活动部分

图 5.1 轴承摆动喷管

固定部分和可动部分之间的球面一般设计在喷管收敛段的喉部附近,这样可在满足热结构要求的前提下使球面尺寸最小。分离线应设计在燃气马赫数较低的位置,一般为 $Ma<0.6$ 的位置。摆动喷管只能做单轴摆动,且摆动角度一般在 $2°\sim10°$ 范围内,对于导弹发动来说,发动机应具有使导弹作俯仰、偏航及滚动控制的能力,因此发动机通常采用四喷管方案,摆动喷管的布局一般以"+"形和"×"形为主,如图 5.2 所示。

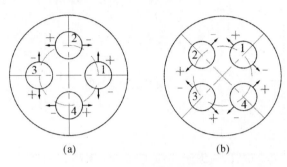

图 5.2　两种摆动喷管布局

(a)"+"形布局;(b)"×"形布局

当 4 个喷管最大摆角相同时,"+"形布局最大侧向力出现在与俯仰或偏航平面成 $45°$ 的方位上,而"×"形布局最大侧向力出现在俯仰或偏航平面内。因此当飞行器在俯仰或偏航方向需要较大控制力时,采用"×"形布局较为有利,但 4 个喷管的控制、配合比"+"形布局更为复杂。

密封部件是摆动喷管最重要的元件之一。发动机工作过程中,可动部分的阳球面受热产生膨胀,且在高压燃气作用下可动部分会发生轴向位移,为避免可动部分的阳球面与固定部分的阴球面出现"卡死"而导致喷管无法摆动的情况,阳球面和阴球面间必须留有一定间隙。因此重点考虑间隙的密封,防止高温高压燃气经分离线通过,而且燃烧室压强和喷管摆角越大,间隙也应越大,随之带来密封难度的增大。

为了加工和安装方便,一般在阳球面上设置密封槽,为了密封可靠,通常采用两道密封槽。密封槽的位置应在阳球面与阴球面的金属配合部位,且两道密封槽之间应留有一定距离。密封槽还应尽可能地靠近摆动轴,这样既能减小摩擦力矩,又可使密封槽远离燃气,确保密封圈不被烧坏。此外,当喷管达到最大摆角时,密封圈不能超出两配合球面的金属部分。在喷管装配时,还应在间隙中填充不固化腻子,防止高温燃气沿分离线进入间隙中,在保护密封圈的同时还能起到密封辅助作用。

发动机燃气中通常含有一定量的凝聚相粒子,为了防止由凝聚相粒子沉积带来的密封圈损伤,第一道密封圈通常采用由"]"形外层和"O"形内衬组成的复合密封圈,其中外层一般采用耐高温且摩擦因数较小的聚四氟乙烯,内衬采用硅橡胶或丁腈橡胶,结构如图 5.3 所示。第二道密封圈通常采用"O"形密封圈,材料一般为硅橡胶、丁腈橡胶或氟橡胶。

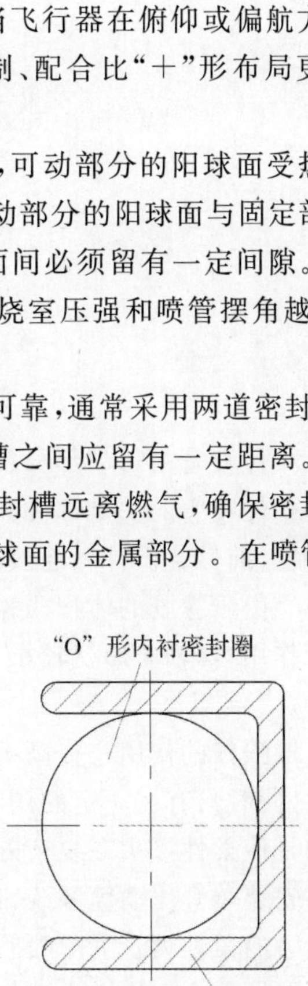

"O"形内衬密封圈

"]"形外层密封圈

图 5.3　复合密封圈结构示意图

轴承起着连接可动部分与固定部分、将可动部分所受的轴向载荷传递给固定部分、使活动部分能够绕摆动轴作正常摆动的作用,是轴承摆动喷管的重要零件。考虑到喷管结构和摆动要求,轴承应具有承载能力大、体积小、摩擦力小、能自动调心且受载后位移变形小等特点。目前只有关节轴承能够满足这些要求,其剖面图如图5.4所示。

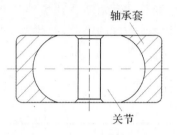

图5.4 关节轴承剖面图

5.1.3 柔性喷管

柔性喷管也是一种摆动喷管,借助于柔性接口来实现喷管的摆动,与轴承摆动喷管相比,其具有侧向力大、推力损失小、响应速度快、摆动重复性好、可靠性高、成本低等优点,因此应用也更为广泛。一种典型的柔性喷管如图5.5所示。

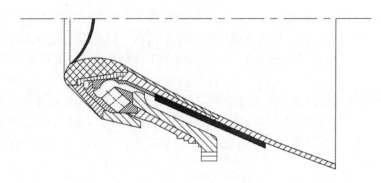

图5.5 一种柔性喷管

柔性喷管由可动部分、固定部分及柔性接头组成,其中柔性接头是喷管摆动的执行部件,也是柔性喷管的关键部件。柔性接头由若干个同心且呈环状的球体弹性件和增强件交替黏接在一起,前后各设计有连接法兰。弹性体材料主要是天然橡胶,增强件材料可以是钢或碳纤维材料。由于橡胶的体积压缩模量比剪切模量大15 000倍左右,故柔性接头在受到强大的轴向载荷作用时,轴向形变较小,但在受到较小侧向作动力时却可产生较大剪切形变,使喷管发生摆动。

增强件的作用是提高柔性接头的刚度和强度,使柔性接头能经受燃烧室内燃气的高压作用力,同时只有在一定的摆动力矩作用下喷管才能发生摆动,因此增强件作为承力件,其主要作用是使柔性接头在复杂外力作用下保持基本形状。分别在柔性喷管的俯仰平面和偏航平面内各安装一套作动筒系统,依靠作动筒的伸缩运动来实现喷管的全轴摆动。由于具有全轴摆动能力的柔性喷管为单喷管,若要控制飞行器的滚动还需要附加滚动控制系统。

柔性接头在作动力的作用下只能绕球心回转,此球心称为摆心。根据摆心在喷管轴向的位置不同,柔性喷管可分为前摆心柔性喷管(摆心在喷管喉部上游)和后摆心柔性喷管(摆心在喷管喉部下游），如图 5.6 所示。

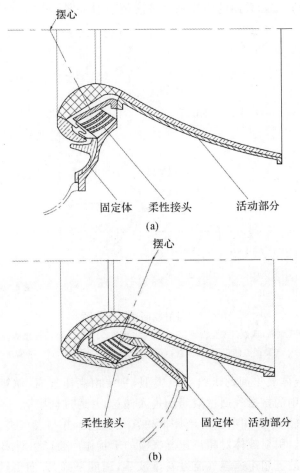

图 5.6　前摆心柔性喷管和后摆心柔性喷管
(a)前摆心柔性喷管；(b)后摆心柔性喷管

　　这两种柔性喷管各有优势，其中前摆心柔性喷管的柔性接头、喷管喉部上游的热结构件及防热套等的结构尺寸可设计得较小，因此具有更轻的质量。后摆心柔性喷管由于力臂较小，当达到的摆角相同时，作动器的行程较小，其作动力也较小。此外，后摆心柔性喷管产生的侧向力与飞行器质心的距离较大，在同样的摆角下可产生较大的力矩。值得注意的是，后摆心柔性喷管可设计成深潜结构，对于固体火箭发动机来说更为适用。

　　柔性喷管的缺点是柔性接头的弹性件材料受环境的影响较大，这主要是因为天然橡胶的性能随温度变化，导致不同环境温度下的摆动力矩变化较大，同时摆心的漂移也出现散布。另外，橡胶在长期贮存时会发生老化，需要进行防老化处理。

5.1.4　引射控制装置

　　引射控制装置也称二次喷射控制装置，作用原理为：通过喷管扩散段的小孔向超声速燃气流中喷射附加的流体（液体或气体），使气流中产生斜激波，超声速燃气通过斜激波后气体方向发生偏斜，使排气方向与喷管轴线成一定夹角，最终产生侧向力。从系统简化的角度来看，引入发动机的高温燃气作为引射流体最为适宜,但目前含凝聚相产物的高温燃气流量精确调节系统仍然未能研制成功,实际采用的为氟利昂等液体引射方案。图 5.7 为引射控制装置的系统结构示意图。

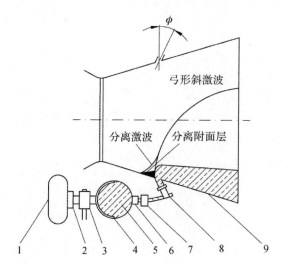

图 5.7　引射控制装置示意图

1—高压气瓶(或燃气发生器);2—气瓶爆破活门;3—调压器(或泄压活门);

4—气囊;5—储箱;6—破裂膜;7—流量计;8—伺服活门;9—喷管

该装置与挤压式液体氧化剂的供给系统类似,主要由高压气瓶、储箱、伺服活门等组成。装置工作时,高压气瓶中的挤压气通过减压阀进入储箱,并通过伺服活门将储箱中的液体挤压进入喷管的超声速燃气流中。引射出的液体很快雾化、蒸发,并与燃气混合,有些液体还会化学反应,释放一定热量。引射液体对超声速燃气流的干扰作用会产生斜激波,由于激波面呈弓形,故称之为弓形斜激波。超声速燃气流过斜激波后,速度下降、方向偏转、压强升高,从而使喷管壁面上形成不对称压强而产生侧向力。

氟利昂 114－B2、N_2O_4 和 62％的 $Sr(ClO_4)_2$ 水溶液是实际应用中最为常见的 3 种引射液体,其性质见表 5.1。

表 5.1　3 种引射液体性质

引射液体	$\dfrac{侧向比冲}{(N \cdot s \cdot kg^{-1})}$	密度/$(g \cdot cm^{-1})$	冰点或结晶点/℃	沸点/℃
氟利昂 114－B2	680～1 570	2.15	－112	46.6
N_2O_4	1 760～3 920	1.44	－24.4	21.1
$Sr(ClO_4)_2$ 水溶液	1 470～2 550	1.79	－6.3	90

活性引射液体 N_2O_4 和 $Sr(ClO_4)_2$ 水溶液均具有较高的侧向比冲,而惰性引射液体氟利昂 114－B2 的侧向比冲仅为 $Sr(ClO_4)_2$ 水溶液的一半左右。由于引射控制系统同样为体积受限系统,在引射液体选取时还要考虑液体密度,即要考虑侧向密度比冲。N_2O_4、$Sr(ClO_4)_2$ 水溶液和氟利昂 114－B2 的侧向密度比冲分别约为 3 600 $N \cdot s \cdot cm^{-1}$、3 500 $N \cdot s \cdot cm^{-1}$ 和

$2\,800\ \mathrm{N\cdot s\cdot cm^{-1}}$,同样活性引射液体占优势。

综合考虑系统消极质量和侧向比冲大小,引射压强一般近似于燃烧室压强。当要求侧向力较小及侧向比冲较高时,引射位置应向喷管上游移动,这是因为当引射位置向喷管上游不断移动时,激波面后压强升高区在喷管壁面上的有效作用面积增大使侧向力也不断增大,但当压强升高区超过喷管半圆时,引射气流到达喷管对壁上使压强升高区在喷管壁面上的有效作用面积减小,侧向力也随之减小。同理,当侧向力要求较大时,引射位置应向喷管下游移动,但引射效率较低。一般引射位置在 $L_i/L=0.3\sim0.4$ 处(见图 5.8)。

引射孔轴向与喷管轴线垂直方向之间指向上游的倾角称为引射角 ϕ,一般 $\phi=0\sim30°$,实验表明,$25°$往往为 ϕ 的最佳值。当引射角增大时,引射液体与燃气间的相对速度也增大,对液滴的破碎、雾化、蒸发及反应过程都更为有利,同时也可减小射流穿透燃气的深度,使引射液体在喷管壁面附近混合,从而保持较高的压强,最终使侧向力增大。但引射角不能过大,否则会使引射流体反作用力的侧向分量减小,即侧向力减小。

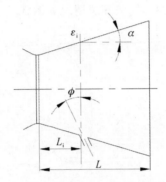

图 5.8　引射位置与引射角示意图

若发动机采用 4 喷管结构,则每个喷管上相互间隔 $180°$安装一对引射喷嘴便可实现飞行器的俯仰、偏航和滚动控制,若采用单喷管结构,则在喷管上相互间隔 $90°$安装两对引射喷嘴就能实现俯仰和偏航控制,如图 5.9 所示。

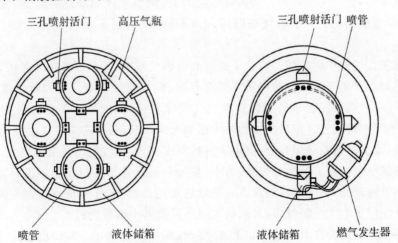

图 5.9　引射喷嘴安装示意图

(a)4 喷管引射喷嘴位置;(b)单喷管引射喷嘴位置

一般喷嘴由 1 个或 3 个引射孔组成,若所需侧向力较小,则可采用单孔引射,更多情况是采用 3 孔引射,且引射孔的间距为孔径的 7~14 倍。

这种推力矢量控制方法具备以下显著优点:①由于引入了第二种流体,在获得侧向力的同时,也能够获得轴向推力增量,一般轴向推力增量为侧向力的 1/3 左右;②侧向力的生成基于气动原理,只需要控制喷射活门便可实现,时间响应性较好,响应时间仅为数十毫秒;③这种方法用于固定喷管,使喷管结构得到简化;④侧向力的大小通过活门控制来实现,所需控制力较小,伺服机构的功率及质量也就较小。但引射控制装置产生的侧向力一般较小,难以在大型发动机上使用,此外,还存在系统结构较为复杂、消极质量较大的缺陷。

5.1.5 其他推力矢量控制装置

可应用于固液混合发动机的推力矢量控制装置还有燃气舵、推力致偏环和阻流片等。燃气舵具有结构简单、可靠性高、伺服机构质量小、喷管不摆动等优点,是最早应用于火箭发动机的推力矢量控制装置。一种典型的燃气舵安装情况如图 5.10 所示。

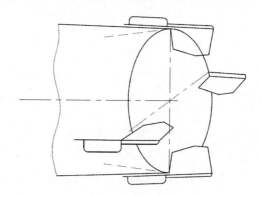

图 5.10 燃气舵安装示意图

在图 5.10 中,喷管出口安装了 4 个带有前、后抹角的燃气舵,当燃气舵处于零位时,舵面相对燃气没有攻角,不产生侧向力。当需要侧向力时,伺服系统驱动舵面旋转,使舵面偏转一定角度,从而产生侧向力。4 个燃气舵偏转方向不同,便可满足飞行器的俯仰、偏航及滚动需求。

在发动机工作过程中燃气舵一直处于高温高速燃气流中,工作环境较为恶劣,因此对材料的要求较为苛刻。可用于燃气舵的材料主要有石墨、钨及钨钼合金。当固体燃料中不含金属添加剂时,燃气中的凝聚相粒子数量较少且燃气温度较低,舵面基本不受粒子机械冲刷的影响,可采用石墨制作燃气舵。但当固体燃料中添加金属添加剂时,必须考虑由粒子机械冲刷导致的舵面变形,须采用钨或钨钼合金,但由于材料密度较大,燃气舵的质量也较大。

燃气舵的缺点包括推力损失大、侧向力小、舵面烧蚀严重等。对于固液混合发动机来说,由于燃烧效率普遍较低,燃气中往往含有一定量的氧化性组分,导致舵面烧蚀可能更为严重,因此燃气舵只能用于工作时间较短、对侧向力要求不高的小型发动机。

图 5.11 和图 5.12 为推力致偏环和阻流片的作用原理示意图。发动机正常工作时,推力致偏环和阻流片处于燃气流之外,当进行推力矢量控制时,它们进入喷管后的燃气流场中。两者的不同之处在于:阻流片以垂直于喷管轴线的方向进入,推力致偏环绕摆心呈一定角度

摆入。

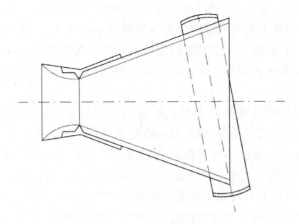

图 5.11 推力致偏环

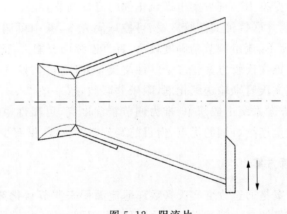

图 5.12 阻流片

推力致偏环和阻流片均会导致较为明显的发动机比冲损失,研究结果表明:当遮挡喷管出口面积 5％～10％时,比冲损失 2％～4％。与燃气舵相同,对推力致偏环和阻流片的设计也要考虑烧蚀问题,同时由于推力损失较大且侧向力较小,这两种推力矢量控制方案在固液混合发动机中的应用受到较大限制。

5.2 发动机变推力

5.2.1 发动机变推力原理

火箭发动机的推力表达式为

$$F = \dot{m}u_e + (p_e - p_a)A_e \tag{5.1}$$

式中,$\dot{m}$ 为燃气质量流率;u_e 为喷管出口燃气速度;p_e 为喷管出口压强;p_a 为环境压强;A_e 为喷管出口面积。

理论上改变式(5.1)中的每个参数都可使发动机的推力改变,但由于发动机的结构、工作参数及外界条件一般均为固定的,所以改变燃气质量流率通常是最为有效的变推力方法。

由于固体火箭发动机不具有直接调节燃气质量流率的能力,一般通过改变喷管的喉部面积来调节燃气质量流率;液体火箭发动机的氧化剂和燃料都为流体,可通过两者的节流来实现燃气质量流率的调节;对于固液混合发动机来说,氧化剂为流体,因此通过氧化剂节流便可调节燃气质量流率。

值得注意的是,对于固液混合发动机来说,虽然在其他条件不变的情况下,燃料的燃面退移速率与氧化剂质量流率成正相关,即燃料的消耗量与氧化剂质量流率的变化趋势相同,但燃料为"被动"调节,往往变化幅度不及氧化剂,即在初始工作状态下发动机一般在最佳氧燃比范围内工作,但当推力增大时发动机在燃气富氧条件下工作,而当推力减小时发动机在燃气富燃条件下工作。氧燃比的变化不但造成推进剂的能量损失,同时也给发动机内弹道参数的预估带来了较大困难,且当燃气富氧严重时还会发生严重的喷管烧蚀问题。因此,对于固液混合发动机的变推力性能,还要考虑到燃料的氧化剂流强敏感性。

固液混合发动机的变推力实现方案也即氧化剂的流量调节方法。目前具备实用性的主要有可调气蚀文氏管方案、并联气蚀文氏管方案、可控球阀方案,其中可调气蚀文氏管方案最为常用,其系统结构较为简单、流量调节精确度较高、具有连续调节能力,适用于推力调节需求较为复杂的情况。并联气蚀文氏管方案将多个气蚀文氏管并联,可在发动机工作过程中根据需要采用一个或多个气蚀文氏管来输送氧化剂,限于并联数量(一般 2~3 个),只能实现有限的推力挡位调节,但这种方案系统组成简单、推力调节精确度高、可靠性也较高。可控球阀方案具有体积小、质量轻、质量连续可调的优点,但目前调节精度较低,仅有少量实验研究。

5.2.2 可调气蚀文氏管方案

可调气蚀文氏管方案是通过改变文氏管喉部通流面积来调节氧化剂流量,从而实现发动机的推力调节。可调节气蚀文氏管通常包括收敛段、喉部圆柱段、扩散段、调节锥以及步进电机等部分,其结构如图 5.13 所示。

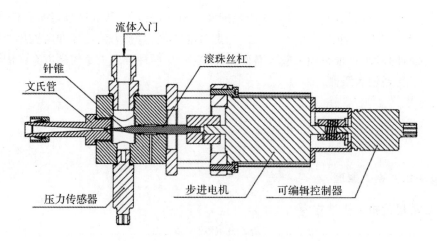

图 5.13 可调气蚀文氏管结构示意图

氧化剂流经文氏管时,流速迅速增大,流体静压随之急剧降低,当静压下降到低于液体的饱和蒸气压时,气蚀文氏管喉部区域就会发生气蚀现象,形成气液混合流动区,当满足一定条件时,文氏管流量仅与上游压力有关而与下游压力无关,这样便可实现液体氧化剂流量的稳定供给与准确计量。当气蚀现象能够稳定存在时,可通过改变针锥行程来调节喉部的通流面积,从而在上游压力不变的情况下实现对氧化剂质量流率的准确控制。

通常认为当氧化剂下游压力与上游压力之比小于0.8时,文氏管喉部发生气蚀,且流量与下游压力无关,氧化剂质量流率的函数关系式为

$$\dot{m} = C_D A_{th}\sqrt{2\rho(p_1 - p_s)} \tag{5.2}$$

式中,A_{th}为喉部通流面积;C_D为流量因数;ρ为流体密度(当地温度下);p_1和p_s分别为流体上游压力和流体的饱和蒸气压(当地温度下)。对于已达到流动平衡的特定氧化剂流体来说,氧化剂质量流率仅与气蚀文氏管的喉部通流面积有关。可调气蚀文氏管的喉部几何关系如图5.14所示。

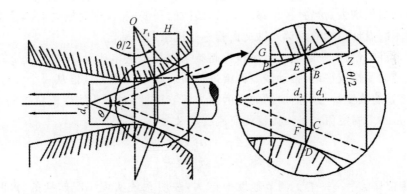

图5.14 可调气蚀文氏管喉部几何关系

可调气蚀文氏管的喉部通流面积为圆台$ABCD$的侧表面积,其计算公式为

$$A_{th} = \pi L(R_1 + R_2) = \pi L\left(\frac{d_1 + d_2}{2}\right) \tag{5.3}$$

式中,A_{th}为圆台侧表面积;L为圆台侧表面回转母线长;R_1,d_1为圆台上底半径和直径;R_2,d_2为圆台下底半径和直径,则有

$$L = \overline{AB} = H\sin\frac{\theta}{2} \tag{5.4}$$

$$d_2 = d_1 + AE + DF = d_t + 2GP = d_t + 2(OA - O\!G) \tag{5.5}$$

$$AE = DF = L\cos\frac{\theta}{2}, \qquad GP = r_t\left(1 - \cos\frac{\theta}{2}\right)$$

式中,H为中心调节锥轴向行程;θ中心调节锥全角;d_t为文氏管喉部直径;r_t为文氏管喉部圆角半径,有

$$d_1 = d_2 - 2L\cos\frac{\theta}{2} = d_t + 2r_t\left(1 - \cos\frac{\theta}{2}\right) - 2H\sin\frac{\theta}{2}\cos\frac{\theta}{2} \tag{5.6}$$

将式(5.4)~式(5.6)代入式(5.3),可得

$$A_{th} = \pi\sin\frac{\theta}{2}\left[d_t + 2r_t\left(1 - \cos\frac{\theta}{2}\right)\right]H - \pi\sin^2\frac{\theta}{2}\cos\frac{\theta}{2}H^2 \tag{5.7}$$

令 $\theta/2=\alpha$（即调节锥半角），则式（5.7）可简化为

$$A_{th} = \pi\left\{\frac{\tan\alpha}{\cos\alpha}\left[d_t + 2r_t(1-\cos\alpha)\right]H - \frac{\tan^2\alpha}{\cos\alpha}H^2\right\} \tag{5.8}$$

式（5.2）可写成

$$\dot{m} = C_D\pi\left\{\frac{\tan\alpha}{\cos\alpha}\left[d_t + 2r_t(1-\cos\alpha)\right]H - \frac{\tan^2\alpha}{\cos\alpha}H^2\right\}\sqrt{2\rho(p_1-p_s)} \tag{5.9}$$

液体氧化剂在可调气蚀文氏管内的流动是存在相变行为的复杂气液两相流动，流场的几何参数、速度和压力分布、流态以及气液两相分布等都会对流量因数 C_D 产生影响，此外，还有许多未知因素的存在（如气相质量分数沿流动方向上的分布），因此从理论上获得流量因数的变化规律存在很大困难。

对于设计成型的气蚀文氏管，当入口压力变化时，流量因数的变化不大，通常可忽略不计，但调节针锥的行程变化对流量因数有显著影响。当针锥位移较小（文氏管喉部通流面积较小）时，流量因数较小，这主要是因为阀门的开度较小，使加工粗糙度、边界扰动的影响相对较大，从而导致流动损失增大。当针锥位移较大时，阀门的开度较大，流动损失小，流量因数便较大。因此需要对不同设计结构的可调气蚀文氏管进行流量因数标定。

对于调节锥的位移，一般通过可编程控制器来控制步进电机动作实现，电机工作过程中，滚珠丝杠将转动变换成平动，推动调节针锥进行前后移动。调节针锥从一个位置移动到另一个位置时，流量的改变量与所需时间的比值称为调节速度，对于非线性流量控制系统来说，调节速度并不是一个固定值。平均流量调节速度定义为

$$\bar{v} = \frac{\Delta q}{\Delta t} = \frac{hf(q_2-q_1)}{N_r\Delta x} \tag{5.10}$$

式中，调节锥位移 $x=\frac{h}{N_r}ft$ 。调节速度 $\bar{v}$ 越大，表明系统实现工况转换的时间越短。由式（5.10）可知，调节速度与电机运行频率 f、螺距 h 成正比，与每圈转数 N_r 成反比。

值得注意的是，当进行氧化剂流量调节时，事实上对处于稳定工作状态的发动机引入了一个扰动，因此调节速度对燃烧稳定性有很大影响。一般来说，调节速度越快，扰动的频率越高，严重时有可能引起发动机熄火；反之，调节速度越慢，扰动频率越低，发动机的燃烧稳定性也越好，但过慢的调节速度使推力调节的响应时间变长，可能难以满足发动机的变推力需求，因此调节速度须根据实际情况确定。

调节精度与电机前进一步的位移相关。针锥位移是电机工作频率 f、每圈步数 N_r 和滚珠丝杠螺距 h 的函数，由于电机运行频率是时间的非线性函数，因此针锥位移也是非线性的，这导致不同位置的调节精度并不相同。可将平均调节精度 $\bar{\varepsilon}$ 定义为步进电机前进一步流量的平均改变量，即

$$\bar{\varepsilon} = \frac{h(q_2-q_1)}{N_r\Delta x} \tag{5.11}$$

当螺距一定时，每圈转数 N_r 越大，调节精度越高。此外，针锥调节位移差不宜过小，以避免调节过程中由驱动螺杆的螺纹公差而引起较大的流量误差。

具有锥型型面的可调气蚀文氏管，在调节过程中总会存在非线性误差，这对流量的控制精度具有负面影响。为了获得氧化剂质量流量与调节锥行程的线性关系，在实际应用中应选择合适的参数以减小非线性误差，并可考虑将调节锥型面设计为特型型面。值得注意的是，当采

用可调气蚀文氏管对低温氧化剂流量进行调节时,可能出现调节锥被冻住而不能移动的情况,
此时还需要考虑低温的影响。

5.2.3　并联气蚀文氏管方案

可调气蚀文氏管结构复杂、设计与调试困难、数据重现性较差,一般难以满足推力调节精
度要求较高的情况。由式(5.2)可知,对于特定的氧化剂及供给系统来说,氧化剂质量流率仅
与气蚀文氏管的喉部通流面积有关,因此通过在氧化剂供给管路中并联多个具有不同喉部通
流面积的气蚀文氏管,再配合多次工作断流阀的使用,便可实现多个氧化剂流量的有效调节。

考虑到系统复杂程度和实际使用需求,一般可调气蚀文氏管的并联数量不超过 3 个,由于
气蚀文氏管既可单个工作也可多个一起工作,因此若 3 个气蚀文氏管并联(见图 5.15),则通
过喉部通流面积的合理配置,理论上可实现 7 种氧化剂流量的自由调节:

$$\dot{m}_1 = C_D A_{th,1} \sqrt{2\rho(p_1 - p_s)}$$

$$\dot{m}_2 = C_D A_{th,2} \sqrt{2\rho(p_1 - p_s)}$$

$$\dot{m}_3 = C_D A_{th,3} \sqrt{2\rho(p_1 - p_s)}$$

$$\dot{m}_{1,2} = C_D \sqrt{2\rho(p_1 - p_s)} (A_{th,1} + A_{th,2})$$

$$\dot{m}_{1,3} = \ldots, \dot{m}_{2,3} = \ldots$$

$$\dot{m}_{1,2,3} = C_D \sqrt{2\rho(p_1 - p_s)} (A_{th,1} + A_{th,2} + A_{th,3})$$

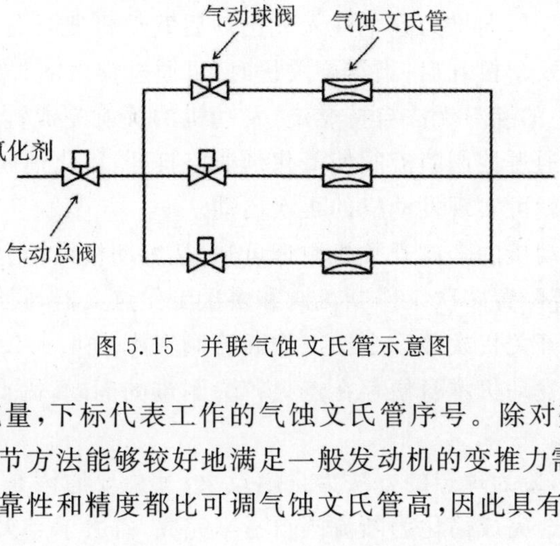

图 5.15　并联气蚀文氏管示意图

式中,$\dot{m}$ 为氧化剂流量,下标代表工作的气蚀文氏管序号。除对变推力要求较为苛刻的
姿轨控发动机,该推力调节方法能够较好地满足一般发动机的变推力需求,且仅通过简单的阀
门通断便于进行控制,可靠性和精度都比可调气蚀文氏管高,因此具有较强的实用性。

5.2.4　可控球阀方案

阀门是氧化剂输送管路系统中重要的控制元件,其中球阀由于具有结构紧凑、流体阻力
小、流量因数大、易操作维护、适用范围广等优点,主要用于大流量氧化剂输送系统。一般情况
下球阀只用于通路的开闭,即完全打开和完全关闭。可控球阀通过对阀门开度的实时控制使
阀芯绕垂直于管线的轴线转动来改变氧化剂的流通面积,从而实现氧化剂流量的动态调节。
图 5.16 所示为调节过程示意图。

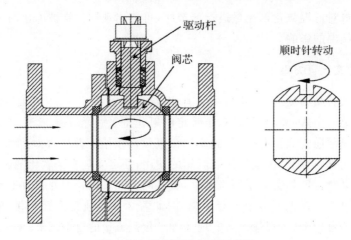

图 5.16　球阀调节过程示意图

5.3　发动机多次开关机

5.3.1　发动机多次开关机原理及实现方案

在固液混合发动机中,氧化剂和燃料分别放置于氧化剂储箱和推力室中,而且氧化剂以液态形式存在,发动机开机时,向推力室中注入氧化剂后发动机便具备了开机的基本条件,辅以适当的点火方式便能使发动机开启;当需要关机时,可通过推力室头部设置的断流阀中断氧化剂的注入,此时推力室中的燃料无法自持燃烧,发动机的关机完成;若采用可多次工作的断流阀,当需要再次开机时,通过控制断流阀使氧化剂通路打开,氧化剂便可再次注入推力室中,辅以适当的点火能量输入就可实现发动机的再次启动。

从上述固液混合发动机的多次开关机原理可知,从发动机结构上来说,若需要具备多次开关机能力,则发动机需要配置多次工作断流阀和多次工作点火器,阀门和点火器的工作次数决定了理论上发动机的可开关机次数。多次工作断流阀在本书 4.4.3 节中已进行介绍,在此不再赘述。由于固液混合发动机本身便存在点火较为困难的问题,因此多次工作点火器是实现多次开关机的核心关键。

对于多次点火来说,最为理想的方法为自燃点火,其主要原因是:发动机的开机过程从需要断流阀与点火器的配合完成简化为断流阀自身来完成,省去了点火器,使发动机结构更为简单且工作时序也得到简化,有利于工作可靠性的提高。同时,采用这种方法在理论上可实现无限的发动机开关机,极适用于需要开关机次数较多的姿轨控发动机系统。

自燃点火方法根据实现原理又可分为氧化剂的催化分解方案和采用自燃推进剂组合方案,其中氧化剂的催化分解方案主要针对 H_2O_2 和 N_2O,但 N_2O 的催化分解较为困难,目前来看仅 H_2O_2 的催化分解方案具有实用性;自燃型推进剂组合较少,主要是指发烟硝酸与 HTPB 等碳氢燃料的组合,但由于发烟硝酸具有极强的毒性和腐蚀性,与航天推进系统的发展方向不符,故难以得到推广应用。

除自燃点火方法外,火炬式点火器也在固液混合发动机中较常采用,这种点火器普遍具有多次点火能力,且可靠性较高,因此其也是具备多次开关机能力固液混合发动机的首选点火方法。此外,烟火式点火器具有点火能力强、体积小、使用方便等优势,常用于单次开机固液混合发动机中,当需要开关机次数不多时,可通过并联多个烟火式点火器来实现发动机的多次开关机。因此,下文主要从点火角度来介绍固液混合发动机的多次开关机方案,包括 H_2O_2 催化氧化方案、火炬式电点火器方案和并联烟火式点火器方案。

值得注意的是,由于推力室既充当燃料贮存的场所,又提供燃烧反应开展的空间,发动机关机后虽然燃烧反应中断,但燃料仍然处于热环境中,导致燃料内部温度逐渐升高,此时需要燃料具备较好的高温力学性能,使药型维持不变,并在高温下不发生热分解,以有效避免推力拖尾及燃料损失。典型的情况包括以下几种。

(1)对于石蜡燃料来说,其通常主要由熔点较低的固体石蜡组成,发动机关机时由于仍然存在对燃面的持续加热,药柱极易发生变软融化,直至最后塌陷。

(2)对于以 GAP 为代表的含能高聚物燃料,其热分解温度较低,发动机关机后燃面上会持续发生 GAP 的热分解,由于热分解放热且生成较多气相产物,导致推力拖尾及燃料损失严重。

(3)在 HTPB 燃料中加入一定量的 AP 可提高燃面退移速率,但当 AP 含量较高时燃料可进行强度较弱的自持燃烧,即使切断氧化剂的供给也可能无法使燃烧中断,导致关机失败。

因此通常只有惰性高聚物燃料才能满足多次开关机要求,氧化剂的供给被切断后,孔道内氧化性组分的含量也迅速降至较低水平,虽然燃面仍然会被持续加热,但在氧含量较低的情况下燃面上会生成一薄层碳化物。这些碳化物一方面延缓了向燃料内部的传热,另一方面也使固体燃料的热分解产物不易逸出,起到促进中断燃烧的作用。但当发动机再次开机时,其将孔道内的氧化剂与未燃的固体燃料隔离,使点火延迟时间增大,不利于快速达到稳定工作状态。

5.3.2　H_2O_2 催化氧化方案

在肼类推进剂未使用前,高浓度 H_2O_2(浓度$>90\%$)是一种常用的单组元液体推进剂,可通过催化分解生成水蒸气和氧气,浓度 90% H_2O_2 的绝热分解温度为 $760℃$,但由于比冲较低目前已不再使用。考虑到 H_2O_2 还具有含氧量高、密度大、无毒、环境友好等优点,其作为一种液体氧化剂在固液混合发动机中应用广泛。

H_2O_2 分解的常用催化剂包括高锰酸盐[主要为 $Ca(MnO_4)_2$、$KMnO_4$ 和 $NaMnO_4$]、氧化锰(MnO_2、Mn_2O_3)和贵金属(银、铂、钯、金)、过渡金属氧化物(Fe_2O_3、CO、PbO 等),其中高锰酸盐与可发生类似下面的化学反应,因此起催化作用的实际上仍然是 MnO_2。

$$2KMnO_4 + 3H_2O_2 \longrightarrow 2MnO_2 + 2KOH + 3O_2 + 2H_2O$$

H_2O_2 的催化方式主要有液-液混合催化、固体颗粒催化和金属网催化等 3 种。液-液混合催化是将 H_2O_2 溶液和高锰酸盐溶液一起喷入燃烧室内,在混合过程中 H_2O_2 发生催化分解。由于需要附加液体喷射系统,这种方法使用不便,而且虽然催化过程属于均相催化,但两者滞留时间较短,导致催化效率不高,目前已遭淘汰。

在多孔颗粒状载体(如 Al_2O_3,SiO_2 和 TiO_2 等)的表面上沉积催化剂(一般为高锰酸盐或二氧化锰)可制成颗粒状催化剂,当 H_2O_2 溶液流经装有颗粒状催化剂的催化床时便会发生分解。但这种方法存在催化剂缓慢溶解或分解等现象,导致催化床载荷较低、寿命较短,且催化剂的损失易造成催化床流阻过大或流量降低,影响催化床性能,目前也已不再应用。但作为一种催化效果检验方法,其仍然用于实验室中催化剂的筛选。一种固体颗粒催化床的结构如图 5.18 所示。

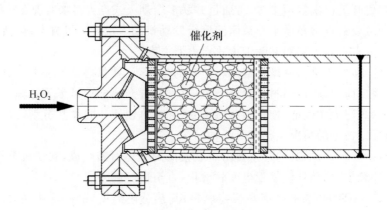

图 5.18 固体颗粒催化床

当前,H_2O_2 最常用的催化方式为金属网催化,银网、铂网、钯网等都能够催化 H_2O_2 的分解,其中银网效果最佳,在 20 世纪 40 年代便已开始使用。图 5.19 为一种典型的银网催化床结构示意图。

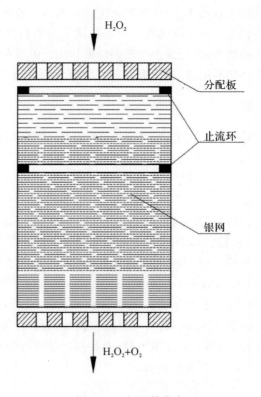

图 5.19 银网催化床

粒径为 20～40 目的银网层层叠放,网的目数或开口面积沿催化床不断变化,前端(入口端)的开口面积小于后端(出口端),采用几兆帕或更高压力将摞起的网层压紧,以减少催化床的空隙并增加流道的曲折性。对压制好的银网还要进行"激活"处理,方法为将压制好的银网在稀 $Sm(NO_3)_2$ 溶液或稀 HNO_3 溶液中进行刻蚀,以提高银网对 H_2O_2 的吸附,然后在 900 K 左右的温度下煅烧,将刻蚀液完全去除。

银网催化床的原理与颗粒催化床相似,H_2O_2 溶液流经催化床时,在银的催化作用下,H_2O_2 开始分解,产生的热使银网和 H_2O_2 溶液温度升高,促使分解反应速度加快。银网催化床适用于 90%~98% 的高浓度 H_2O_2 的催化,且催化效率高、寿命长、可靠性高,能够较好地满足固液混合发动机多次开关机的要求。值得注意的是,为了减轻重量、降低成本、提高强度,目前已通常不再使用纯银网,多采用镀银金属丝网,网基材料可以为镍、不锈钢等,但为了保证催化效果,需要对镀层的厚度加以严格控制。

5.3.3　火炬式电点火器方案

火炬式电点火器通常采用火花塞产生的电火花作为初始点火能源,为了满足点火能量要求,一般需先将启动流体点燃,再通过启动流体燃烧产生的高温燃气来引燃整个固体燃料药柱。启动流体包括氧化剂和燃料两部分,它们均以液态或气态形式存在以便于输送,氧化剂一般通过发动机的氧化剂旁路引入点火器中,所需的燃料来自于发动机附带燃料储罐。火炬式电点火器具有可靠性高、点火能力强、可多次工作的优点,在固液混合发动机中有着较为广泛的应用。下面介绍几种常见的火炬式电点火器。

图 5.20 为一种甲烷/气氧火炬式火器结构示意图,该点火器主要由火花塞座、甲烷集气腔、气氧集气腔、点火室和二次补燃燃烧室等组成。

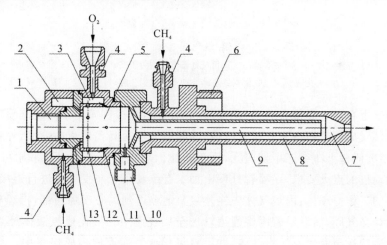

图 5.20　甲烷/气氧火炬式点火器

1—火花塞座,2—甲烷集气腔,3—气氧集气腔,4—焊接直通,5—点火室,6—外套螺母,7—二次补燃室,
8—排放冷却通道,9—高温富氧燃气通道,10—测压座,11—气膜冷却氧气喷注孔,12—气氧喷注孔,13—甲烷喷注孔

点火器外壁焊接有 3 个直通用于供应氧气和甲烷气体,点火器头部设有火花塞座,用于安装电火花塞,点火室尾部设有测压座;从点火器头部开始依次设有甲烷集气腔和气氧集气腔,集气腔内壁开有 6 组互击式喷注孔,可将甲烷气体与氧气进行预混,在气氧集气腔内壁开有 4 个气膜冷却氧气喷注孔;点火器中部设有外套螺母用于与发动机连接,点火器内部设有高温富氧燃气通道及排放冷却通道,通道尾部设置有二次补燃室。

该点火器的工作原理为:氧气通过一个焊接直通输送至气氧集气腔,甲烷气体通过两个焊接直通分别输送至甲烷集气腔和排放冷却通道。氧气和甲烷气体分别通过各自集气腔内的喷注孔喷出,完成点火室内氧气和甲烷气体的填充。通电后电火花塞产生电火花,点燃点火室内氧气和甲烷混合气体,实现一次燃烧并生成燃气;燃气沿点火室内壁流向点火室喉部,在流动过程中通过气膜冷却氧气喷注孔形成的气膜进行冷却,燃气由点火室喉部流经高温富氧燃气通道后与排放冷却通道内的甲烷在二次补燃室内进行二次燃烧,燃烧产物通过二次喉部排出形成点火用射流火炬。

图 5.21 为一种丙烷/氧化亚氮火炬式点火器结构示意图,该点火器主要由直通接头、气液同轴式离心喷嘴、燃烧室以及喷管等组成。

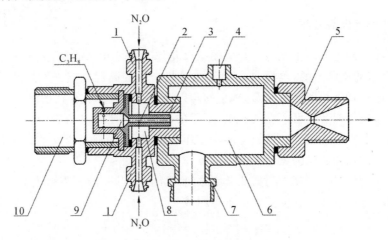

图 5.21　丙烷/氧化亚氮火炬式点火器

1—焊接直通;2—丙烷通道;3—氧化亚氮通道;4—测压座;5—喷管;6—燃烧室;
7—火花塞座;8—氧化亚氮集液腔;9—丙烷集气腔;10—连接直通

点火器侧壁上布置有焊接直通、火花塞座和测压座,焊接直通用于向旋流喷嘴内输送氧化亚氮。气液同轴式离心喷嘴由内外喷嘴组成,内喷嘴为切向圆孔式离心喷嘴,外喷嘴为环形缝隙式喷嘴,内喷嘴侧壁上布有三个切向孔,用于雾化丙烷气体。该点火器采用可拆卸式喷管,以满足不同发动机的点火要求,在喷管外壁上加工有螺纹用于与发动机进行连接。

该点火器的工作原理为:丙烷气体先经连接直通输送到离心喷嘴前部,再经离心喷嘴上的切向孔进入丙烷集气腔,然后沿着丙烷通道输送至燃烧室中。氧化亚氮液体经点火器外壁上的两个焊接直通输送至氧化亚氮集液腔,并沿着氧化亚氮通道进入燃烧室中。氧化亚氮与丙烷在燃烧室内进行预混,电火花塞产生的电火花将燃烧室内的丙烷和氧化亚氮混合气体点燃,生成的燃烧产物通过喷管排出后形成点火用射流火炬。

当采用过氧化氢作为固液混合发动机氧化剂时,利用过氧过氢的催化氧化作用来进行点火是一种常规做法,但过氧化氢的实际催化效果受催化床性能影响极为显著,常发生由催化床失效引起的点火失败乃至爆炸等现象。考虑到过氧化氢作为一种单组元推进剂较易点火,因此火炬式点火器也可作为辅助点火方案。一种过氧化氢火炬式点火器如图 5.22 所示。

该点火器主要由过氧化氢催化剂床、ABS 燃料以及喷管三大部分组成。点火器上布置有一对正负电极座和一个测压孔,ABS 燃料上开有一圆环形凹槽用于放置电阻丝,电阻丝从正

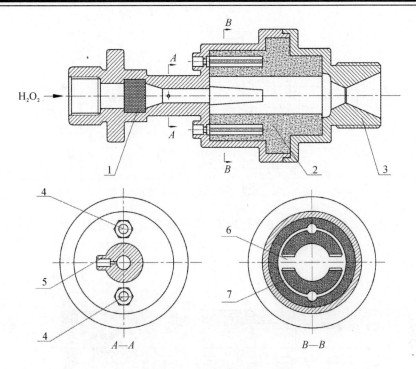

图 5.22　H_2O_2 火炬式点火器

1—H_2O_2 催化剂床；2—ABS 燃料；3—喷管；4—正负电极座；5—测压座；6—电极火花隙；7—电丝缠绕槽

负电极座引出至点火器外部。

该点火器的工作原理为：电阻丝通电后将电能转化为热能，被电阻丝紧密缠绕的 ABS 便受热分解释放出可燃气体。过氧化氢先经点火器头部的催化剂床流入点火室内，催化分解为氧气和水并放出大量的热量，当过氧化氢高温富氧分解产物与 ABS 富燃分解产物混合后会发生剧烈燃烧，燃烧产物通过喷管排出形成发动机点火用射流火焰。

该点火器只需要少量电能便可获得满足发动机点火所需的能量，由于引入了 ABS 燃料，使点火能量大幅提升，这有效降低了对催化床催化效果的要求，并且在催化床的催化效果存在波动时，也能稳定工作，因此可靠性也更强。

5.3.4　并联烟火式点火器方案

烟火式点火器利用发火管起爆引燃点火药，点火燃烧产生大量的高温高压燃气迅速加热固体燃料表面并在推力室内建立高压燃烧环境，从而实现发动机的可靠开机。对于大型固液混合发动机，可采用点火能力更强的点火发动机来点火，燃气的主要来源为发动机中装填的固体推进剂。从实际应用角度来说，大型发动机仅能用于小型运载火箭，并不需要具备多次开关机能力，因此采用普通烟火式点火器便可满足点火需求。

烟火式点火器具有结构简单、体积小、点火能力强的优点，对较难点火的固液混合发动机具有较强的适用性，但由于只能一次使用，要采用多个并联的形式才能实现发动机的多次开关机，考虑到装置空间及工作可靠性，一般点火器的并联数量最多 3～4 个，即发动机只能实现 3～4 次点火启动。当发动机停机时，由于点火器内的发火管及点火药均对热较为敏感，需要将点火器安装于温度较低的位置，即推力室的头部，如图 5.23 所示。

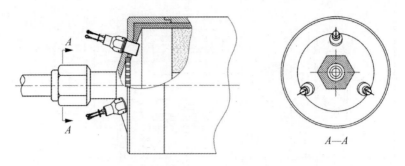

图 5.23　并联烟火式点火器位置示意图

固液混合发动机的燃料和氧化剂分开放置,本身便具备较高的安全性,因此一般使用发火管置于点火器内的整体式点火器进行点火,这样能够使发动机结构更为紧凑。图 5.24 为一种点火器的结构示意图。

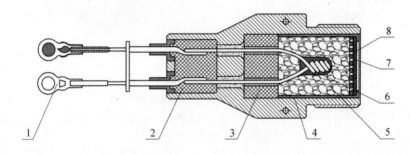

图 5.24　一种点火器的结构示意图
1—电极;2—密封盖;3—壳体;4—绝热层;5—点火药粒;6—电发火管;7—支撑板;8—隔离片

该点火器由电极、密封盖、壳体、绝热层、电发火管、点火药粒、支撑板和隔离片等组成。电发火管置于点火器内,与点火药粒直接接触,电发火管的引线通过电极引出至点火器外。密封盖用来隔离两个电极,防止短路情况发生,并同时起到密封作用。绝热层用来隔绝推力室向点火器的传热,保证在关机过程中不出现意外点火。发动机工作时,点火器处于高压环境中,隔离片用以隔离点火药与高压燃气。考虑到隔离片既要承受推力室燃气的高压作用,又要在点火过程中能够容易打开,在隔离片上游处设置一打满小孔的支撑板。

目前常用的点火药主要有黑火药、硼/硝酸钾点火药和镁铝合金/高氯酸钾点火药,其中黑火药由硝酸钾、木炭和硫黄组成,作为点火药应用历史最为悠久。黑火药的燃烧温度约为 2 590 K,燃烧产物中凝聚相粒子约占 60%,气相产物约占 40%,点火能力一般,在负压条件下可能存在熄火现象,因此不能用于高空点火。成品黑火药为粒状,粒度越小,粒子的比表面积越大,燃烧速率也越大。由于固液混合发动机本身便存在点火困难的问题,因此一般采用细粒度的黑火药,如小 2 号。粒度最小的黑火药粉由于比表面积过大,往往导致点火压强峰过高,且燃烧时间短于燃料的点火感应期,在实际中很少用到。

国内 DBK-1 型硼/硝酸钾点火药的燃烧温度约为 2 800~2 900 K,燃烧产物中凝聚相粒子约 36%,气相组分占 64%,点火能力明显高于黑火药,而且在高真空环境下也能点燃,具有较好的高空点火性能。但这种点火药感度较高,在使用过程中对安全问题要尤为注意。一般将硼/硝酸钾点火药压制成不同尺寸的点火药片,可满足不同型号点火器的使用需求。

国内的镁铝合金/高氯酸钾点火药由镁铝合金粉、高氯酸钾、硝酸钡和适量的黏合剂组成,燃烧温度略低于硼/硝酸钾点火药,同样具有较强的点火能力,但高空点火能力较差。该点火药的发火点较高,需配合高能发火管使用,而且感度也较高,同样需注意使用过程中的安全问题。此外,该点火药也常压制成药片使用。

图 5.24 中点火器中的发火管可采用国产 DD－4·5 型电引火头或 WXD100－1 型钝感电引火头,其结构分别如图 5.25 和图 5.26 所示。

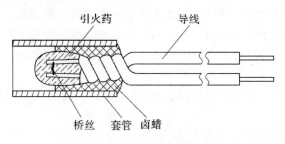

图 5.25　DD－4·5 型电引火头

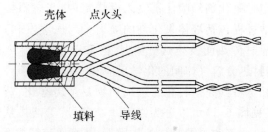

图 5.26　WXD100－1 型电引火头

DD－4·5 型电引火头为灼热桥丝式电引火头,其电阻值为 2.4～4.5 Ω,引火药量为 15～30 mg,安全电流为 50 mA,通电 5 min 不发火,发火电流为 1 A 时发火时间不大于 10 ms。

WXD100－1 型电引火头为灼热桥丝式双电引火头,其电阻值为 0.2～0.5 Ω,安全电流为 1 A 时,通电 5 min 不发火;通电 1 A·V 时,1 min 不发火;在脚-脚、脚-壳间分别施加电压 25 000±500 V 时,不发火,且在经受 2 000 个直流脉冲(脉宽 300 ms、频率 2 Hz、幅宽 100 mA)时不发火。发火电流为 5 A 时发火时间不大于 50 ms。

第6章 固液混合发动机的燃烧

固液混合发动机的推进剂由液体氧化剂和固体燃料组成,发动机的工作原理及推进剂组分的相态差异共同决定了燃烧过程的特殊性。大量研究表明,固液混合发动机的燃烧主要发生在燃面上方不远处的燃烧边界层中,表现为典型的大尺度扩散燃烧,而且对于高分子聚合物燃料和石蜡燃料而言,燃烧机制不同。本章从发动机燃烧过程中发生的物理化学变化出发,介绍燃烧边界层的基本理论,并对高聚物燃料和石蜡燃料的燃烧机理进行分析。

6.1 发动机燃烧过程中的物理化学过程

6.1.1 燃烧过程中的物理化学变化

固液混合发动机工作时氧化剂经喷注器喷入燃烧室内,与燃料掺混并发生燃烧反应。因此燃烧过程中的物理化学过程包括液体氧化剂的喷射、雾化、蒸发和蒸气向燃面扩散;燃面高温燃气受气体的对流及辐射传热而发生热分解、熔融和蒸发;燃料热分解气体向气流中心扩散;液体氧化剂气流与燃料热分解气体间的化学反应和湍流流动等。

液体氧化剂从喷入燃烧室到完全转化为燃烧产物要经历雾化、蒸发、混合和燃烧等过程,其中氧化剂的雾化过程(见图6.1)可以分为以下4个阶段:①液体从喷注器喷出形成液体柱或液膜;②在液体射流初始湍流和周围气体的作用下,液柱或液膜失稳产生波动、褶皱,分离成液体碎片或细丝;③在表面张力的作用下,液体碎片或细丝收缩成球形液滴;④在气动力的作用下,大液滴进一步碎裂。

图6.1 氧化剂雾化过程示意图

固体燃料附近的氧化剂状态对燃烧过程影响极为明显,由于液体一般难以直接参与燃烧反应,因此最为理想的情况是液体氧化剂完全蒸发,而完全蒸发的前提是液体能够较好地雾化。对于某一特定液体而言,雾化形成的液滴越小,总表面积越大,就越有利于液滴受热蒸发。因此,雾化品质对混合气形成、燃烧时间和燃烧效率等都有重大影响。

氧化剂雾化后与高分子聚合物燃料燃烧时的物理化学过程如图6.2所示。经喷注器雾化后的氧化剂流对以和扩散方式逐渐靠近燃面,在流动过程中与燃料热分解气体掺混,当两者浓度达到一定比例且温度合适时便会发生气相燃烧反应并释放热量,产生的高温燃气通过对流和辐射的形式向燃面传热。对于高分子聚合物来说,这些热量维持着燃面上燃料的热分解过程,而热分解产生的燃料气体又为燃烧的进行提供燃料。正是这些物理化学过程使燃料和氧化剂间的燃烧能够得以稳定进行,并在宏观上表现出一定的燃面退移速率。

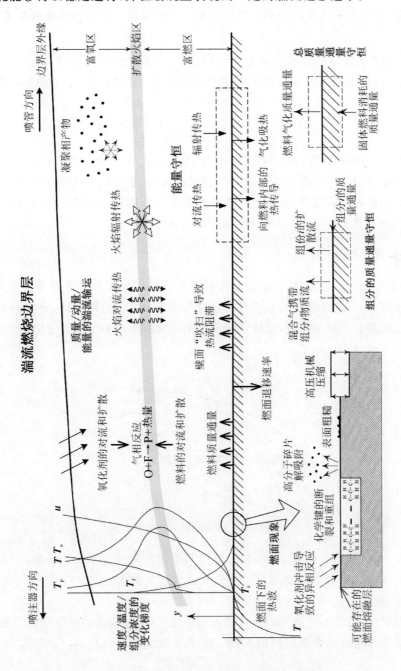

图 6.2　高分子聚合物燃料燃烧时的物理化学过程

对于石蜡燃料的燃烧来说,一般不考虑燃烧时燃面上石蜡的热分解,由于石蜡的熔点较低,且熔融石蜡的黏度和表面张力也都较低,因此燃烧过程中在气动力的作用下会形成不稳定的熔融层,即燃面上出现波浪而变得粗糙,进而出现微小的石蜡夹带液滴。液滴夹带这种加质机制基本不依赖于燃气向燃面的传热,显著增大了燃面上向燃气的加质作用,即显著提升了燃面退移速率,这也是与高分子聚合物燃料燃烧机制的本质不同。

单位时间、单位面积内消耗的固体燃料质量等于形成的气化燃料的质量通量,即

$$\rho_f \dot{r} = \rho_s v_s \tag{6.1}$$

式中,ρ_f 和 ρ_s 分别为固体燃料和燃面上气体的密度;$\dot{r}$ 为燃面退移速率;v_s 为气化燃料流速。对于单个组分 i,总质量通量等于混合气携带组分 i 的物质流与组分 i 的扩散流之和,可表示为

$$w_i = \rho_i v_i + \rho_i V_i = \rho_s v_s Y_i + \rho_s D \frac{\partial Y_i}{\partial z} \tag{6.2}$$

式中,Y_i 为组分 i 的质量分数;$\rho_i v_i$ 为组分 i 的物质流;$\rho_i V_i$ 为组分 i 的扩散流。

燃面上能量守恒关系如图 6.2 所示,气相燃烧反应和金属粒子燃烧反应释放出大量热量,使燃气具有较高的温度,高温燃气通过对流传热和辐射传热对燃面进行加热,燃面获得的这些热量主要用于燃料热分解、蒸发以及向燃料内部的热传导。

6.1.2 燃烧边界层概念

(1)流动边界层。黏性流体流动时,黏滞性起作用的区域仅仅局限在靠近壁面的薄层内,由于速度梯度很小,而在该薄层外黏滞性所造成的切应力可以忽略不计,流体的流动可视为理想流体的无旋流动。在壁面附近,流体沿壁面法向速度发生剧烈变化的薄层称为流动边界层,其特征如图 6.3 所示。

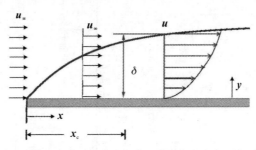

图 6.3　流动边界层示意图

壁面处 $y=0$ 时的壁面流速 $u=0$,随着流体与壁面距离 y 的增大,流速 u 急剧增大,到达边界层边缘时,u 增大到接近主流速度。一般规定达到主流速度的 99% 处的距离 y 值为流动边界层的厚度,记为 δ。

根据流动速度,流体的流动可以分为层流和湍流两种,流动边界层在壁面上的发展过程也能显示出层流和湍流两种状态不同的流动。图 6.4 为流体掠过壁面时边界层的发展过程示意图。

流体以 u_∞ 的流速沿壁面流动。在壁面的起始段,边界层很薄,而随着 x 的增大,由于壁面黏滞力的影响会逐渐向流体内部传递,边界层逐渐增厚。但在某一个距离 x_c 之前会一直保持层流性质,此时流体作有秩序的分层流动,各层互不干扰,这时边界层称为层流边界层。沿流动方向随着边界层厚度的增大,边界层内的惯性力相比于黏滞力逐渐占优,促使边界层内的流

动逐渐变得不稳定。

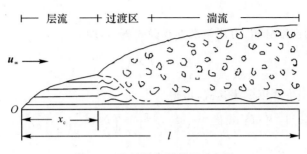

图 6.4　边界层发展过程示意图

当距离达到 x_c 后，流动开始向湍流过渡，最终成为完全湍流，且湍流一直持续到总的流动距离 l，此时质点在沿 x 方向流动的同时，又作着紊乱的不规则脉动，因此称此时的边界层为湍流边界层。边界层从层流向湍流过渡的距离 x_c 由临界雷诺数 $Re_c = \rho u_\infty x_c / \mu$ 确定。

设某流动轴向位置处的边界层厚度为 δ，则因边界层内流动速度减小而使实际流过边界层内质量流量的减少量为

$$\int_0^\delta (\rho_0 u_0 - \rho u_x) \mathrm{d}y$$

式中，ρ_0 和 u_0 分别为边界层外理想流体的密度和速度；ρ 和 u_x 分别为边界层内流体的密度和速度。

为了保持有黏性流与无黏性流的质量流量相等，因边界层内速度降低而要求流道加宽的厚度称为流量损失厚度（位移厚度）δ^*，则有

$$\left.\begin{aligned} \rho_0 u_0 \delta^* &= \int_0^\delta (\rho_0 u_0 - \rho u_x) \mathrm{d}y \\ \delta^* &= \frac{1}{\rho_0 u_0} \int_0^\delta (\rho_0 u_0 - \rho u_x) \mathrm{d}y \end{aligned}\right\} \tag{6.3}$$

对于不可压缩流体，式（6.3）可改写为

$$\delta^* = \int_0^\delta \left(1 - \frac{u_x}{u_0}\right) \mathrm{d}y \tag{6.4}$$

同时由于边界层内的流速小于理想流体的流速，边界层内流体的动量也会减小。通过边界层的流体具有的实际动量为 $\int_0^\delta \rho u_x^2 \mathrm{d}y$，此部分流体若以边界层外的流体速度运动时，所具有的动量为 $\int_0^\delta \rho u_x u_0 \mathrm{d}y$。因此其动量损失及动量损失厚度 δ^{**} 可表示为

$$\left.\begin{aligned} \rho_0 u_0^2 \delta^{**} &= \int_0^\delta \rho u_x u_0 \mathrm{d}y - \int_0^\delta \rho u_x^2 \mathrm{d}y \\ \delta^{**} &= \int_0^\delta \frac{\rho u_x}{\rho_0 u_0}\left(1 - \frac{u_x}{u_0}\right) \mathrm{d}y \end{aligned}\right\} \tag{6.5}$$

对于不可压缩流体，则有

$$\delta^{**} = \int_0^\delta \frac{u_x}{u_0}\left(1 - \frac{u_x}{u_0}\right) \mathrm{d}y \tag{6.6}$$

由式（6.4）和式（6.6）可以看出，流量损失厚度和动量损失厚度均与边界层内的速度分布和边界层厚度有关。

　　为了对湍流边界层进行求解,需要引入湍流流动速度和壁面切应力的表达式作为补充方程。

　　管内的湍流流动速度分布,可用幂次方经验式表示,即

$$\frac{u_x}{u_\infty} = \left(\frac{y}{\delta}\right)^{\frac{1}{7}} \tag{6.7}$$

将式(6.7)代入动量损失厚度的表达式,可得

$$\delta^{**} = \int_0^\delta \frac{u_x}{u_\infty}\left(1 - \frac{u_x}{u_\infty}\right)\mathrm{d}y = \int_0^\delta \left[1 - \left(\frac{y}{\delta}\right)^{\frac{1}{7}}\right]\left(\frac{y}{\delta}\right)^{\frac{1}{7}}\mathrm{d}y = \frac{7}{72}\delta \tag{6.8}$$

　　壁面的切应力可表示为

$$\tau_w = \frac{\Delta p r_0}{2l} = \frac{\lambda}{8}\rho u_{av}^2 \tag{6.9}$$

式中,Δp 为压强差;r_0 为水力半径;l 为流动距离;u_{av} 为平均流速;λ 为沿程损失因数,其计算公式为

$$\lambda = \frac{0.3164}{Re^{1/4}}$$

式中,

$$Re = \frac{\rho u_{av} d}{\mu} = \frac{\rho u_{av} 2\delta}{\mu}$$

　　当采用1/7次方速度分布时,平均流速 u_{av} 与主流速度 u_∞ 的关系是 $u_{av} = 0.817u_\infty$。将动量损失参数表达式和平均速度表达式代入式(6.9)可得

$$\tau_w = 0.0233\rho u_\infty^2 \left(\frac{\mu}{\rho u_\infty \delta}\right)^{0.25} \tag{6.10}$$

　　将式(6.8)和式(6.10)代入边界层积分关系式,得

$$\frac{7}{72}\frac{\mathrm{d}\delta}{\mathrm{d}x} = 0.0233\left(\frac{\mu}{\rho u_\infty \delta}\right)^{0.25} \tag{6.11}$$

　　式(6.11)积分后可得边界层厚度随 x 的变化关系为

$$\delta = 0.382\left(\frac{\mu}{\rho u_\infty x}\right)^{1/5}x \tag{6.12}$$

$$\frac{\delta}{x} = \frac{0.382}{Re_x^{1/5}} \tag{6.13}$$

此外,根据表面摩擦因数的定义,还可推导出无加质作用的表面摩擦因数的计算式,有

$$C_{f0} = \frac{\tau_w}{1/2\rho u_\infty^2} = \frac{0.0592}{Re_x^{1/5}} \tag{6.14}$$

　　(2)热边界层。流体流过固体表面时与固体间的热量交换称为对流传热,对流传热通量用牛顿冷却公式计算,即

$$q_c = h(T_b - T_s) \tag{6.15}$$

式中,T_b 和 T_s 分别为高温流体温度和燃面温度;h 为对流传热因数。

　　实验观察发现,对于对流传热而言,在壁面附近的薄层内,流体温度在壁面的法线方向上发生剧烈变化,而在此薄层外,流体的温度梯度几乎为零。因此,流动边界层的概念可以推广到对流传热中,将固体表面附近流体温度发生剧烈变化的这一薄层称为温度边界层或热边界层,其厚度定义为 δ_t。与流动边界层类似,一般以来流温度99%处定义为热边界层的外边界。

　　通过测定某种现象存在的规律,利用两个不同物理现象之间在控制方程方面的类似性,来

获得另一种现象基本关系的方法称为比拟理论。应用比拟理论时需要引入一些特征数,见表 6.1。

表 6.1　常见相似准则数的物理意义

特征数名称	定　义	释　义
Bi 数	$\dfrac{hl}{\lambda}$	固体内部导热热阻与界面上换热热阻之比(λ 为固体的导热因数)
Fo 数	$\dfrac{a\tau}{l^2}$	非稳态过程的无量纲时间,表征过程进行的深度
Gr 数	$\dfrac{gl^2\alpha_v\Delta t}{v^2}$	浮升力与黏性力之比的一种度量
J 因子	$\dfrac{Nu}{RePr^{1/3}}$	无量纲表面传热因数
Nu 数	$\dfrac{hl}{\lambda}$	壁面上流体的无量纲温度梯度(λ 为流体的热导率)
Pr 数	$\dfrac{\mu c_p}{\lambda}=\dfrac{\nu}{a}$	动量扩散能力与热量扩散能力的一种度量
Re 数	$\dfrac{\rho ul}{\mu}$	惯性力与黏性力之比的一种度量
St 数	$\dfrac{Nu}{RePr}$	一种修正的 Nu 数,或视为流体实际的换热热流密度与可传递的最大热流密度之比

由表 6.1 可知,St 数与 Nu 数是用于表示高温流体流过固体表面时的换热情况的特征数,均为式(6.15)中对流传热因数 h 的函数,即

$$Nu=\frac{hl}{\lambda}$$

$$St=\frac{Nu}{RePr}=\frac{h}{(\rho u)_c c_p}$$

由于在实验中难以获得对流传热因数,希望采用比拟理论建立 Nu 数或 St 数与容易测得的表面摩擦因数之间的关系,进而建立湍流下对流传热通量的计算式,实现该过程的方法称为雷诺比拟。

当流体做湍流运动时,除了主流方向上的运动外,流体中的微团还做不规则的脉动。因此,当流体中的微团从一个位置脉动到另一个位置时将产生两种作用:①不同流速层之间有附加的动量交换,产生了附加切应力;②不同温度层之间的流体有附加的热量交换,产生了附加热流密度。这种由于湍流脉动而产生的附加切应力及附加热流密度称为湍流切应力及湍流热流密度。

由于湍流中的切应力及热流密度都是由流体微团的脉动以及主流方向的运动两方面所致,因而可以推断湍流中的热量传递与流动阻力之间应具有内在的联系。比拟理论试图通过较易测定的表面摩擦因数 C_f 来获得相应的换热 Nu 数的表达式。

假设由于微团脉动造成的切应力可采用类似于分子扩散引起的切应力公式计算:

$$\tau=\tau_l+\tau_t=\rho(v+v_t)\frac{\mathrm{d}u}{\mathrm{d}y} \tag{6.16}$$

类似地

$$q = q_1 + q_t = -\rho c_p (a + a_t) \frac{\mathrm{d}t}{\mathrm{d}y} \tag{6.17}$$

式中，τ 和 q 分别为切应力和热汽密度；τ_1 和 q_1 分别为由分子扩散引起的切应力和热流密度；τ_t 和 q_t 分别为由流体微团脉动引起的切应力和热流密度；u，t 分别为时间平均速度和平均温度；v_t 和 a_t 分别为湍流动量扩散率和湍流热扩散率。

湍流边界层的动量方程和能量方程为

$$u \frac{\partial u}{\partial x} + v \frac{\partial u}{\partial y} = (v + v_t) \frac{\partial^2 u}{\partial y^2} \tag{6.18}$$

$$u \frac{\partial t}{\partial x} + v \frac{\partial t}{\partial y} = (a + a_t) \frac{\partial^2 t}{\partial y^2} \tag{6.19}$$

引入下列无量纲量：

$$x^* = x/l , \ y^* = y/l , \ u^* = u/u_\infty , \ v^* = v/u_\infty , \ \Theta = \frac{t - t_w}{t_\infty - t_w}$$

则有

$$u^* \frac{\partial u^*}{\partial x^*} + v^* \frac{\partial u^*}{\partial y^*} = \frac{1}{u_\infty l} (v + v_t) \frac{\partial^2 u^*}{(\partial y^*)^2} \tag{6.20}$$

$$u^* \frac{\partial \Theta}{\partial x^*} + v^* \frac{\partial \Theta}{\partial y^*} = \frac{1}{u_\infty l} (a + a_t) \frac{\partial^2 \Theta}{(\partial y^*)^2} \tag{6.21}$$

边界条件为：

在固体壁面处，即 $y^* = 0$ 时，$u^* = 0$，$v^* = 0$，$\Theta = 0$。

在边界层边缘处，即 $y^* = \delta/l$ 时，$u^* = 1$，$v^* = v_\delta/u_\infty$，$\Theta = 1$。

式(6.20)和式(6.21)具有相同的形式，自变量的范围也相同，且均为无量纲量，当 $(v + v_t) = (a + a_t)$ 时，则自变量的解将完全相同。而 $(v + v_t) = (a + a_t)$ 成立的条件为 Pr 数为 1，即

$$Pr = \frac{v}{a} = Pr_t = \frac{v_t}{a_t} = 1 \tag{6.22}$$

实验证明，对于气体来说，$Pr = 1$ 是较好的近似假设，因此式(6.20)和式(6.21)完全等价，也就是说 u^* 与 Θ 应有完全相同的解，即

$$\frac{\partial u^*}{\partial y^*} \Big|_{y^* = 0} = \frac{\partial \Theta}{\partial y^*} \Big|_{y^* = 0} \tag{6.23}$$

由于

$$\frac{\partial u^*}{\partial y^*} \Big|_{y^* = 0} = \frac{\partial (u/u_\infty)}{\partial (y/l)} \Big|_{y=0} = \left(\frac{\partial u}{\partial y} \right)_{y=0} \frac{l}{u_\infty} = \eta \left(\frac{\partial u}{\partial y} \right)_{y=0} \frac{l}{\mu u_\infty} = $$

$$\tau_w \frac{1}{1/2 \rho u_\infty^2} \frac{\rho u_\infty l}{2 \eta} = C_f \frac{Re}{2} \tag{6.24}$$

$$\frac{\partial \Theta}{\partial y^*} \Big|_{y^* = 0} = \frac{\partial \left(\frac{t - t_w}{t_\infty - t_w} \right)}{\partial (y/l)} \Big|_{y=0} = -\lambda \left(\frac{\partial t}{\partial y} \right)_{y=0} \frac{-l}{(t_\infty - t_w)\lambda} \tag{6.25}$$

$$= \frac{q}{(t_\infty - t_w)} \frac{l}{\lambda} = Nu$$

式(6.24)和式(6.25)中并未对长度 l 作限制，只要在湍流边界层范围内便成立，且给出了 $x = l$ 处的表面摩擦因数 C_f 及努塞尔数 Nu_x 间的关系，有

$$Nu_x = \frac{C_f}{2} Re_x \qquad (6.26)$$

根据 St 数的定义,式(6.26)还可以写为

$$St = \frac{Nu_x}{Re_x Pr} = \frac{h}{(\rho u)_e c_p} = \frac{1}{2} C_f \qquad (6.27)$$

结合式(6.27)与式(6.15),则对流传热通量还可以根据 St 数和表面摩擦因数 C_f 进行计算,即

$$q_c = (\rho u)_e c_p (T_f - T_s) St =$$
$$\frac{1}{2} (\rho u)_e c_p (T_f - T_s) C_f \qquad (6.28)$$

(3)燃烧边界层。固液混合发动机工作时,主流中的氧化剂通过对流及扩散作用进入边界层内,固体燃料气化后从燃面进入边界层内,当两者在某位置处达到适当的混合比例且温度条件合适时就会发生燃烧反应,从而在边界层中形成火焰区,此时的湍流边界层也称为燃烧边界层。燃烧边界层结构如图 6.5 所示。

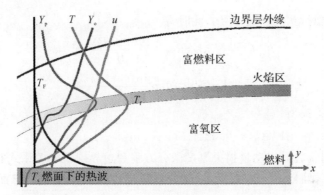

图 6.5　燃烧边界层结构

Y_p—燃烧产物浓度;T—温度;Y_O—氧化剂浓度;Y_F—气化燃料浓度;u—气流速度;T_s—燃面温度;T_f—火焰温度

由图 6.5 可知,火焰区将燃烧边界层分为富燃料区和富氧区两个部分,靠近燃面处燃料的浓度最高,氧化剂的浓度最低;在火焰区氧化剂和燃料的浓度急剧降低,而燃烧产物的浓度急剧升高。在富燃料区温度梯度与速度梯度方向相同,而在富氧区,温度梯度与速度梯度方向相反。靠近发动机头部的燃料燃烧形成的边界层厚度很薄,随着与发动机头部间距离的增大,壁面黏滞力的影响逐渐向流体内部传递,边界层厚度随之逐渐增大。此外,燃面上的加质也导致边界层厚度的增大(参阅 6.1.3 节)。

6.1.3　吹扫效应

壁面特性是影响对流传热的主要因素之一,固液混合发动机工作时,燃面持续向气流中加质,由燃面加质引起的对流传热减弱的现象称为吹扫效应,可用吹扫参数表示,即

$$B = \frac{2 (\rho v)_s}{(\rho u)_e C_f} = \frac{2\rho_f \dot{r}}{(\rho u)_e C_f} \qquad (6.29)$$

式中,$(\rho v)_s$ 为燃面上燃料的加质流强;C_f 为燃面的表面摩擦因数。

固液混合发动机条件下,燃气的温度非常高,且燃烧室内的流速远低于声速,因此燃气可

视为不可压缩流体。此外,燃面的加质会导致边界层内不仅发生沿主流方向的流动,还存在流体微团的脉动,因此,燃烧边界层可视为湍流边界层。故而 6.1.2 节中不可压缩湍流边界层理论及雷诺比拟理论均可用于分析固液混合发动机的燃烧边界层。

结合普朗特混合长度概念,考虑壁面加质对边界层厚度的影响,由 Lee 推导得到了表面摩擦因数关系式

$$1/2C_f(1+B\varphi) = (1+Re_\delta C_t\eta)(d\varphi/d\eta)Re_\delta \qquad (6.30)$$

式中,ϕ 为当地流速与中心流速之比;η 为当地位置与边界层厚度之比,且湍流流动的速度分布可根据幂次方分布经验规律表示为 $\phi = \eta^{1/7}$;δ 为边界层厚度;C_t 是一个与混合长度成比例的常数(混合长度可通过实验测得)。

对式(6.30)进行积分,并结合边界条件 $\phi(0)=0$ 和 $\phi(1)=1$,可得

$$\frac{1}{2}C_f = \left[\frac{C_t}{\ln(1+Re_\delta C_t)}\right]\frac{\ln(1+B)}{B} = $$
$$g(Re_\delta)\,\frac{\ln(1+B)}{B} \qquad (6.31)$$

当燃面没有加质时,吹扫参数 $B=0$,此时有

$$\frac{1}{2}C_{f0} = \lim_{B\to 0} g(Re_{\delta_0})\,\frac{\ln(1+B)}{B} = $$
$$g(Re_{\delta_0})\,\lim_{B\to 0}\frac{\ln(1+B)}{B} \qquad (6.32)$$

因此,式(6.32)还可表示为

$$1/2C_f = 0.022\,5Re_\delta^{-0.25}[\ln(1+B)/B] \qquad (6.33)$$

将式(6.33)与湍流边界层动量损失厚度微分方程和边界层积分关系式相结合可得到边界层厚度 δ 的微分方程,且当 B 为常数时,对微分方程进行积分便可得到燃面加质条件下边界层厚度关系式:

$$\delta/x = \{(0.028\,1/I)(1+B)[\ln(1+B)/B]\}^{0.8}Re_x^{-0.2} \qquad (6.34)$$

其中,
$$I \equiv \int_0^1 \phi(1-\phi)d\eta = \frac{7(1+13B/10+4B^2/11)}{72\,(1+B/2)^2}$$

结合式(6.33)和式(6.34)可得到有无加质表面摩擦因数间的关系为

$$C_f/C_{f0} = (\delta/\delta_0)^{-0.25}[\ln(1+B)/B] = $$
$$[\ln(1+B)/B]^{0.8}[I/I_0/(1+B)]^{0.2} \qquad (6.35)$$

6.2 高分子聚合物燃料燃烧边界层理论

6.2.1 燃气向燃面传热

固液混合发动机工作时,燃气对燃料的总传热量等于燃料分解反应吸收的热量与向燃料内部传导的热量之和。取 y 坐标方向由燃面指向燃气,则燃面上的边界条件可写为

$$q_t = \rho_f \dot{r} Q_p + \lambda_f \left(\frac{\partial T}{\partial y}\right) \qquad (6.36)$$

式中,q_t 为燃面上总的热通量,包括对流传热和辐射传热;Q_p 为单位质量燃料热分解吸收的热

量;λ_f,ρ_f 和 $\dot{r}$ 分别为固体燃料导热系数、固体燃料密度和燃面退移速率。

燃气对燃面的热反馈主要通过热对流和热辐射实现,对流传热部分已在 6.1.3 节详细说明。辐射传热主要来源于高温凝聚相产物,如燃烧不完全产生的烟尘颗粒及燃烧生成的金属氧化物,少部分来源于 CO_2,H_2O,CO 等气相产物,其中凝聚相产物的辐射热通量为

$$q_{r,s} = \sigma \varepsilon_s (T_f^4 - T_s^4) \tag{6.37}$$

气相产物的辐射热通量为

$$q_{r,g} = \sigma \varepsilon_e (\varepsilon_g T_f^4 - \alpha_g T_s^4) \tag{6.38}$$

式中,ε_s,ε_e 和 ε_g 分别为凝聚相颗粒、燃面和气相的辐射因数;σ 为斯蒂芬-玻尔兹曼常数;α 为气相吸收因数。

由吹扫效应可知对流热通量与燃面退移速率有关,而燃面退移速率同时受辐射和对流传热的影响,因此辐射热通量和对流热通量存在一定的耦合关系。为简化计算,可将总的热通量写成对流热通量与辐射修正因子乘积的形式,即

$$q_t = q_c \varphi_r \tag{6.39}$$

式中,φ_r 为辐射修正因子。Maxman 提出的修正因子表达式为

$$\varphi_r = \frac{q_r}{q_c} + \exp\left(-\frac{q_r}{q_c}\right) \tag{6.40}$$

因此,燃气向固体燃料总的传热热流率可表示为

$$q_t = (\rho u)_e c_p (T_f - T_s) St \varphi_r \tag{6.41}$$

对于不含金属的燃料辐射传热所占比率较小,因此可忽略辐射传热,即 $\varphi_r = 1$。

6.2.2　燃面退移速率分析

假设燃烧定常,且燃料热分解不经历熔融阶段,则单位时间、单位面积上向固体燃料内部的导热量约等于将消耗燃料加热到燃面温度所需要的热量,即

$$\lambda_s \left(\frac{\partial T}{\partial y}\right) = \rho_f \dot{r} c_s (T_s - T_0) \tag{6.42}$$

若忽略辐射传热,根据式(6.36)、式(6.41)和式(6.42),燃面退移速率可表示为

$$\dot{r} = \frac{(\rho u)_e c_p (T_f - T_s) St}{\rho_f [Q_p + c_s (T_s - T_0)]} \tag{6.43}$$

将式(6.43)简写为

$$\dot{r} = \frac{G}{\rho_f} St B_1 \tag{6.44}$$

式中,G 为燃气流强,$G = (\rho u)_e$;$B_1 = \dfrac{c_p (T_f - T_s)}{Q_p + c_s (T_s - T_0)}$。

根据 6.1.3 节吹扫参数的定义以及雷诺比拟,吹扫参数可表示为

$$B = \frac{(\rho v)_s}{(\rho u)_e St} = \frac{\rho_f \dot{r}}{(\rho u)_e St} \tag{6.45}$$

由式(6.43)和式(6.45)可知

$$B = B_1 = \frac{c_p (T_f - T_s)}{Q_p + c_s (T_s - T_0)} \tag{6.46}$$

因此,燃面退移速率还可以表示为

$$\dot{r} = \frac{1}{\rho_f} GStB = \frac{1}{\rho_f} G \frac{St}{St_0} St_0 B \tag{6.47}$$

由 6.1.2 节平板湍流边界层分析可知,表面无加质时的表面摩擦因数为

$$\frac{1}{2} C_{f0} = 0.029\,6 Re_x^{-0.2} \tag{6.48}$$

根据式(6.27)描述的雷诺比拟,表面无加质的 St 数可表示为

$$St_0 = 0.029\,6 Re_x^{-0.2} \tag{6.49}$$

此外,由式(6.35)可知,有无加质条件下的 St 数之比为

$$\frac{C_f}{C_{f0}} = \frac{St}{St_0} = [\ln(1+B)/B]^{0.8} [I/I_0/(1+B)]^{0.2} \tag{6.50}$$

对于高分子聚合物燃料来说,固液混合发动机工作环境下吹扫参数 $5 < B < 100$ 内,因此式(6.50)可近似表示为

$$\frac{C_f}{C_{f0}} = \frac{St}{St_0} = 1.27 B^{-0.77} \tag{6.51}$$

将式(6.14)和式(6.51)代入式(6.47),可得

$$\dot{r} = 0.037\,6 \frac{G^{0.8}}{\rho_f} \left(\frac{\mu}{x}\right)^{0.2} B^{0.23} \tag{6.52}$$

当考虑辐射传热时,式(6.52)可写为

$$\dot{r} = 0.037\,6 \frac{G^{0.8}}{\rho_f} \left(\frac{\mu}{x}\right)^{0.2} B^{0.23} \varphi_r \tag{6.53}$$

由式(6.53)可知,燃面退移速率随燃气流强的增大而增大,这是因为流强增大时边界层内的流动不稳定会增强,导致垂直于燃面方向上的传质传热更加强烈,从而提高了火焰向燃面的对流传热。在式(6.53)中,燃面退移速率随 x 的增大而减小,实际上由于 x 的幂指数较小,且随着 x 的增大,由上游燃料加质引起的燃气流强也不断增大,因此燃面退移速率随 x 的增大并没有表现出减小的趋势。根据吹扫参数 B 的计算式还可知,火焰温度升高也对退移速率的增大具有促进作用。

6.3 石蜡燃料燃烧边界层理论

6.3.1 燃气向燃面传热

石蜡的熔点和沸点都比较低,在燃气传热的作用下容易发生熔融和蒸发相变,熔融石蜡的黏度和表面张力较小,在高速气流较大的气动力作用下熔融层会起波,易形成夹带液滴进入燃气流。此外,由于石蜡是由饱和烷烃组成的混合物,相比于高分子聚合物燃料较难发生热分解,因此与高分子聚合物的热分解加质机制不同,石蜡主要以蒸发和液滴夹带的形式向边界层加质。单位时间、单位面积的石蜡消耗质量可表示为

$$\dot{m} = \dot{m}_v + \dot{m}_{ent} \tag{6.54}$$

式中,$\dot{m}$,$\dot{m}_v$ 和 $\dot{m}_{ent}$ 分别为单位时间、单位面积内,总的、蒸发和液滴夹带的加质质量,分别还可以表示为

$$\dot{m} = \rho_f \dot{r}, \quad \dot{m}_v = \rho_f \dot{r}_v, \quad \dot{m}_{ent} = \rho_f \dot{r}_{ent}$$

因此,石蜡燃料的燃面退移速率可表示为

$$\dot{r} = \dot{r}_v + \dot{r}_{ent} \tag{6.55}$$

式中,$\dot{r}_v$ 为蒸发退移速率;$\dot{r}_{ent}$ 为液滴夹带退移速率。

在燃烧过程中石蜡燃料表面存在较薄的熔融层,因此在研究燃气向石蜡的传热时需要分别考虑气-液界面和液-固界面的能量守恒。由于熔融层较薄且流动雷诺数非常小,因此熔融层中的对流传热可以忽略。此外,假设固相和液相的热物理特性参数为常数,则液-固界面上的能量守恒方程可写为

$$-\lambda_1 \frac{dT}{dx_1}\Big|_{x_1=h} + \lambda_s \frac{dT}{dx_s}\Big|_{x_s=0} - L_m \rho_f \dot{r} = 0 \tag{6.56}$$

式中,h 为熔融层厚度;L_m 为石蜡的熔融潜热;λ_s 为固体石蜡的热导率。

根据液-气界面上的能量守恒,燃气对燃面的总传热量等于液体的蒸发潜热与向液体层内部的热传导之和,即

$$Q_t + \lambda_1 \frac{dT}{dx_1}\Big|_{x_1=0} - L_v \rho_f \dot{r}_v = 0 \tag{6.57}$$

式中,Q_t 为液体表面上接受的对流热通量;λ_1 为熔融层的导热因数;L_v 为单位质量液体蒸发潜热。总的来说,由高温燃气向燃料的传热主要用于提高熔融层及固体石蜡的温度,以及石蜡的熔融和蒸发相变。假设夹带液滴的温度等于蒸发温度,则总的热量平衡为

$$Q_t = c_s \rho_f \dot{r} \Delta T_s + c_1 \rho_f \dot{r} \Delta T_1 + L_m \rho_f \dot{r} + L_v \rho_f \dot{r}_v \tag{6.58}$$

6.3.2　熔融层不稳定

Arif 等根据风洞试验和热气流实验等获得了液滴夹带质量流率的经验公式,即

$$\dot{m}_{ent} = \rho_f \dot{r}_{ent} = 1.41 \times 10^{-3} (X_e - 2\,109) \dot{m}_1 \tag{6.59}$$

式中,$\dot{m}_{ent,s}$ 为单位面积液滴夹带质量流率;X_e 为夹带参数;$\dot{m}_1$ 为单位宽度熔融层上的质量流率。X_e 和 $\dot{m}_1$ 可分别表示为

$$X_e = \frac{p_d^{0.5}}{\sigma_1 (T_g/T_v)^{0.25}} \tag{6.60}$$

$$\dot{m}_1 = \frac{p_d C_f H^2 \rho_1}{2\mu_1} \tag{6.61}$$

式中,p_d 为气流动压,$p_d = G^2/2\rho_g$;G 为燃气的流强;T_g 为燃气的平均温度;T_v 为液体的汽化温度,温度比表示气流中密度变化的修正;σ_1、μ_1 和 ρ_1 分别为熔融层的表面张力、黏性因数和密度;H 为熔融层厚度;C_f 为表面摩擦因数。

式(6.59)说明只有当 $X_e > 2\,109$ 时,才有夹带液滴的生成。式(6.60)和式(6.61)说明动压的增大将使熔融层不稳定性增加,而表面张力和黏性因数较大时熔融层将更加稳定。

对于固液混合发动机工作条件,X_e 远远大于临界值,$\dot{r}_{ent}$ 可由经验公式得到

$$\dot{r}_{ent} = K' \frac{C_f G^{2\alpha} a_1^\beta \rho_1}{\rho \rho_g^\alpha \mu_1^\gamma \sigma_1^\beta r^\beta} = a_{ent} \frac{G^{2\alpha}}{\dot{r}^\beta} \tag{6.62}$$

式中,K'、α、β、γ 和 π 均为经验常数;a_{ent} 为燃料特性参数,对于石蜡其值为 2.1×10^{-13} m$^{8.5}$ · s$^{0.5}$ · kg^{-3}。

6.3.3 燃面退移速率分析

液滴夹带传质机制改变了燃烧边界层的边界条件,若将高分子聚合物燃料的经典湍流边界层燃烧理论推广至石蜡燃料,则需要根据石蜡特殊的加质机制对该理论作适当的修正。由6.3.1节和6.3.2节的相关分析可知,石蜡燃料燃烧过程中的特殊性主要表现在以下几方面:

(1)石蜡蒸发所需的热通量为 $\rho_f \dot{r}_v (c_s \Delta T_s + c_l \Delta T_l + L_m + L_v)$;而夹带液滴不汽化,也不完全加热到蒸发温度 T_v,因此假设夹带液滴在熔融层中升高的温度与蒸发退移速率占总退移速率的分数成正比,则液滴夹带所需的热通量为

$$\rho_f \dot{r}_v (c_s \Delta T_s + L_m + c_l \Delta T_l \dot{r}_v / \dot{r})$$

(2)夹带液滴进入气流中形成两相燃烧与流动,从而影响对流传热,即影响 St/St_0。因气流中夹带液滴所占比率较小,在近似计算中可忽略两相燃烧与流动的影响。因此,只考虑石蜡蒸汽对对流传热的阻滞作用,此时的吹扫参数假设为 B_g,则 St/St_0 为

$$St/St_0 = f(B_g) \tag{6.63}$$

式中,B_g 为蒸发传质的吹扫参数,可按下式计算:

$$B_g = B \left(\frac{\dot{r}_v}{\dot{r}_{cl}} \right)^{0.75} \tag{6.64}$$

式中,$\dot{r}_{cl}$ 为当量退移速率。

(3)熔融层不稳定会导致燃面起波,燃面粗糙度的增大使火焰向燃面的传热也随之增大。为了描述表面粗糙度引起的传热改变,引入修正因子,有

$$F_r = 1 + \frac{14.1 \rho_f^{0.4}}{G^{0.8} (T_f / T_v)^{0.3}} \tag{6.65}$$

若忽略辐射传热的影响,则由石蜡燃料过程中的上述特性,以及式(6.58)和式(6.52)可获得石蜡的燃面退移速率表达式为

$$\dot{r}_v + \dot{r}_{ent} [R_{he} + R_{hv} (\dot{r}_v / \dot{r})] = 0.0296 F_r \frac{G^{0.8}}{\rho_f} \frac{\mu^{0.2}}{x^{0.2}} \frac{St}{St_0} B \tag{6.66}$$

其中

$$R_{he} = \frac{L_m + c_s \Delta T_s}{L_m + L_v + c_s \Delta T_s + c_s \Delta T_s} , \quad R_{hv} = \frac{c_l \Delta T}{L_m + L_v + c_s \Delta T_s + c_l \Delta T_l}$$

式(6.66)中,吹扫参数 B 为

$$B = \frac{c_p (T_f - T_v)}{L_m + L_v + c_s \Delta T_s + c_l \Delta T_l} \tag{6.67}$$

有无加质条件下的 St 数之比为

$$\frac{St}{St_0} = \frac{C_f}{C_{f0}} \cong \frac{2}{2 + 1.25 B_g^{0.75}} = \frac{C_{B1}}{C_{B1} + C_{B2} (\dot{r}_v / \dot{r}_{cl})^{0.75}} \tag{6.68}$$

式中,C_{B1} 和 C_{B2} 定义为

$$C_{B1} = \frac{2}{2 + 1.25 B^{0.75}} , \quad C_{B2} = \frac{1.25 B^{0.75}}{2 + 1.25 B^{0.75}}$$

当忽略两相流对表面摩擦因数的影响时,考虑到无量纲蒸发退移速率 $\dot{r}_v / \dot{r}_{cl}$ 接近于 1,则表面摩擦因数近似有

$$\frac{St}{St_0} = \frac{C_f}{C_{f0}} \cong C_{B1} = \frac{2}{2 + 1.25 B^{0.75}} \tag{6.69}$$

至此,通过求解非线性方程式(6.62)~(6.69)可获得石蜡总燃面退移速率以及蒸发和液滴夹带退移速率。

6.4　提高燃面退移速率的主要方法

固液混合发动机的液体氧化剂与固体燃料分开贮存,且燃烧反应主要集中在燃烧边界层中,而以高分子聚合物为代表的固体燃料存在热分解速率低的天然缺陷,导致燃料药柱的燃面退移速率低,进而长期制约着固液混合发动机的发展与应用。因此,提高燃面退移速率已成为突破固液混合发动机性能瓶颈的关键技术,这也吸引了国、内外众多航天推进领域学者的关注,他们为燃面退移速率提高方法研究做出了重要贡献。

由固液混合发动机燃烧机理可知,降低固体燃料热分解气化所需的热量、提高气相反应热及强化火焰向燃面的传热等都是提高燃面退移速率的有效途径。在具体应用中,可通过优化燃料配方、调节发动机工作条件及优化推力室结构等来实现[34,35]。

6.4.1　固体燃料配方

燃料配方从根源上决定着固体燃料的热分解气化热、燃面的热分解速率以及气相燃烧反应热,同时也控制着燃料内部的导热速率。因此,优化燃料配方对提高燃面退移速率起着至关重要的作用。固液混合发动机常以惰性高分子聚合物为固体燃料,如 HTPB、LDPE、HDPE 和 PMMA 等。这些燃料的热分解反应活化能都较高,燃料难似快速气化,从而导致燃面退移速率较低。

含能高分子聚合物是一种侧链上引入了叠氮基($-N_3$)、硝基($-NO_2$)、硝酸酯基($-ONO_2$)/氟二硝基甲基($-CF(-NO_2)_2$)等含能官能团的线性聚合物,其中侧链带有$-N_3$的叠氮类含能高子分聚合物热分解速率较高,作为燃料时可获得较高的燃面退移速率,同时还具有较高的能量[36]。GAP、BAMO、AMMO 的均聚物及共聚物等是目前常见的含能高分子聚合物,其中 GAP 发展最为成熟,目前市场上已有各项性质均稳定的工业品提供。因此,用其代替传统的惰性高分子聚合物成为提高燃面退移速率的一个重要技术途径[37-39]。例如,在聚乙二醇(Polyethylene Glycol,PEG)中添加 GAP 可显著地提高固体燃料的燃面退移速率,且燃面退移速率随着 GAP 含量的增大而升高[40]。

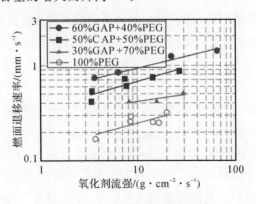

图 6.6　GAP-PEG 燃面退移速率

金属燃料的热值较高,在燃烧过程中能够释放更多的热,且燃烧生成的凝聚相产物具有较高的辐射率,因此添加至燃料中时可增强高温燃气对燃面的热反馈,从而有利于燃面退移速率的提高。铝粉具有燃烧热值高、密度大、成本低廉等优点,是一种最为常用的金属燃料。实验结果表明,在燃料中添加一定量的铝粉不但可提高固体燃料的能量密度,且能够有效改善高温燃气向燃面的传热[41-43]。

纳米铝粉具有较高的反应活性,能够更快地与氧化剂完成燃烧反应。因此,可缩短火焰与燃面间的距离,有益于高温燃气向燃面的传热,即有利于燃面退移速率的提高。然而,纳米铝粉活性较高,在燃料制备过程中易被空气中的氧气氧化,导致颗子表面氧化膜的厚度增大,这不但直接导致活性铝含量的下降,而且也会使铝粒子的反应活性降低。解决该问题的一种有效方法是对纳米铝粉进行包覆处理,阻隔活性铝与外界环境的接触,如采用氟化物对铝粉进行包覆[44]。

钨的熔点(3 380 ℃)和沸点(5 927 ℃)都较高,但钨在400~500℃下即可与氧发生反应,且反应速率随温度升高而增大,此外钨的体积热值为88.9 kJ·mm^{-3},比铝粉高6%左右,因此在燃料中添加纳米钨粉也可提高燃面退移速率。实验结果表明,氧化剂质量流强为140 kg·m^{-2}·s^{-1}时,在HTPB燃料中添加13%纳米钨粉可使燃面退移速率提高38%[45]。

金属氢化物的能量比金属更高,少量加入到燃料中便可提高燃烧温度,并生成较多辐射率较高的凝聚相燃烧产物。因此,也能够显著增强燃气向燃面的传热。氢化铝锂和氢化镁是两种最常见的金属氢化物,实验结果表明,在燃料中添加4%的氢化铝锂,可使燃面退移速率提高约120%[46]。

高氮化合物属于一类重要的含能材料,自身便具有较高的热分解速率,少量添加至燃料中时可使燃面退移速率得到提高。在HTPB中添加高氮化合物偶氮四唑二胍(Guanidinium Azotetrazolate,GAT)及其同系物氨基偶氮四唑二胍(Amino Guanidinium Azotetrazolate,AGAT)时,燃料燃烧的放热量得到提高,能够增强高温燃气向燃面的传热,而且GAT和AGAT的热分解容易进行,均可使燃料的燃面退移速率得到提高[47,48]。

固液混合发动机中氧化剂与燃料的燃烧属于典型的扩散燃烧,扩散速率及扩散尺度决定着火焰与燃面间的距离,从而控制着高温燃气向燃面的传热强度。燃料中添加少量的氧化剂可缩小扩散燃烧尺度,降低火焰高度,从而强化高温燃气向燃面的传热,最终实现燃面退移速率的提升,例如,在HTPB燃料中添加27.5%高氯酸铵可使燃面退移速率提高3.85倍[49]。

沿燃料药柱径向埋置金属丝可提高固体燃料内部导热率,也是一种提高的燃面退移速率潜在方法。如在PMMA药柱中沿径向分别埋入直径2 mm的银丝和铜丝时,燃面退移速率分别提高了3.7%和3.6%[50]。

固体燃料主要以热分解和蒸发两种方式形成气化燃料向燃烧边界层中加质,气化燃料与氧化剂流掺混、燃烧形成扩散火焰,同时高温燃气流通过对流和辐射两种传热方式向燃面的传热维持着燃面退移,因此固体燃料的燃面退移速率主要依赖于高温燃气向燃面的传热强度。然而,由燃面上气化燃料向燃烧边界层内的加质而引起的吹扫效应对该传热过程有着较为严重的阻碍作用,加之固体燃料的热分解速率往往较低,因此燃面退移速率普遍不高。

液化燃料(Liquefying Fuel)是指在燃烧过程中能够在燃面上产生低粘度和表面张力熔融层的固体燃料,在高速燃气流的吹扫剪切作用下,熔融层失稳而产生夹带液滴进入燃烧边界层中。这种液滴夹带加质形式几乎不受火焰向燃面的传热控制,而且可降低燃面加质对对流传热的阻碍效应,有高温燃气流向燃面的传热,因此这种液化燃料天然具有较高的燃面退移速率[51]。

常见的液化燃料主要分为两种,一种是在低温下可凝固成固相的低温固体燃料,例如低温固体氢、固体甲烷、固体戊烷、固体氨等,而另一种属于碳链在 16~40 之间的饱和烷烃,例如固体石蜡等石油化工燃料。大量发动机实验结果表明,石蜡燃料在燃烧过程中存在液滴夹带现象,这一额外的加质方式使该燃料的燃面退移速率比传统惰性高分子聚合物燃料高 3~5 倍[52,53]。

6.4.2　推力室结构

固液混合发动机的燃烧在推力室内中进行,对优化推力室结构可更好地进行燃烧组织,从而实现燃面退移速率的提升,主要通过氧化剂喷注方式和燃料药型的优化来实现。

喷注器结构不仅决定着氧化剂雾化程度,更控制着氧化剂的流线,从而影响燃气的掺混效果。旋流喷注器能够使氧化剂产生一定强度的旋流,氧化剂流具有的切向速度可提高气流的湍流强度,对燃气掺混效果的提升及对流传热系统的增大皆有利,加之在离心力作用下,火焰可以更加靠近燃面,从而可促进高温燃气向燃面的传热,最终达到提高燃面退移速率的目的,常用的旋流喷注器结构如图 6-7 所示[54]。

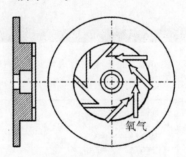

氧气

图 6.7　旋流喷注器

氧化剂流经旋流喷注器后沿特定的旋流流线进入燃烧室,旋流强度取决于喷注器的具体结构,且可用旋流数 S_N(切向动量的轴向通量与轴向动量的轴向通量的比值)表示,旋流数计算公式为

$$S_N = \frac{\int \rho r u_x u_\theta dA}{R \int \rho u_x^2 dA} \tag{6-70}$$

为了便于分析和计算,Beer 和 Chigier 基于动量守恒定理,提出了几何旋流数 S_g,并将其用于表示喷注器的旋流强度,几何旋流数的计算公式为[55]

$$S_g = \frac{(d_{inj} - d_{hol})d_{inj}}{N_{hol} d_{hol}^2} \tag{6-71}$$

式中,S_g 为喷注器的几何旋流数;d_{inj} 为多个喷注孔道组成的内切圆直径;d_{hol} 为喷注孔直径;N_{hol} 为喷注孔数量。

提高喷注器旋流数有利于燃气的掺混与燃烧,切圆式喷注器具有较高的旋流数且螺旋角最大,另外还具有设计加工较为方便的优点,是一种提高燃面退移速率的重要方法,切圆式喷注器及固液混合发动机的结构如图 6.8 所示[56]。

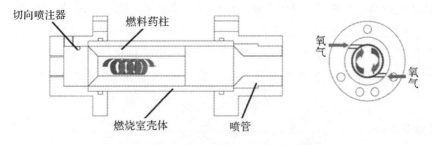

图 6.8　切圆式喷注器及发动机结构示意图

采用旋流喷注器时的火焰结构如图 6.9 所示[57],对于液化燃料而言,旋流喷注器使氧化剂产生的切向速度可显著增强燃气流对燃面的剪切作用,从而能够有效提高液滴夹带率,最终使燃面退移速率得到提高。不同旋流强度下,燃面退移速率随氧化剂流强的变化曲线如图 6.10 所示。

图 6.9　旋流喷注时火焰结构

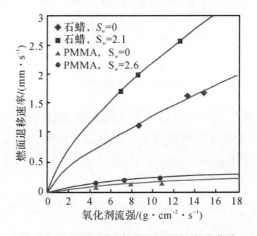

图 6.10　退移速率-氧化剂流强的变化曲线

然而,由于燃气流具有粘性且与燃面间的摩擦阻力较大,随着燃气的流动其旋流强度逐渐降低,尤其当药柱的长径比较大时,药柱尾部附近可能出现燃气的旋流强度较弱甚至无旋流的情况,从而导致药柱不同轴向位置燃面退移速率差异较大的问题。旋流条件下,氧化剂在燃烧室中的典型流线如图 6-11 所示[58]。

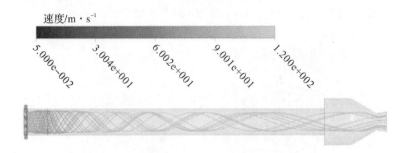

图 6.11　氧化剂流线

为了解决长距离流动过程中燃气旋流强度的减弱问题,Paravan 等提出了一种具有小长径比的饼状固液混合发动机(VFP),图 6.12 为该发动机结构及燃烧示意图[59]。

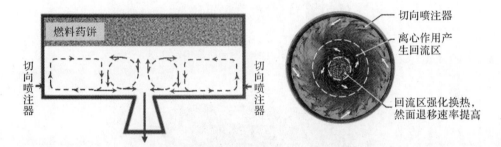

图 6.12　饼状固液混合发动机结构及燃烧示意图

饼状固液混合发动机主要由饼状固体燃料、发动机壳体、喷注器和喷管组成,四个喷注器位于后燃烧室端面并沿周向以四角切圆方式分布,氧化剂经喷注器后产生较高的旋流强度并在药柱端面上面参与燃烧。由于药柱长径比较小,气流旋流强度沿药柱轴向变化较小,因此可产生较为恒定的高燃面退移速率。但是该发动机采用端面燃烧方式,燃面面积较小,发动机的推力推力受限。为了增大燃面面积,可采用双侧装药,氧化剂沿两药柱中间旋流进入燃烧室,而且该方法还有利于发动机热防护设计。图 6.13 为双侧装药饼状发动机结构示意图[60]。

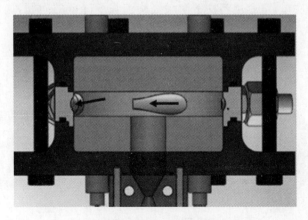

图 6.13　双侧装药饼状发动机结构示意图

氧化剂从药柱侧壁多段喷入是解决氧化剂流沿程旋流强度逐渐降低问题的另一有效方

法,两种典型的发动机结构示意图如图 6.14 和图 6.15 所示[61,62]。

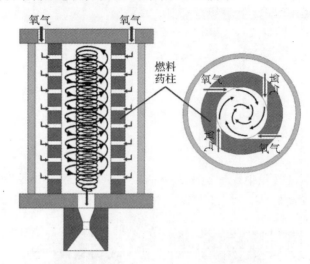

图 6.14　涡旋固液混合发动机结构示意图

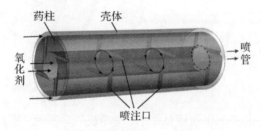

图 6.15　多段旋流喷注固液混合发动机结构示意图

　　对于如图 6.14 所示的发动机来说,氧化剂经切向喷注器进入燃烧室后,在压差作用下向药柱头部流动并形成外涡旋流,当氧化剂到达药柱头部后形成内涡旋流向喷管方向流动,这种同轴反向双涡旋流对燃面退移速率具有显著的提高作用。此外,由于在药柱侧壁上沿轴向开有多组氧化剂切向喷注口,可避免药柱下游燃气旋流强度降低的问题,这也是如图 6.15 所示发动机的设计思路。

　　沿发动机轴向的多组氧化剂切向喷注口,也可以通过内插式旋流喷注器来实现,具体结构示意图如图 6.16 所示[63]。

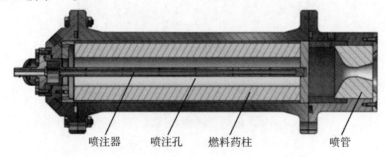

图 6.16　内插式旋流喷注发动机结构示意图

固液混合发动机工作时,燃气在药柱的内孔道中流动,因此可通过燃料药柱的药型设计来改变燃气的流线,同时这种方法还可避免头部旋流喷注存在的沿程旋流强度减弱问题。一种能够使燃气产生旋流的螺旋槽药柱如图 6-17 所示[64]。

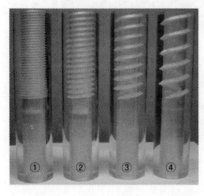 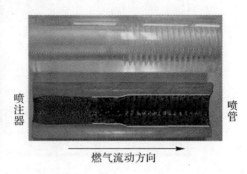

图 6.17　螺旋槽药柱

药柱下游的内壁加工有螺旋槽,氧化剂经旋流喷注后进入燃烧室内与燃料的气化产物进行掺混燃烧,下游的螺旋槽可迫使燃气流产生一定的旋流强度,从而弥补燃气流沿程旋流强度损失,进而在药柱的不同轴向位置处均能获得较高的燃面退移速率。旋流喷注器和螺旋槽药柱的共同使用,可使燃面退移速率提高 250 % 左右,如图 6.18 所示。

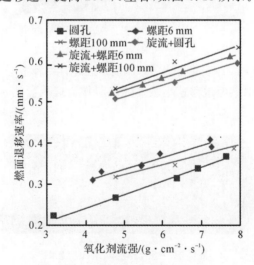

图 6.18　螺旋槽药柱的燃面退移速率

螺旋形星孔燃料药柱不仅具有迫使燃气产生旋流的作用,而且其燃面面积也较大,可满足发动机对大推力的要求,药柱退移过程和熄火后的药柱分别如图 6.19 和 6.20 所示[65]。

图 6.17 和图 6.19 的两种药型都可迫使燃气具有一定的旋流强度,但在燃烧过程中随着燃面的退移,螺旋槽凸起部分逐渐被消耗,导致槽深逐渐减小,对燃气的整流效果也会逐渐减弱。此外,这类药型还存在内弹道设计难度较大且药柱精密化制造困难等问题。

图 6.19　螺旋形星孔药柱燃面退移过程

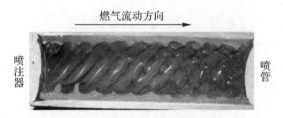

图 6.20　熄火燃面剖视图

组合型燃料药柱是伴随 3D 打印技术的兴起而提出的一种复杂药型,其由两种不同燃面退移速率的燃料组成,其中燃面退移速率较慢的燃料作为螺旋导轨,组合型燃料结构示意图如图 6 - 21 所示[66]。

图 6.21　组合型燃料结构示意图

该燃料药柱主要由石蜡燃料和丙烯腈-丁二烯-苯乙烯塑料(Acrylonitrile Butadiene Styrene Copolymers,ABS)螺旋隔板组成,由于石蜡燃料的燃面退移速率比 ABS 隔板高,因此燃烧过程中螺旋形 ABS 隔板始终凸起于石蜡燃料的燃面之上并形成螺旋形流道,从而引导燃气流产生并维持一定的旋流度。组合型燃料燃面退移过程如图 6 - 22 所示。

除上述方法外,也有一些在燃烧室内设置扰流环的研究。扰流环的存在会对常规湍流燃烧边界层产生破坏,并在扰流板背面处形成燃气回流区,从而通过高温燃气向燃面对流传热的强化使燃面退移速率得到提高。但在氧化剂入口处燃气严重富氧、温度较低且湍流边界层较薄,扰流环对燃面退移速率的影响较小[67]。

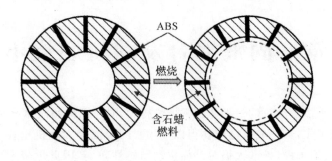

图 6.22　组合型燃料燃面退移过程

6.4.2　发动机工作条件

由于固液混合发动机中的氧化剂与燃料的燃烧属于典型的大尺度扩散燃烧,氧化剂与气化燃料间的气相化学反应速率远高于二者的扩散速率,燃面退移过程主要受火焰向燃面的热反馈控制,而与燃烧室压强几乎无关。因此,发动机工作条件主要是指氧化剂流强。

固体燃料的热分解速率主要受高温燃气向燃面的传热控制,对于金属粉含量较低的配方而言,燃气流的发射率较小,相比于辐射传热,对流传热占主导地位。由湍流条件下的相似准则可知,对流传热系数与燃面上方燃气流雷诺数的幂次方成正比,即对流传热系数主要与燃烧边界层内燃气的流强有关,因此燃面退移速率一般随着氧化剂流强的增大而升高。

此外,对于液化燃料而言,传质机制不仅包含热分解与蒸发,还包含液滴夹带,其中液滴夹带过程主要由气流对不稳定熔融层的剪切作用控制。由于液滴夹带率与燃气流动压的幂次方成正比,因此提高氧化剂流强除了能够强化对流传热,还起到提高液滴夹带率的作用,也会使燃面退移速率得到提高[68]。

大量实验研究表明:燃面退移速率与氧化剂流强的幂次方成正比,因此氧化剂流强的变化往往造成氧燃比偏离最佳值,导致燃烧效率降低、热防护困难和积碳加剧,尤其是当流强指数较小时,这一现象更为严重。此外,在实际应用中氧化剂流量需要根据弹箭总体要求、燃面退移特性及最佳氧燃比来确定,通过调节氧化剂流强来提升燃料的燃面退移速率往往是以牺牲发动机能量水平和安全性为代价的。因此一般优先通过优化燃料配方及发动机结构的方法来实现燃面退移速率有效提升。

第7章 固液混合发动机燃烧不稳定

燃烧不稳定是火箭发动机的一种非正常燃烧行为,对于固体和液体火箭发动机而言,目前已有相当多的研究工作,部分成果已成功得以应用。固液混合发动机也普遍存在燃烧不稳定现象,但相对预混火焰来说,扩散火焰对外界扰动敏感性较弱,因此燃烧不稳定通常不会导致灾难性事故的发生。此外,由于固液混合发动机的实际应用较少,且燃烧过程对压强的依赖性较弱,燃烧不稳定的相关研究较为缺乏。本章从固液混合发动机工作过程中的瞬变行为出发,阐述固液混合发动机燃烧不稳定的产生机制,在此基础上介绍可用于研究燃烧不稳定现象的几种模型。

7.1 固液混合发动机工作过程中的瞬变行为

7.1.1 瞬变行为归纳与分析

固液混合发动机整个工作过程中发生着很多瞬变行为,有些瞬变行为是不可避免的(如点火与关机),而有些瞬变行为的存在要根据发动机具体任务来决定(如变推力)。此外,还有一些不期望发生的瞬变行为(如压强突变或压强振荡)。瞬变行为的耦合是导致燃烧室压强振荡增强的根本原因,因此深入认识固液混合发动机中的瞬态燃烧特性对预测其燃烧稳定性至关重要。

为了满足指定的任务要求,固液混合发动机在工作过程中常需要经历一系列的瞬变行为,主要包括以下几种。

(1)点火。固液混合发动机的点火一般需要借助点火器,点火器的作用是对氧化剂和燃料进行加热而实现发动机的点火,其释放的热量一般来源于固体点火药、气体燃料或自燃液体的燃烧。点火过程通常从燃料药柱的尾部开始,然后火焰逐渐向药柱上游蔓延,最终完成药柱的全面燃烧而达到稳态燃烧状态。在点火过程中,发动机排出的燃气是富氧的,点火瞬变过程结束时氧燃比(O/F)接近设计值。由于点火过程中氧化剂和燃料的扩散尺度较大且燃料大多呈惰性,因此在各子过程中,燃烧边界层的建立时间尺度及固体燃料的热滞后时间尺度最大。

(2)推力调节。固液混合发动机可以通过改变氧化剂的质量流量而较为容易地实现推力调节,由于燃料的燃面退移速率与氧化剂流强间通常遵循指数变化规律,可通过实验数据拟合得到的公式计算出稳态条件下不同氧化剂流量对应的燃面退移速率。但当氧化剂的质量流量变化时,发动机燃烧室内燃气的速度、温度和密度分布以及固体燃料中的热分布等都需要一段短暂的滞后时间来适应新的平衡,因此开展上述滞后过程的定量分析对发动机能量的精确管理具有重要意义。

(3)燃烧不稳定。火箭发动机一般在高压强下工作,为了达到特定的弹道性能,某一工作时间段内的燃烧室压强应当为某一特定值。火箭发动机的燃烧不稳定可界定为燃烧室内的压强振荡幅度超过压强平均值的 5%。燃烧不稳定的存在可能产生不可预知的高燃面退移速率,使燃烧室壳体及燃料药柱的结构负荷和热负荷超过系统设计值,并同时引起压强和推力振荡。压强和推力振荡不但对燃烧室壳体和燃料药柱的结构完整性产生严重威胁,同时也对载荷的安全产生不利影响。因此,固液混合发动机的燃烧不稳定必须根据系统和任务要求保持在可接受范围内。

(4)发动机关机。当固液混合发动机关机时,系统的响应时间基本上等同于发动机中燃气的排空时间,对于这种松弛过程而言,燃烧室内积累的热量仍可通过热传导缓慢地加热燃面,可能导致燃料的蒸发或间歇性燃烧等现象的发生,从而产生较小的额外冲量。深入认识并精确估算这一额外冲量对飞行器弹道的精确控制非常重要,通常可认为该松弛时间大于燃气排空时间,这也成为额外冲量的分析基础。

7.1.2 燃烧不稳定研究需要考虑的瞬变过程

固液混合发动机中发生的瞬变过程皆存在时间滞后,深入认识滞后时间较长的瞬变过程,并建立相应的计算模型是揭示发动机燃烧不稳定的重要基础。发动机中一些重要瞬变过程的时间尺度见表 7.1。

表 7.1 瞬变行为的时间尺度

物理现象	时间尺度/ s	备 注
固相反应	$\tau_{ks} < 10^{-3}$	取决于高分子聚合物热分解机理
气相反应	$\tau_{kg} < 10^{-3}$	取决于碳氢燃料燃烧机理
氧化剂供给系统响应	τ_f,取决于具体系统	供给系统的响应时间
蒸发	$\tau_v = f(i_{inj}, T_1, \Delta p_{inj})$	液体氧化剂的蒸发
固相燃料的热滞后	$\tau_{tl} \propto \lambda_f / r^2 \approx 10^{-1} \sim 1$	固体燃料中的热分布变化
边界层扩散	$\tau_{bl} \propto L/u_e \approx 10^{-2} \sim 10^{-1}$	湍流边界层中的扩散
纵向声模式	$\tau_a \propto L/c \approx 10^{-4} \sim 10^{-2}$	声波的传播
燃气流动过程	$\tau_c \propto L^* / c^* \approx 10^{-2} \sim 10^{-1}$	燃烧室内燃气动力学

由表 7.1 中的时间尺度可知,若要对固液混合发动机中的瞬态行为进行精确描述,需要重点考虑具有较长滞后时间的瞬变过程:

(1)氧化剂供给。固液混合发动机工作过程中,液体氧化剂通过供给系统进入推力室内,考虑到系统各部件的固有气体动力学特性,氧化剂供给系统存在响应时间。对于不同发动机来说,供给系统响应时间可能会有较大差异,其准确值取决于系统参数及工作条件。在实际发动机应用中,常采用气蚀文氏管、壅塞喷管等隔离部件将推力室与氧化剂供给系统进行有效隔离,因此一般来说可将氧化剂流强作为输入条件来讨论供给系统对燃烧不稳定性的影响。

(2)液体氧化剂汽化。氧化剂液滴在燃烧室中的完全汽化需要一定的时间,该时间取决于液滴尺寸、液体理化性质,以及热和流动等环境条件。需要注意的是,该过程也与推力室的具体结构有关,如喷注器结构、前燃烧室结构、前燃烧室尺寸等。液体氧化剂的汽化过程极为复杂,精细化研究非常困难,在燃烧不稳定的相关研究中一般认为进入燃料孔道内的氧化剂以气相形式存在。

(3)固体燃料的热滞后。固液混合发动机中的燃烧为典型的扩散燃烧,且扩散尺度较大,再加上固体燃料一般呈现惰性,因此燃面退移速率较小。由固体燃料的热滞后时间关系式 $\tau_{tl} \propto \lambda_f / \dot{r}^2$ 可知,在燃料导热率一定的情况下,较小的燃面退移速率使热滞后时间变长,这意味着燃面退移过程中燃面上的热通量不会在燃气生成后立即达到平衡状态,即存在较为明显的热滞后现象。燃料药柱的热滞后是固液混合发动机燃烧过程中最重要的瞬变现象之一,也是燃烧不稳定分析的重要基础,在 7.2 节中将进行详细讨论。

(4)燃烧边界层中的扩散和燃烧。固液混合发动机的燃烧主要在燃烧边界层中进行,当外界扰动作用在燃烧边界层上时,边界层的各项性质需要经历一定的时间才能与孔道内的燃气速度或燃面上的质量吹扫变化相适应。燃烧边界层中扩散和燃烧过程的详细情况可参见本书第 6 章的相关内容。

(5)燃烧室中燃气流动过程。发动机工作过程中燃烧室内持续发生着燃气的填充与排出,虽然燃面退移速率与燃烧室压强间通常不具有强耦合关系,但氧化剂流强的变化仍然可以直接影响燃气流强及燃烧室压强。由于燃气压强对流强变化的响应时间与燃烧室的填充时间成正比,因此也可以通过燃气流动过程分析对燃烧室内的声学响应进行研究。

7.2　固液混合发动机燃烧不稳定概述

7.2.1　火箭发动机燃烧不稳定现象

燃烧不稳定属于火箭发动机的一种非正常工作状态,表现为燃烧室中存在着一定频率的压强振荡,而这种压强振荡又是由某种随机的微弱扰动发展而来的。燃烧过程中存在振荡不断发展的现象常被称为燃烧不稳定,这种特殊的燃烧过程常被称为不稳定燃烧。

燃烧不稳定可以使燃烧室压强及发动机推力产生强烈振荡,且振荡的振幅可以达到较高水平,并带来以下负面影响。

(1)由于平均压强的不规则增大或剧烈振荡使燃烧室壳体或固体燃料药柱遭到结构破坏,严重时可能使发动机发生爆炸。

(2)发动机推力的强烈振荡可能使弹箭的外弹道性能发生改变,无法完成预定的任务要求。

(3)压强振荡过程使发动机产生强烈的振动,危及载荷安全。

(4)发动机的燃烧效率降低。

火箭发动机自诞生以来便时常受燃烧不稳定的困扰,相关事故也时有发生,给发动机的研制与应用带来了严重的负面影响,因此长期以来,对火箭发动机燃烧不稳定的研究从未停止,在深入揭示燃烧不稳定的产生机制、预示燃烧不稳定是否发生及抑制燃烧不稳定的出现等方面都取得了大量成果。

7.2.2　固液混合发动机燃烧不稳定分类

(1)按照主振荡频率分。

固液混合发动机的燃烧不稳定通常不会产生较大幅度的压强振荡,因此即使不稳定出现的概率较高,也基本不会出现发动机爆炸等灾难性后果,这主要是由于燃面退移速率与压强间不存在强反馈机制。燃烧不稳定通常根据频率范围或产生机理进行分类,按照主振荡频率可分为以下几种。

1)低频燃烧不稳定。这类燃烧不稳定在固液混合发动机中最为常见,燃烧室的压强振荡普遍以频率小于 200 Hz 的形式出现(一般为 5～60 Hz),频率的具体值取决于发动机尺寸和工作条件。对这些低频不稳定还可以根据产生机制再进行更为细致的分类,详见按照产生机理分类部分内容。

2)中频燃烧不稳定。这类燃烧不稳定的压强振荡频率范围通常在 200～2 000 Hz,且与燃烧室的纵向声学模式有关。固液混合发动机中有发生中频燃烧不稳定的可能性,而且其产生通常伴随着低频燃烧不稳定。一般来说,中频燃烧不稳定的压强振荡幅度较低频燃烧不稳定小。

3)高频燃烧不稳定。这类压强振荡具有更高的频率(＞2 000 Hz),它们的出现与燃烧室的高频纵向或横向声学模式有关,但对固液混合发动机来说,高频燃烧不稳定很少出现。

(2)按照产生机理分。

按照产生机理,固液混合发动机的燃烧不稳定可分为声不稳定和非声不稳定两类,其中以属于非声不稳定范畴的低频燃烧不稳定最为常见,这种燃烧不稳定按产生机理还可以进一步分成以下 3 种:

1)供给系统耦合不稳定(Feed system coupled instability)。液体氧化剂供给系统是固液混合发动机的重要组成部分,供给系统耦合不稳定经常出现在固液混合发动机中,而且这种不稳定在使用低温氧化剂(如液氧)时尤为常见,其产生的根本原因是供给系统与燃烧室内的燃烧间存在耦合作用。对于气体氧化剂供给系统来说,可通过在管路中设置壅塞式喷管等部件来实现与推力室间的可靠隔离,而且不存在汽化滞后现象,因此一般不会受到这种不稳定的影响,供给系统耦合不稳定的发动机压强-时间曲线如图 7.1 所示。

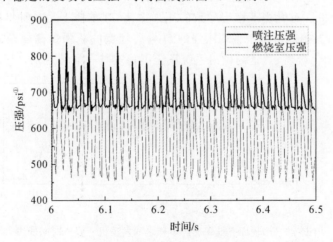

图 7.1　供给系统耦合不稳定的发动机压强-时间曲线

供给系统耦合不稳定的特征非常明显,可较为容易地识别:①压强振荡的规律性较强,且压强曲线经傅里叶变换后具有非常小的峰宽。②供给系统与燃烧室内燃气流动间的耦合是产

注:①1psi=6.895kPa。

生这种不稳定的本质原因,氧化剂在燃烧室内的蒸发滞后提供了压强渐增性振荡所需的正反馈,且通常情况下喷注器上游压强也参与这种相干振荡行为。③即使管路中使用了壅塞式喷管等隔离部件,供给系统也易于受到这种耦合作用的影响,这主要是因为喷注器上游管路中的流体仍具有有限的体积模量。④高频模式(基频的倍数)也常在压强曲线中出现。

值得注意的是,对于供给系统耦合不稳定来说,供给系统和推力室间的耦合是必要非充分条件,若要产生压强振荡还需要较长的氧化剂蒸发滞后时间。因此在发动机结构基本保持不变的情况下,可以通过喷注器的优化使液体氧化剂汽化滞后时间缩短,这样便可使发动机的燃烧更加稳定。

2)间歇性燃烧不稳定(Chuffing instability)。间歇性燃烧不稳定仅发生在低燃面退移速率情况下,由炭化/熔融层的形成和破碎引起,这种不稳定的压强振荡频率由固体燃料的热滞后时间决定,通常在 1~5 Hz 的范围内。在发动机关机瞬间,氧化剂质量流量非常小,燃烧室内的高温环境仍然会缓慢加热燃面,使燃面上产生由固体燃料分解及熔融导致的"软化层"。"软化层"的周期性剥离会使燃烧室中出现压强振荡。间歇性燃烧不稳定的频率与固体燃料的热滞后时间具有相同尺度,计算式为 $\tau_t = \lambda_f / \dot{r}^2$,其中 λ_f 为燃料的导热因数,$\dot{r}$ 为燃面退移速率,τ_t 为热滞后时间。由于这种不稳定仅发生在低氧化剂流强情况下,在实际应用中的重要程度较低。

3)固有低频不稳定(Intrinsic Low Frequency Instability, ILFI)。这种低频不稳定在固液混合发动机中普遍存在,且由该发动机独特的工作过程引起,开展这种不稳定的研究工作具有极为重要的意义。通常认为固液混合发动机的固有燃烧不稳定性主要由前燃烧室参数(如容积、形状、喷注器结构等)决定,后燃烧室对固有燃烧不稳定的影响不明显。此外,对于气体氧化剂供给系统来说,隔离部件(壅塞喷管或气蚀文氏管)下游管路中的较小容积也可能对燃烧稳定性产生不利影响。

固液混合发动机固有燃烧不稳定导致的压强振荡,其本质上是一种极限周期振荡(Limit Cycle Oscillation),振幅通常低于平均压强的 50%。较宽的压强振荡峰是固有低频不稳定燃烧的谱线特征,如图 7.2 所示,这与供给系统耦合不稳定具有显著差别。

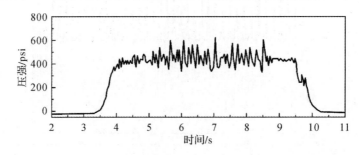

图 7.2　出现固有低频燃烧不稳定的发动机压强－时间曲线

在发动机工作过程中,固有低频燃烧不稳定导致的压强振荡可能会随时出现或消失,且低频压强振荡常伴随着更高频率的声学模式,其中最主要的为第一纵向声模式(1－L mode),这可能是因为低频压强振荡往往呈现非线性,即压强振荡曲线不具有正弦波形,这样便会很容易地激发燃烧室内的声学模式。此外,即使低频燃烧不稳定性从产生机制上来说是线性的,但振荡幅度却受到非线性效应的控制。

　　上述 3 种燃烧不稳定都可以是线性或非线性的。线性不稳定由微弱扰动发展而来,振荡的波形是正弦波,振幅按指数规律增大且相对增大率为常数,但振幅的绝对值却很小。线性不稳定可用线性微分方程来描述,且适用叠加原则。虽然这类振荡可以使燃烧室压强和发动机推力产生较大的波动,但对平均压强与平均推力的影响一般不大。

　　非线性不稳定由有限振幅的振荡发展而来,一开始便是有一定强度的扰动,在理论分析上较为复杂,需使用非线性微分方程组来描述。振荡的波形不为正弦波,振幅也不再按指数规律增大。这种振荡发展到一定程度,不但使燃烧室压强和发动机推力出现波动,也会使平均推力和平均压强改变。

　　值得注意的是,虽然非线性不稳定往往是线性不稳定发展的结果,但对于线性稳定系统而言,也可能出现非线性不稳定现象。

7.2.3　固有低频燃烧不稳定产生机制

　　(1)氧化剂雾化/汽化。已有研究表明:液体氧化剂的雾化/汽化滞后可能与燃烧室内的燃烧过程以及燃气动力学过程相耦合,使固液混合发动机发生固有低频不稳定燃烧,同时,若能采用某些方法(氧化剂旋流喷注、氧化剂催化分解、氧化剂预加热)使氧化剂快速汽化便可抑制该不稳定的发生。但由于固有低频燃烧不稳定还在气态氧化剂供给系统中发生,这种产生机制还无法完美地解释不稳定性的产生原因。

　　(2)流强耦合。与固体火箭发动机中燃速与燃烧室压强具有强耦合作用不同,固液混合发动机的燃面退移速率主要取决于氧化剂流强而非燃烧室压强,发动机中的能量反馈机制应通过流强耦合来体现。固液混合发动机的燃烧不稳定多发生在低频范围内,考虑到固体燃料的热滞后时间通常在 0.1 s 以内,显著大于毫秒级的气相燃烧反应滞后时间,因此固有低频燃烧不稳定显然可能由氧化剂流强(或流速)与燃面退移速率间的耦合所导致。

　　(3)压强耦合。压强耦合燃烧不稳定广泛存在于固体火箭发动机中,但对于固液混合发动机而言,这种不稳定仅存在于压强对燃面退移速率有明显影响的部分发动机中。一般认为:当氧化剂流强无限大时,燃面退移速率由化学动力学控制,而当氧化剂流强非常低时,辐射传热比对流传热更为重要。在这两种极端条件下,压强耦合均可能成为能量反馈的主要机制,从而使部分发动机产生压强耦合燃烧不稳定。

　　(4)涡脱落。该机制认为燃烧不稳定与快速膨胀区的涡脱落有关,在药柱尾部孔道和后燃烧室内,燃气骤然膨胀产生的涡脱落会与燃气流动间发生相互作用,由于燃烧室的纵向声学模式会引起燃气流速波动,当涡脱落的固有频率与声学模式频率接近时,便会导致燃烧不稳定的产生。由于这种不稳定通常发生在中等频率范围内,一般不认为其是发动机固有低频燃烧不稳定的主要产生机制。

　　(5)平均压强上升(DC shift)。平均压强上升是固体火箭发动机中一种常见的反常燃烧现象,在固液混合发动机中也时有发生,用它能够解释燃面退移速率(燃烧室压强)显著升高这一燃烧不稳定现象。一般认为平均压强上升的出现也与固液混合发动机燃烧室纵向声学模式引起的燃气流速波动有关,这主要是因为雷诺数相同时,对于特定的纵向声模式频率范围,燃气流速波动会引起对流传热的显著增大,随之引起燃面退移速率的增大并最终导致燃烧室压强的升高。一般来说,即使固液混合发动机中会出现平均压强上升情况,压强的上升幅度也相对有限,不会像固体火箭发动机那样可能出现严重的爆炸事故。

(6)$L*$ 不稳定。对于固体火箭发动机来说，$L*$ 不稳定的产生是推进剂燃速对燃烧室压强扰动的响应滞后与燃气在燃烧室内排空过程滞后间相互耦合的结果，能够解释发动机中存在的低频压强振荡现象。目前该理论也已应用于固液混合发动机燃烧不稳定的分析中，但由于燃面退移速率与燃烧室压强间往往并不存在强耦合关系，目前该机制仍未得到普遍承认。

7.2.4 固液混合发动机固有燃烧不稳定特征

固液混合发动机的燃烧不稳定虽然普遍存在，但一般来说燃烧室压强的波动范围在 $2\%\sim 20\%$ 之内，不会使燃烧室产生爆炸等灾难性后果。固液混合发动机的燃烧不稳定通常表现为压强的极限周期振荡，且振荡频率远小于燃烧室的一阶纵向声模型，属于低频燃烧不稳定。

由于固液混合发动机的燃烧是扩散控制的，这就使燃面退移速率主要依赖于氧化剂流强而非燃烧室压强，因此无法通过压强和燃面退移速率间的关系建立起燃烧室压强与燃烧之间的耦合关系，固体火箭发动机燃烧不稳定的相关模型便难以在固液混合发动机燃烧不稳定的分析中得以应用。

此外，液体火箭发动机也具有独特的不稳定产生机制，相关研究成果亦难以直接用于固液混合发动机中。因此必须针对固液混合发动机特有的物理结构、燃烧机制，以推进剂组合物理化学性质等建立起相应的多因素耦合模型来预测其存在的固有低频压强振荡。

7.3 固液混合发动机燃烧不稳定分析模型

对固液混合发动机燃烧不稳定进行建模分析是一项极为复杂的工作，这主要是因为无论在物理结构上还是在燃烧机制上该发动机均具有特殊性。解决这一难题的一种有效方法是对发动机工作过程中响应时间较长的瞬变行为单独建模，然后将各子模型进行耦合来获得系统的总体瞬态响应。

7.3.1 热滞后-燃烧-燃气动力学耦合模型(TCG couple model)[69]

该耦合模型由 Arif 等人提出并发展完善，模型忽略液体氧化剂的雾化/汽化过程，由燃料的热滞后模型、燃烧边界层准稳态模型和燃气动力学模型三个子模型组成，并考虑氧化剂的供给过程。

(1)燃料的热滞后模型。发动机工作过程中，固体燃料的燃烧主要在燃烧边界层中进行，火焰离燃面的距离较远。燃面上主要发生包括热分解和蒸发在内的燃料气化过程，由于固体燃料一般呈现惰性，燃面退移速率一般较低，导致固体燃料的热滞后时间较长。由热滞后特征时间的表达式 $\tau_{tl}=\kappa/\dot{r}^2$ 可知，一般固体燃料的热滞后时间在 $0.1\sim 1\ s$ 的范围内。固体燃料中的热瞬态物理模型如图 7.3 所示。

该模型的基本假设如下。

1)热量向燃料内部的传播深度远小于燃料的肉厚。

2)燃料药柱孔道半径远大于热传播深度。

3)固相反应及燃料气化过程都在燃面下方的一薄层内发生。

4)燃料药柱具有均一的热物理性质。

5)燃料药柱在轴向上具有较小的温度梯度。

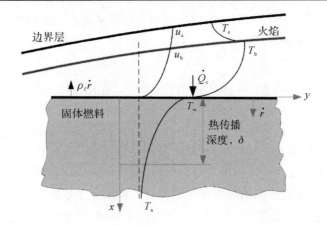

图 7.3　固体燃料中的瞬态热行为模型

基于上述假设,随着燃面在 x 方向上的退移,热扩散方程可以表示为

$$\frac{\partial T}{\partial t} = \lambda_g \frac{\partial^2 T}{\partial x^2} + \dot{r} \frac{\partial T}{\partial t} \tag{7.1}$$

式中,λ_g 为燃气对流传热因数。

第一个边界条件为

$$x \to \infty : T = T_a \text{ 或 } \frac{\partial T}{\partial x} = 0 \tag{7.2}$$

式中,T_a 为初始环境温度。

第二个边界条件可由燃面上的能量守恒来获得,若将气化反应热和固相反应热之和作为固体燃料的气化潜热 L_v,则有

$$x = 0 : \dot{Q}_c(t) = -\lambda_f \left(\frac{\partial T}{\partial x}\right)_s + \rho_f \dot{r}(t) L_v \tag{7.3}$$

式中,λ_f 为固体燃料的导热因数。

在热滞后模型中,为了使方程组封闭,还需要利用与燃面形成和变化过程有关的一些关系式,其中最重要的是燃面上的反应速率常数方程,常由阿仑尼乌斯指数方程形式表示。对于化学反应来说,指数中常数项 E_a 表示活化能,而对于气化过程来说,E_a 代表潜热,则有

$$\dot{r} = A e^{-\frac{E_a}{R_u T_s}} \tag{7.4}$$

对于给定的初始条件,通过联立式(7.1)~式(7.4)便可获得某一瞬态的状态参数,但由于边界的移动是非线性的,无法通过解析解来描述热滞后行为,一般要通过合理的假设获得近似解。Arif 发展了模型扰动解的求解方法,这对深入认识发动机的燃烧不稳定具有重要意义。

对稳态下燃面热通量的值在时间上施加任意形式的小扰动,则有

$$\overline{Q}(\bar{t}) = \overline{Q}_{ref} + \varepsilon \cdot f(\bar{t}) \tag{7.5}$$

式中,ε 为小的虚拟变量($\varepsilon \ll 1$)。

采用拉普拉斯变换技术对一阶扰动量的线性初始边界值进行求解,燃面退移速率扰动和所施加热通量扰动间的传递函数可表示为

$$F_T = \frac{\dot{R}_L(s)}{\dot{Q}_L(s)} = \frac{2E_{E_a} s}{(1 + \sqrt{4s+1})(s + E_{E_a}) - 2E_{E_a} + 2E_L E_{E_a} s} \tag{7.6}$$

式中,$\dot{R}_L(s)$ 和 $\dot{Q}_L(s)$ 分别为燃面退移速率扰动和壁面热通量扰动的拉普拉斯变换形式;E_{E_a} 为一种正比于活化能的能量参数,有

$$E_{E_a} = E_a \Delta T / R_u \, (T_s)_{\mathrm{ref}}^2 \tag{7.7}$$

式(7.6)中其他参数的表达式为:$E_L = h_v / c_f \Delta T$,$\Delta T = T_{s,\mathrm{ref}} - T_a$,$\bar{Q} = \dot{Q}_w / \dot{Q}_{\mathrm{ref}}$,$\dot{R} = \dot{r} / \dot{r}_{\mathrm{ref}}$,$\dot{Q}_{\mathrm{ref}} = \dot{r}_{\mathrm{ref}} \rho_f c_f \Delta T$。其中具有下标 ref 的表示引入扰动前的稳态量。

式(7.6)是整个模型中的一个重要组成部分,且并非仅是两个多项式的简单比值,从传递函数的分母(通常称为特征方程)便可以推断出包括稳定性在内的线性系统的一些重要特性。

(2)燃烧边界层准稳态模型。热滞后模型将燃面热通量作为一个可直接输入的参数,但固液混合发动机工作过程中氧化剂的流强变化直接导致燃面热通量的变化。对于特定的瞬变过程而言,整个燃烧过程对氧化剂流强的响应是极为复杂的,但从本质上来看都可归结为药柱孔道内的燃气流强以及燃面上方湍流边界层的变化。

若假设边界层的响应是准稳态的,即边界层的扩散滞后时间远小于固体燃料的热滞后时间,由于高温气相区向燃面的传热显著依赖于燃面上气化燃料逸出引起的热阻滞(即吹扫效应),因此可通过热阻滞作用将燃面退移速率与向燃面的传热进行耦合。为了简单起见,只考虑对流传热,即 $\dot{Q}_s = \dot{Q}_c$。

某一时刻高温燃气向燃面的对流热通量 $\dot{Q}_c$ 可表示为

$$\dot{Q}_c(t) = St \rho_b u_b \Delta h \tag{7.8}$$

式中,St 为斯坦顿数;ρ_b 为边界层中燃气密度;u_b 为边界层中燃气流速;Δh 为火焰和燃面处的焓之差,即 $\Delta h = h_b - h_w$。

若认为雷诺类比假设在该准稳态条件下仍然有效,斯坦顿数便可通过燃面的摩擦因数 C_f 来表示,则有

$$\dot{Q}_c(t) = \frac{1}{2} C_f G (u_e / u_b) \Delta h \tag{7.9}$$

式中,G 为燃气的总流强,$G = \rho_e u_e$。

吹扫参数 B(也称为传质数)可定义为

$$B = \frac{(\rho u)_s}{\rho_e u_e C_f / 2} = \frac{\dot{r} \rho_f}{G C_f / 2} \tag{7.10}$$

表面摩擦因数可以写成无吹扫的表面摩擦因数 C_{fo} 与热阻滞校正因子 C_f / C_{fo} 的乘积,热阻滞作用可以用吹扫参数 B 来表示,则有

$$C_f / C_{f0} = q B^{-k} \tag{7.11}$$

式中,q 和 k 均为常数。

式(7.8)在稳态条件下可简化为 $\dot{Q}_c = \dot{r} \rho_f h_v$,再与式(7.9)和式(7.10)进行联立可得到稳态吹扫参数的表达式为

$$B_t = (u_e / u_b) \Delta h / h_v \tag{7.12}$$

联立式(7.9)~式(7.12)即可得到燃面上对流热通量的表达为

$$\dot{Q}_c = \frac{1}{2} C_{f0} q h_v G B^{-k} B_t = \frac{1}{2} C_{f0} q G B^{-k} (u_e / u_b) \Delta h \tag{7.13}$$

特别需要注意两种吹扫参数间存在差别,对于某一给定的发动机条件,瞬变过程中的吹扫参数与稳态吹扫参数并不相等,但可利用式(7.10)和式(7.11)将 B 表示为燃面退移速率和燃

气流强的函数,即

$$B = \left(\frac{\dot{r}\rho_f}{qGC_{f0}/2}\right)^{1/(1-k)} \qquad (7.14)$$

将式(7.14)代入式(7.13)中,并将湍流边界层中常用的摩擦因数表达式 $C_{f0}/2 = 0.03$ $(Gz/\mu)^{-0.2}$ 代入,可得对流热通量的一般表达式为

$$\dot{Q}_c(t) = (0.03q/\mu^{-0.2})^{1/(1-k)}(B_t h_v/\rho_f^{k/(k-1)})x^{-0.2/(1-k)}G^{0.8/(1-k)}\dot{r}^{-k/(1-k)} \qquad (7.15)$$

式中,x 为距孔道入口处的轴向距离。

需要注意的是,式(7.15)中的前两项由边界层性质和燃烧特性决定,对于给定的推进剂组合可看作常数,因此式(7.15)可简化为

$$\dot{Q}_c(t) = A' x^{-0.2/(1-k)}G^{0.8/(1-k)}\dot{r}^{-k/(1-k)} \qquad (7.16)$$

式中,A' 是仅与推进剂组合有关的常数。

式(7.16)中的所有变量都与药柱的轴向空间位置有关,为了便于分析,将所有变量在空间上进行平均,即引入经典燃面退移速率表达式 $\dot{r} = aG_o^n$,则有

$$\dot{Q}_c(t) = \bar{A}' G_o^{n/(1-k)}\dot{r}^{-k/(1-k)} \qquad (7.17)$$

式中,$\bar{A}' = \rho_f h_v a^{1/(1-k)}$。在式(7.17)中用 G_o 代替 G,并用 n 来代替 0.8,以与常见实验结果相匹配。由该式可知,在热阻滞效应下,燃气向燃面的热通量由孔道内的燃气流强及燃面退移速率共同决定。

为了将燃料的热滞后与燃面热通量进行耦合,可将稳态参数 $G_{o,ref}$,$Q_{ref}(= \dot{r}_{ref}\rho_f h_v)$ 和 $\dot{r}_{ref}[= a(G_0)^n_{ref}]$ 进行无量纲化处理,并将无量纲化参数 $\bar{G}_0 = G_0/G_{o,ref}$ 和 $\bar{Q}_c = \dot{Q}_c/\dot{Q}_{ref}$ 应用于热通量方程,则有

$$\dot{Q}_c(\bar{t}) = E_h \bar{G}_0^{n/(1-k)}R^{-k/(1-k)} \qquad (7.18)$$

式中,$E_h = h_v/c_p\Delta T = 1 + E_L$。

在某一稳定状态附近对式(7.18)进行线性化,可得

$$\dot{Q}_c(\bar{t}) = 1 + \varepsilon Q_1(\bar{t}) + \vartheta(\varepsilon^2)$$

$$R(\bar{t}) = 1 + \varepsilon R_1(\bar{t}) + \vartheta(\varepsilon^2)$$

$$\bar{G}_0(\bar{t}) = 1 + \varepsilon G_1(\bar{t}) + \vartheta(\varepsilon^2) \qquad (7.19)$$

通过 ε 的一阶项可以给出一阶扰动分析中的线性关系式为

$$Q_1(\bar{t}) = E_h\{[n/(1-k)]G_1(\bar{t}) - [k/(1-k)]R_1(\bar{t})\} \qquad (7.20)$$

当不考虑热阻滞效应时,$k = 0$,此时热通量仅为氧化剂流强的函数。

(3)燃烧边界层准稳态模型及热滞后—燃烧边界层耦合。一般认为边界层对燃气流强变化的响应比燃料热滞后和燃气动力学滞后等的响应更快,但这一假设有时可能与实际情况不符,对于大型固液混合发动机来说尤为明显。瞬变实验结果表明:当穿过湍流边界层的自由流速度突然改变时,由初始平衡状态到达最终平衡状态所需的时间与流体粒子从边界层前缘达到自由流(加速至自由流的流速)的流动时间成正比。对于固液混合发动机来说,一般有关系式

$$\tau_{bl} = c'(x/u_e) \qquad (7.21)$$

式中,τ_{bl} 为边界层平衡的特征响应时间;c' 是为经验常数。

由式(7.21)可知,燃烧边界层的滞后时间与燃气在孔道内速度的扰动传播无关,而与整个

边界层的扩散时间有关。燃烧边界层的滞后时间还与局部边界层厚度和扩散速度的比值成正比,即

$$\tau_{bl} \cong \delta / u^*$$

扩散速度可由剪切应力和气体平均密度定义为

$$u^* = \sqrt{\tau_0 / \rho_g}$$

剪切应力和边界层厚度可用标准(不可压缩)湍流边界层的相关经验公式来描述,即

$$\tau_0 = 0.028\,8\rho_g u_e \mathrm{Re}_x^{-0.2}$$
$$\delta = 0.37x\,\mathrm{Re}_x^{0.2}$$

因此,燃烧边界层的滞后时间可变为

$$\tau_{bl} = 2.18\,\mathrm{Re}_x^{0.1} x / u_e \tag{7.22}$$

此处雷诺数定义为 $Re_x = u_e x \rho_g / \mu$,固液混合发动机中常出现较高的雷诺数 Re_x。由于 c' 是局部雷诺数值的弱函数,可看作常数,其值一般可取 0.55,但若考虑燃烧和吹扫效应,则需要通过经验对 c' 的值进行确定。

若要所建模型能够在发动机中得以应用,必须获得平均边界层滞后时间,并用药柱长度 L 替换距离 x。但确定平均滞后时间非常困难,这是因为当 $L/D \approx 5$ 时,燃烧边界层可能会在药柱某一轴向位置处合并,合并后氧化剂的扩散厚度随孔道半径的变化而明显改变,但随轴向距离变化而缓慢改变。同时,当 x 增大时火焰与燃面间的距离增大,使燃料的扩散厚度也不断增大。

燃烧边界层对流强变化的响应可通过在准稳态热通量表达式中引入时间滞后来近似表示,则式(7.20)可转化为

$$Q_1(\bar{t}) = E_h \{ [n/(1-k)]G_1(\bar{t} - \tau_{bl1}) - [k/(1-k)]R_1(\bar{t} - \tau_{bl2})] \} \tag{7.23}$$

式中,τ_{bl1} 和 τ_{bl2} 分别为氧化剂流强和燃面退移速率发生变化时燃面热通量 $\dot{Q}_c$ 的滞后时间,$\bar{\tau}_{bl1} = \tau_{bl1}/\tau_{t1}$,$\bar{\tau}_{bl2} = \tau_{bl2}/\tau_{t1}$。

滞后时间 τ_{bl1} 和 τ_{bl2} 均遵循式(7.21)给出的缩放定律,但两者计算所需的 c' 不同,这是因为边界层的每种滞后都具有不同的调节适应机制。

传递函数的推导与热滞后传递函数的推导类似,唯一的区别是燃面上的能量守恒边界条件不同。用式(7.23)代替热滞后模型中燃面上的能量守恒边界条件(式(7.1)~式(7.3)),利用拉普拉斯变换技术便可对热滞后-燃烧边界层耦合问题进行求解。无量纲燃面退移速率 $R_{1L}(s)$ 和氧化剂流强的拉普拉斯变换 $I(s)$ 间的传递函数可表示为

$$\frac{R_{1L}(s)}{I(s)} = \frac{2E_{E_a}\sigma_2 \mathrm{e}^{-\bar{\tau}_{bl1}s}}{(1\sqrt{1+4s})(s+E_{E_a})-2E_{E_a}+2E_{E_a}s(E_L+\sigma_1 \mathrm{e}^{-\bar{\tau}_{bl2}s})} \tag{7.24}$$

式中,$\sigma_1 = E_h[k/(1-k)]$,$\sigma_2 = E_h[n/(1-k)]$。

通过式(7.24)可分析热滞后-燃烧边界层耦合系统的稳定性,常用的评估方法是将传递函数的极点映射至 s 平面,传递函数某一极点的实部表示与该极点相对应的放大倍率,虚部表示振荡频率。

(4)燃气动力学模型。通过热滞后-燃烧边界层耦合可获得燃面退移速率对燃气流强变化的响应,但计算过程并不涉及燃烧室压强、比冲和推力等发动机工作参数,因此还需要引入燃气动力学模型。一般来说,燃气动力学模型采用氧化剂质量流率和燃料流强作为输入值,发动

机性能参数作为输出值。

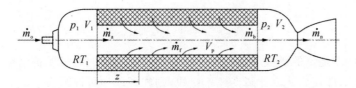

图 7.4　模型的示意图

对于如图 7.4 所示的发动机,自由容积可分为前燃烧室、燃料孔道、后燃烧室和喷管 4 部分。由于发动机为回转体,各部分可按照一维或零维来对待,下标 1 和 2 分别用来标识前燃烧室和后燃烧室,喷管喉部、燃料孔道入口和燃料孔道出口分别用下标 n、a 和 b 进行标识。

对于前燃烧室而言,零维质量守恒方程可以表示为

$$V_1 \frac{\mathrm{d}\rho_1}{\mathrm{d}t} = \dot{m}_0 - \dot{m}_a \tag{7.25}$$

发动机工作过程中,前燃烧室的容积可认为固定值不变,若再假设气体摩尔质量不变且满足多方过程,即

$$p \propto \rho^{n_p}$$

式中,n_p 为多方指数。再结合理想气体方程,式(7.25)可简化为

$$a_1 \frac{\mathrm{d}p_1}{\mathrm{d}t} = \dot{m}_0 - \dot{m}_a \tag{7.26}$$

式中,$a_1 = V_1/n_p R_1 T_1$。

燃料孔道可视为质量连续且有能量加入的准一维管道,微分形式质量守恒可以表示为

$$\frac{\partial \rho}{\partial t} = -\frac{\partial G}{\partial x} + \frac{\dot{m}_f}{A_p} \tag{7.27}$$

式中,$\dot{m}_f$ 为孔道轴向位置 x 处的燃料质量生成率,可采用一般函数形式来表示,即

$$\dot{m}_f = f(G, x)$$

燃料孔道内的动量方程可用局部流强 G、局部压强 p 和局部密度 ρ 来表示

$$\frac{\partial G}{\partial t} = -\frac{\partial (G^2/\rho)}{\partial x} - \frac{\partial p}{\partial x} - \left(\frac{C_f C_p}{2A_p}\right)\frac{G^2}{\rho} \tag{7.28}$$

式(7.28)中 C_f 表示 x 位置处的表面摩擦系数,因此该式的最后一项包含了表面摩擦对受力平衡的影响;A_p 为孔道面积;C_p 为孔道周长。此外,式(7.28)中的所有几何特性都与时间和轴向位置无关。

假设孔道内的燃气满足理想气体状态方程:

$$p = \rho R T$$

为了使系统封闭还需要用到能量方程,为简单起见可用温度和气体常数乘积来代替能量方程

$$RT(x) = (RT)_1 + [(RT)_2 - (RT)_1]x/L \tag{7.29}$$

温度和气体常数的乘积可作为一个整体变量,后燃烧室中的 RT_2 值可由发动机燃烧产物的 RT_2 表示,RT_c 值可由热力学计算来确定(其中 T_c 为燃烧室温度),即

$$RT_2 = f_b RT_c \tag{7.30}$$

与前燃烧室类似,若认为后燃烧室内气体具有均一的热力学性质,则定容假设下质量守恒方程可表示为

$$V_2 \frac{\mathrm{d}\rho_2}{\mathrm{d}t} \mid = \dot{m}_b - \dot{m}_n \tag{7.31}$$

式中,$\dot{m}_b$ 为进入后燃烧室的燃气质量流率;$\dot{m}_n$ 为经喷管流出的燃气质量流率。假设后燃烧室中的燃气充分混合,即反应速率比瞬变速率更快,则式(7.31)可以写为

$$a_2 \frac{\mathrm{d}p_2}{\mathrm{d}t} \mid = \dot{m}_b - \dot{m}_n \tag{7.32}$$

式中,$a_2 = V_2/RT_2$。同时,可以近似认为后燃烧室中 RT_2 的值与孔道出口处 RT_b 相同。

假设喷管中的流动是准稳态的(仅对响应较慢的瞬变过程有效),同时假设发动机工作过程中喷管一直处于壅塞状态,因此喷管中的燃气质量流率可用经典的准一维气体动力学公式计算,即

$$\dot{m}_n = A_n \Gamma_n p_c / \sqrt{RT_c} \tag{7.33}$$

式中,$\Gamma_n = \sqrt{\gamma_c} \left[2/(\gamma_c+1) \right]^{(\gamma_c+1)/2(\gamma_c-1)}$,$\gamma_c$ 为燃烧产物的比热容比。

(5)热滞后-燃烧边界层-燃气流动耦合(TCG coupling)。将燃气动力学模型与热滞后-燃烧边界层模型相关联,可得到热滞后-燃烧边界层-燃气动力学耦合模型,在氧化剂流强变化给定的情况下,可通过该耦合模型获得燃烧室压强振荡等发动机重要参数。图7.5为TCG耦合模型逻辑关系图,图中下半部分模块为TC耦合模型,上半部分模块为燃气动力学模型。

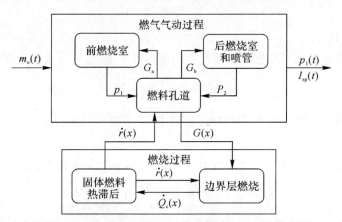

图7.5 TCG耦合模型逻辑关系图

TC耦合模型的输入参数为局部燃气流强,输出参数为燃面退移速率,燃气动力学模型以氧化剂质量流率和燃面退移速率为输入参数,输出参数为燃烧室压强和比冲等发动机性能参数,并将TC耦合模型中的燃面退移速率振荡转化为燃烧室压强振荡。

TCG耦合模型涵盖了固液混合发动机工作过程中的基本动力学行为,适用于采用隔离组件的气体氧化剂供给系统。也可将TCG耦合模型推广至采用液体氧化剂的固液混合发动机中,但由于氧化剂供给系统存在明显的动力学特征,必须在TCG耦合模型的前端至少添加两个子模型用以描述液滴蒸发和供给系统动力学过程。值得注意的是,Arif等人认为固液混合发动机固有低频不稳定的产生原因与这两个过程并无关系。

TCG模型计算结果与实验结果的对比如图7.6所示。

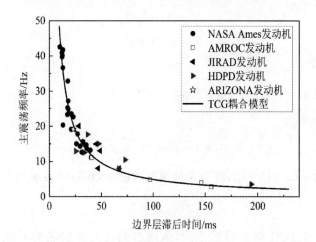

图 7.6　TCG 计算结果与实验值对比

由图 7.6 可知,TCG 耦合模型获得的振荡频率与实验结果间的平均误差为 13.94%,且只与个别实验结果存在明显差别,这可能是因为某些文献报道中的振荡频率和发动机工作条件并不准确。NASA 发动机实验结果的可信度一般较高,与模型预测结果间的误差最小,这也说明 TCG 模型的准确度较高。当剔除掉个别误差较大的实验数据后,模型的综合误差会降低至 10.30%。

此外,固液混合发动机的主振荡频率可通过下式来进行预估:

$$f = 0.234\ 1\Big(2 + \frac{1}{O/F}\Big)\frac{G_{\mathrm{o}}RT_{\mathrm{av}}}{Lp_{\mathrm{c}}} \tag{7.34}$$

式中,对于以气氧和液氧为氧化剂的发动机,$RT_{\mathrm{av}} = 6.38 \times 10^5\ \mathrm{m^2 \cdot s^{-2}}$,对于以 N_2O 为氧化剂的发动机,$RT_{\mathrm{av}} = 6.38 \times 10^5\ \mathrm{m^2 \cdot s^{-2}}$,这是主要是因为采用 N_2O 为氧化剂时燃烧产物的温度较低。

7.3.2　ZN 瞬态燃烧响应模型[70]

Zeldovich-Novozhilov 模型(简称 ZN 模型)常在固体火箭发动机的不稳定燃烧分析中使用,Lee 将该模型拓展至固液混合发动机中。在 ZN 模型中,假设燃面退移速率及燃面温度是有效温度和氧化剂质量流率的函数,这样便可以获得氧化剂扰动对燃烧响应的影响。

(1)控制方程。对于燃面上的能量守恒方程,该模型假设在燃气向燃面的总传热量中,用于燃料热分解和气化的能量可忽略不计,其他过程与图 7.3 中的一致。对控制方程(7.1)进行无量纲化,则有

$$\frac{\partial \theta}{\partial \tau} + R\ \frac{\partial \theta}{\partial Y} = \kappa \frac{\partial^2 \theta}{\partial Y^2} \tag{7.35}$$

式中,$\theta = \dfrac{T - T_{\mathrm{a}}}{T_{\mathrm{s,ref}} - T_{\mathrm{a}}}$,$Y = \dfrac{y}{\lambda_{\mathrm{f}}/\dot{r}}$,$\tau = \dfrac{t}{\lambda_{\mathrm{f}}/\dot{r}_{\mathrm{ref}}}$,$R = \dot{r}/\dot{r}_{\mathrm{ref}}$,$\varphi = f/f_{\mathrm{ref}}$,$f = \Big(\dfrac{\partial T}{\partial x}\Big)_0$。同样,带下标 ref 的表示稳态量。当 $R = 1$ 时,方程的稳态解具有如下所示的形式:

$$\theta(X) = \exp(Y) \tag{7.36}$$

对于线性分析来说,R 和 θ 可分别表示为

$$R = 1 + \dot{R}\mathrm{e}^{\mathrm{i}\Omega\tau}$$
$$\theta = \theta_{\mathrm{ref}} + \dot{\theta}\mathrm{e}^{\mathrm{i}\Omega\tau} \tag{7.37}$$

因此扰动控制方程为

$$\frac{\partial^2 \hat{\theta}}{\partial Y^2} + \frac{\partial \hat{\theta}}{\partial Y} - \mathrm{i}\Omega\hat{\theta} = \dot{R}\mathrm{e}^{Y} \tag{7.38}$$

式(7.38)的扰动解为

$$\hat{\theta}(Y) = C_1 \mathrm{e}^{\alpha y} - \frac{1}{\mathrm{i}\Omega}\dot{R}\mathrm{e}^{Y} \tag{7.39}$$

式中,C_1 为积分常数;$\alpha(\alpha-1)=\mathrm{i}\Omega$;$\Omega$ 为无量纲形式的角频率,可表示为

$$\Omega = \omega \frac{\lambda_{\mathrm{f}}}{\dot{r}_{\mathrm{ref}}^2}$$

(2)响应函数。与 TCG 耦合模型不同,该模型假设边界层能够对氧化剂的扰动及时响应,因此固液混合发动机的燃面退移速率和燃面温度均可表示为有效温度和氧化剂流强的函数,即

$$T_{\mathrm{s}} = T_{\mathrm{s}}(T_{\mathrm{e}}, G_{\mathrm{o}}) \qquad \dot{r} = \dot{r}(T_{\mathrm{e}}, G_{\mathrm{o}})$$

有效温度可定义为

$$T_{\mathrm{e}} = \bar{T}_{\mathrm{s}} + \frac{\lambda_{\mathrm{f}}}{\dot{r}}f \tag{7.40}$$

此外,模型还要用到燃面退移速率经典表达式,即

$$\dot{r} = aG_{\mathrm{o}}^{n}$$

在节流过程中,氧化剂流强从稳态转变为扰动状态,若燃面因此而产生扰动,则必须将非稳态的燃面退移速率和燃面温度通过其稳态值及扰动量来表示。若不考虑详细气相燃烧反应,则具有扰动的燃面退移速率和燃面温度可表示为

$$\mathrm{d}T_{\mathrm{s}} = \left(\frac{\partial T_{\mathrm{s}}}{\partial T_{\mathrm{a}}}\right)\mathrm{d}T_{\mathrm{a}} + \left(\frac{\partial T_{\mathrm{s}}}{\partial G_{\mathrm{o}}}\right)\mathrm{d}G_{\mathrm{o}}$$
$$\mathrm{d}\dot{r} = \left(\frac{\partial \dot{r}}{\partial T_{\mathrm{a}}}\right)\mathrm{d}T_{\mathrm{a}} + \left(\frac{\partial \dot{r}}{\partial G_{\mathrm{o}}}\right)\mathrm{d}G_{\mathrm{o}} \tag{7.41}$$

式(7.41)可表示成无量纲形式为

$$\dot{\theta} = (\dot{\theta}_{\mathrm{s}} - \dot{\varphi} + \dot{R})\pi + \vartheta\dot{G}$$
$$\dot{R} = (\dot{\theta}_{\mathrm{s}} - \dot{\varphi} + \dot{R})\chi + \upsilon\dot{G} \tag{7.42}$$

式(7.42)中,$\dot{G} = G_{\mathrm{o}}/\dot{G}_{\mathrm{o}}$,其他敏感性参数可以定义为

$$\chi = (\bar{T}_{\mathrm{s}} - T_{\mathrm{a}})\left(\frac{\partial \ln\bar{r}}{\partial T_{\mathrm{a}}}\right), \pi = \left(\frac{\partial \bar{T}_{\mathrm{s}}}{\partial T_{\mathrm{a}}}\right), \upsilon = \left(\frac{\partial \ln\bar{r}}{\partial \ln\bar{G}_{\mathrm{o}}}\right), \vartheta = \frac{1}{\bar{T}_{\mathrm{s}} - T_{\mathrm{a}}}\left(\frac{\partial \ln\bar{T}_{\mathrm{s}}}{\partial \ln\bar{G}_{\mathrm{o}}}\right)$$

响应函数可定义为归一化的燃面退移速率扰动与氧化剂流强波动间的比值,为了使方程组封闭,还需要两个独立方程式来消去 $\dot{\varphi}$ 和 $\dot{\theta}_{\mathrm{s}}$。通过温度及温度梯度的扰动解,可以得到响应函数为

$$R_{G_{\mathrm{o}}} = \frac{\nu + \Pi(\alpha - 1)}{1 + (\pi - \chi/\alpha)(\alpha - 1)} \tag{7.43}$$

式中,$\Pi = \upsilon\pi - \vartheta\chi$。

通过式(7.43)可将燃面退移速率响应与氧化剂流强扰动相关联,因此可用于固液混合发

动机中氧化剂的扰动分析。

（3）燃面退移速率的近似表达式。通常固体燃料燃面上的放热量 $Q_s=0$，由固体推进剂 ZN 模型中的稳态燃速近似关系式可容易地获得燃面退移速率表达式为

$$(\rho_f \dot{r}) = \frac{A R_u T_{s,\text{ref}} \rho_f^2 \alpha_s}{E_a(T_{s,\text{ref}} - T_a)} e^{\frac{-E_a}{R_u T_s}} \qquad (7.44)$$

式中，A 为指前因子；E_a 为活化能。

由式（7.44）便可推导出各敏感性参数。定义无量纲活化能为

$$\Upsilon = \frac{E_a}{R_u T_{s,\text{ref}}^2}(T_{s,\text{ref}} - T_a) \qquad (7.45)$$

因此有

$$\chi = (T_{s,\text{ref}} - T_a)\left(\frac{\partial \ln \dot{r}_{\text{ref}}}{\partial T_a}\right) = \frac{1}{2} \,, \quad \pi = \left(\frac{\partial T_{s,\text{ref}}}{\partial T_a}\right) = \frac{1}{1 - 2T_a/T_s + \gamma} \,, \quad \nu = \left(\frac{\partial \ln \dot{r}_{\text{ref}}}{\partial \ln G_{o,\text{ref}}}\right) = n$$

采用上述模型对基于 HTPB/LOX 的固液混合发动机进行计算，可获得氧化剂扰动情况下的系统响应曲线，如图 7.7 所示。

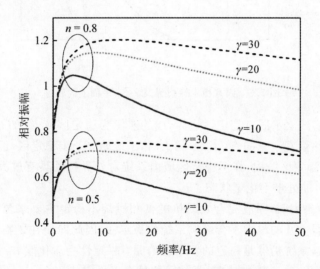

图 7.7　氧化剂扰动下系统的响应曲线

图 7.7 展示了流强指数 n 分别为 0.5 和 0.8 以及无量纲活化能 γ 分别为 10、20 和 30 时 γ 的计算结果。由图 7.7 可知，响应曲线的形状与 n 值的大小基本无关，当 $\gamma=10$ 时，曲线具有约 4 Hz 的峰值频率，但当 γ 增至 20 和 30 时，峰值频率随之增至约 8 Hz 和 11 Hz。

为了在固有稳定平面（$\pi-\chi$ 平面）内获得燃面放热 Q_s、活化能 E_a 及温度差 $T_{s,\text{ref}} - T_a$ 对系统稳定性的影响，考虑燃料加入含能组分（如 AP、Al 等）后 $Q_s \neq 0$ 的情况，敏感性参数 χ 和 π 可分别表示为

$$\chi = 2\left[1 - \frac{Q_s}{2c_f(T_{s,\text{ref}} - T)}\right]^{-1} \qquad (7.46)$$

$$\pi = \left[\left(T_{s,\text{ref}} - T_a - \frac{Q_s}{2c_f}\right)\left(\frac{2}{T_{s,\text{ref}}} + \frac{E_a}{R_u T_{s,\text{ref}}}\right) - 1\right]^{-1} \qquad (7.47)$$

因此参数 χ 与 Q_s 和 $T_{s,\text{ref}} - T_a$ 均有关，而参数 π 更依赖于活化能 E_a。当响应函数的分母为 0 时，便得到固有稳定性边界条件，同时敏感性参数的取值范围应为：$0<\pi<1$，$\chi>1$。稳

定性区域应当满足下述关系式：

当 $\chi<1$ 时，系统始终处于稳定状态。

当 $\chi<1$ 时，只有 $\pi>\dfrac{(\chi-1)^2}{\chi+1}$，系统才处于稳定状态。

图 7.8 所示为固体燃料热滞后的固有稳定性边界以及各参数变化时 $\pi-\chi$ 平面上的轨迹。

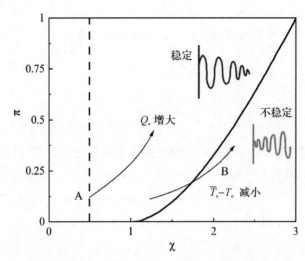

图 7.8　固有稳定性边界及 $\pi-\chi$ 平面上的轨迹

图 7.8 中的粗实线表示固有稳定性边界，线的左侧为稳定区域，线的右侧为不稳定区域。A 点对应于燃面放热量 $Q_s=0$ 的点，当 Q_s 增大时，系统始终处于稳定区，但当 $T_{s,ref}-T_a$ 不断减小时，B 点位于不稳定区域内，在不稳定区域内系统对外界扰动具有放大效应，因此当 $T_{s,ref}-T_a$ 较小时，系统可能处于不稳定状态。

ZN 模型计算结果表明，固液混合发动机的低频燃烧不稳定主要来源于固体燃料的热滞后，由于燃面上放热量 Q_s 的增大不会影响系统的稳定性，因此即使在燃料中加入少量含能组分使燃 Q_s 得以增大，系统仍然是稳定的。系统的固有稳定性受活化能 E_a 和温度差 $T_{s,ref}-T_a$ 变化的影响显著，当 $T_{s,ref}-T_a$ 较小时，系统可能处于不稳定状态。

7.3.3　声激励平均压强上升模型[71]

平均压强上升（DC shift）也可能在固液混合发动机中出现，由于燃面退移速率与燃烧室压强间没有强耦合关系，这种反常燃烧的出现一直没有公认的解释。Carmicino 等人采用声激励机制解释了平均压强上升现象的产生原因，该理论认为平均压强上升由平均燃面退移速率上升导致，而由纵向声不稳定驱动的、向燃面的不稳定传热又是引起平均燃面退移速率变化的本质原因。

该模型的一个重要基础仍然是如图 7.3 所示的固体燃料热滞后模型，该模型也在 TCG 耦合模型和 ZN 模型用到，具体描述可参阅 7.3.1 节。考虑到式（7.11）仅适用于 $5\leqslant B\leqslant100$ 的情况，为了使模型适用于 B 值较小的情况，且使热阻滞校正因子 C_f/C_{fo} 在所有 B 值范围内连续，可将 C_f/C_{fo} 表示为

$$C_{\mathrm{f}}/C_{\mathrm{f0}} = \frac{1}{1+0.4B}, \qquad B<5.313$$

$$C_{\mathrm{f}}/C_{\mathrm{f0}} = qB^{-k}, \qquad B\geqslant 5.313 \tag{7.48}$$

式中，$q=0.996$，$k=0.68$。

再由式(7.10)可得

$$B = \frac{2\rho_{\mathrm{f}}\dot{r}}{GC_{\mathrm{f0}}-0.8\rho_{\mathrm{f}}\dot{r}}, \qquad B<5.313$$

$$B = \left(\frac{2\rho_{\mathrm{f}}\dot{r}}{0.996GC_{\mathrm{f0}}}\right)^{1/(1-k)}, \qquad B\geqslant 5.313 \tag{7.49}$$

将式(7.12)代入式(7.9)，可得

$$\dot{Q}_{\mathrm{c}}(t) = \frac{1}{2}C_{\mathrm{f0}}\frac{C_{\mathrm{f}}}{C_{\mathrm{f0}}}GB_{\mathrm{t}}h_{\mathrm{v}} \tag{7.50}$$

式中，h_{v} 为有效气化热，$h_{\mathrm{v}} = L_{\mathrm{v}}+\lambda_{\mathrm{f}}(T_{\mathrm{s}}-T_{\mathrm{a}})$

将式(7.48)~式(7.50)进行联立，则可得燃面上对流热通量表达式为

$$\dot{Q}_{\mathrm{c}}(t) = B_{\mathrm{t}}h_{\mathrm{v}}\left(\frac{1}{2}GC_{\mathrm{f0}}-0.4\rho_{\mathrm{f}}\dot{r}\right), \qquad B<5.313$$

$$\dot{Q}_{\mathrm{c}}(t) = \frac{0.996}{2}GC_{\mathrm{f0}}B_{\mathrm{t}}h_{\mathrm{v}}\left(\frac{2\rho_{\mathrm{f}}\dot{r}}{0.996GC_{\mathrm{f0}}}\right)^{-k/(1-k)}, \qquad B\geqslant 5.313 \tag{7.51}$$

式(7.51)可表示为氧化剂流强和燃面退移速率的函数，即

$$\dot{Q}_{\mathrm{c}}(t) = A_1 G_{\mathrm{o}}^n - A_2\dot{r}, \qquad B<5.313$$

$$\dot{Q}_{\mathrm{c}}(t) = A_3 G_{\mathrm{o}}^{n/(1-k)}\dot{r}^{-k(1-k)}, \qquad B\geqslant 5.313 \tag{7.52}$$

式(7.52)中的 A_1、A_2 和 A_3 都是因数，可通过稳态下的发动机参数计算得到。由于稳态下的燃面热通量可表示为

$$\dot{Q}_{\mathrm{c,ref}} = \rho_{\mathrm{f}}\dot{r}_{\mathrm{ref}}h_{\mathrm{v,ref}} \tag{7.53}$$

因此在燃料的有效气化热、密度及燃面退移速率已知的情况下，便可很容易地求得 $\dot{Q}_{\mathrm{c,ref}}$ 的值。因此由式(7.52)的第二个方程便可求出 A_3 的值，则有

$$A_3 = \frac{\dot{Q}_{\mathrm{c,ref}}}{(G_{\mathrm{o,ref}}^n\dot{r}_{\mathrm{ref}}^{-k})^{1/(1-k)}} \tag{7.54}$$

由式(7.51)和(7.52)，可得

$$A_1 = \frac{1}{2}C_{\mathrm{f0,ref}}G_{\mathrm{o,ref}}^{1-n}B_{\mathrm{ref}}h_{\mathrm{v,ref}} \tag{7.55}$$

$$A_2 = 0.4\rho_{\mathrm{f}}B_{\mathrm{ref}}h_{\mathrm{v,ref}} \tag{7.56}$$

式(7.52)为考虑吹扫作用时，向燃面的非稳态对流传热量一般表达式，可以用于分析任何引起传热变化的瞬变行为，例如发动机点火、关机和推力调节过程中的氧化剂流强变化情况，还可以用于虽然氧化剂流强恒定，但由声振荡引起流动速率振荡的情况。对于后一种情况来说，可考虑声振荡对传热的影响，并根据已推导出的准稳态热通量关系式来评估热通量的大小。

当存在纵向声振荡时，将涉及的所有流动参数(流速和密度最为重要)分解成稳态值和微小扰动量之和，则有

$$u(x,t) = \bar{u}(x) + \acute{u}(x,t) \Bigg\}$$
$$\rho(x,t) = \bar{\rho}(x) + \acute{\rho}(x,t) \Bigg\} \tag{7.57}$$

由于 $\acute{u}/\bar{u} \ll 1$，$\acute{\rho}/\bar{\rho} \ll 1$，$\bar{u}\acute{\rho} \ll \bar{\rho}\acute{u}$，流强可表示为

$$G = \rho u = \bar{\rho}\bar{u} + \bar{\rho}\acute{u} + \bar{u}\acute{\rho} \cong \bar{\rho}\bar{u} + \bar{\rho}\acute{u} = \bar{G} + \acute{G} \tag{7.58}$$

通过变量分离法可对声场进行近似，假设波动具有时间上的周期性，则流速可表示为

$$\acute{u}(x,t) = \acute{u}(x)\sin(\omega t) \tag{7.59}$$

式中，ω 为角频率。

因此，式(7.52)中的瞬时流强可由式(7.59)进行估算，有

$$G_{\mathrm{o}}(t) = \frac{\bar{G}_{\mathrm{o}}}{L}\int_0^L \Big[1 + \frac{\acute{u}(x)}{\bar{u}}\sin(\omega t)\Big]\mathrm{d}x = \bar{G}_{\mathrm{o}}\Big(1 + \frac{\Delta\acute{p}}{\bar{G}_{\mathrm{o}}\omega L}\sin(\omega t)\Big) \tag{7.60}$$

式中，L 为药柱长度；$\Delta\acute{p}$ 为药柱孔道出口与入口间的声压差。式(7.60)中还使用了声速和声压间的关系式，即

$$\acute{u}(x) = -\frac{\mathrm{d}\acute{p}/\mathrm{d}x}{\omega\bar{p}} \tag{7.61}$$

若能得到纵向声模式的形状及频率，则流强的波动便可通过式(7.59)计算得到。

式(7.52)成立的前提条件是燃烧边界层响应远快于氧化剂流强变化，即传热与流强间不存在滞后情况。但在实际过程中，需要考虑氧化剂流强和燃面退移速率变化间的燃烧边界层滞后时间，因此式(7.52)可以改进为

$$\dot{Q}_{\mathrm{c}}(t) = A_1 G_{\mathrm{o}}^n(t) - A_2 \dot{r}(t-\tau_{\mathrm{bl}}) \qquad B<5.313 \Bigg\}$$
$$\dot{Q}_{\mathrm{c}}(t) = A_3 G_{\mathrm{o}}(t)^{n/(1-k)}\dot{r}\,(t-\tau_{\mathrm{bl}})^{-k(1-k)} \qquad B\geqslant 5.313 \Bigg\} \tag{7.62}$$

通过空间变量 y 对温度函数进行离散化，从而将式(7.1)这一偏微分方程转化为常微分方程组，再结合式(7.2)和式(7.3)中的边界条件，最终由式(7.4)得到燃面温度。常微分方程的初始值由下式给出，即

$$T_{\mathrm{i}}(x) = T_{\mathrm{a}} + (T_{\mathrm{s,ref}} - T_{\mathrm{a}})\mathrm{e}^{-\frac{\dot{r}_{\mathrm{ref}}}{\lambda_{\mathrm{f}}}y} \tag{7.63}$$

可采用非均匀时间步长的隐式 Radau 算法求解刚性微分方程组，该算法适用于热通量变化较大的情况，最后将求解出的燃面退移速率(及固相中的温度分布)在所需时间段内进行等间隔时间点插值。当式(7.3)中的热通量以正弦形式振荡时，模型计算结果如图7.9所示。

在计算中，热通量具有如下的正弦振荡，[振荡幅度 Λ 分别为 0.1 和 0.4(分别对应于热负荷分别为 10% 和 40% 的情况)]：

$$\dot{Q}_{\mathrm{c}}(t) = \dot{Q}_{\mathrm{c,ref}}[\Lambda\cdot\sin(\omega t) + 1] \tag{7.64}$$

相对振幅是指准稳态燃面退移速率 $\dot{r}_{\mathrm{qs}}$ 与稳态燃面退移速率的比值，可以通过对式(7.53)的求解获得，即

$$\frac{\dot{r}_{\mathrm{qs}}}{\dot{r}_{\mathrm{ref}}} = \frac{\dot{Q}_{\mathrm{c}}}{\dot{Q}_{\mathrm{c,ref}}}\frac{h_{\mathrm{v,ref}}}{L_{\mathrm{v}} + c_{\mathrm{f}}\Big(\dfrac{E_{\mathrm{a}}}{R}\dfrac{1}{\ln(A/\dot{r}_{\mathrm{qs}})} - T_{\mathrm{a}}\Big)} \tag{7.65}$$

由式(7.65)可知，相对振幅的大小与活化能和热负荷均有关，图7.9所示也可以说明相应问题。此外，该模型与其他模型获得的结果一致性较好。

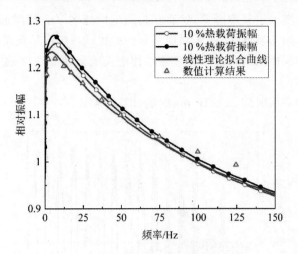

图 7.9 振荡频率计算结果

将式(7.60)所示的氧化剂波动表达式来对 PMMA 燃料的燃烧进行计算,计算过程中第一纵向声模式选自图 7.10 所示的小型地面发动机试车实验数据,声压振幅选为平均燃烧室压强(15 atm[①])的 1%,流强振荡幅度为 13.5%。

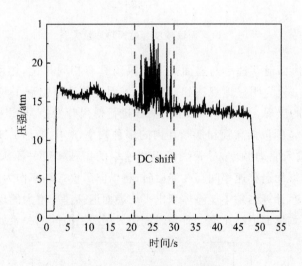

图 7.10 地面试车实验数据

在所建模型中,式(7.49)用来计算吹扫参数的值,在此基础上再通过式(7.62)计算出燃面上的热通量,最后通过式(7.62)~式(7.65)便可求得某一固定振幅热通量条件下的燃面退移速率振荡。从式(7.62)可以定性得到:在给定的氧化剂流强下,向燃面的传热随着燃面退移速率的增大而减小,这是由于燃面退移速率的增大使吹扫效应增强。但同时式(7.3)表明,燃面退移速率随着燃面热通量的增大而增大。

燃面热通量与燃面退移速率之间的复杂关系说明,当燃面退移速率滞后于向燃面热反馈的情况下,若燃面退移速率增大,则滞后结束时,由于吹扫效应的增强会使燃面上的热通量趋

---

① 1 atm＝101.325 kPa,1 个标准大气压。

于降低,进而又会导致燃面退移率降低;然后吹扫效应的减弱又会使燃面上的热通量增大;以此类推……因此,若时间滞后增大,则非周期性衰减的扰动系统将呈现振荡并具有阻尼。阻尼率最终可能为负值,导致燃面退移速率振幅的线性增长或出现非线性效应导致的压强极限周期振荡现象。

图 7.11 为边界层滞后时间 $\tau_{bl}=10$ ms 时的计算结果。

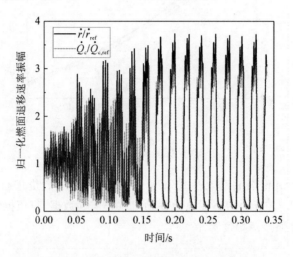

图 7.11　振荡幅度与燃面热通量关系

由图 7.11 可知,燃面退移速率与燃面热通量振荡具有相同相位,燃面退移速率的高频振荡和低频振荡现象均可较为明显地观察到。此外,燃面退移速率出现了较大幅度的增大现象,预示着平均压强上升的出现。对图 7.11 中的曲线进行傅里叶变换,可得图 7.12。

图 7.12 中的频率范围包括高频和低频在内的多种频率,其中 47.15 Hz 为最主要的振荡频率,325 Hz 为模型的输入驱动频率,尽管燃面退移速率的振荡幅度并不大,但却非常明显。因此,当向燃面的传热和燃面退移速率间存在滞后时,将纵向声模式频率作为流强扰动频率用于计算燃面退移速率的响应,计算结果中能够体现出平均燃面退移速率增大的现象,增大程度与热滞后时间的大小有关,平均燃面退移速率上升与燃烧边界层滞后时间的关系如图 7.13 所示。

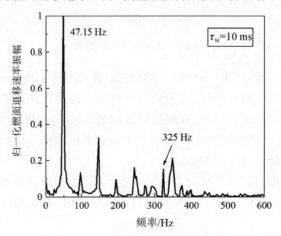

图 7.12　振荡幅度与频率关系

由图 7.13 可知,滞后时间为零时,平均燃面退移速率上升情况基本不存在,当滞后时间增大至 10 ms 时,平均燃面退移速率上升达到最大值,然后随滞后时间的增大而持续减小。值得注意的是,该结果基本不受流强扰动驱动频率的影响,无论这一频率是否为声学频率。

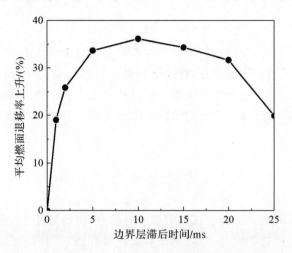

图 7.13　平均燃面退移速率上升与燃烧边界层滞后关系

在固液发动机中,由纵向声学模式(如通过涡流脱落产生)驱动的燃烧不稳定已被证实能够对燃面退移速率产生影响,因此,在具有不稳定现象的发动机中,燃烧室压强振荡中的低频和高频分量可能均由声学现象引起,即声不稳定可能是低频不稳定产生的原因。此外,当考虑声学模式时,由燃面退移速率变化可推导得出:燃烧室压强振荡与声学模式并不具有关联性,这可能是因为声学模式在驱动燃面退移速率振荡时,燃烧室平均压强振荡也会对声学模式产生影响。

第8章　固液混合发动机内弹道参数计算

固液混合发动机工作时,液体氧化剂经喷注器进入燃烧室内,与固体燃料掺混、燃烧产生高温高压燃气,燃气经过喷管膨胀加速,将热能和势能转化为动能,从而产生推力。本章针对固液发动机中的燃烧过程,首先介绍燃烧室和喷管膨胀热力学计算方法,在此基础上建立发动机零维内弹道方程组,并通过该方程组的求解从理论上获得发动机工作过程中内弹道参数的变化规律。

8.1　燃烧室热力学计算

燃烧室热力学计算的主要任务是在给定推进剂配方、初始温度 T_0、燃烧室压强 p_c 等的情况下计算出推进剂燃烧产物的组分、热力学性质及输运性质,并获得燃烧温度 T_f 等参数。主要计算思路为:首先根据推进剂配方信息计算推进剂的假定化学式与总焓;然后根据质量守恒方程和化学平衡方程,求解得到给定燃烧室压强 p_c 和燃烧温度 T_f 下满足化学平衡条件的燃烧产物的质量分数(或摩尔分数);最后根据能量守恒方程确定燃烧温度 T_f,进而获得燃烧产物的热力学性质和输运性质。

8.1.1　基本假设

由于固液混合发动机的实际燃烧过程非常复杂,因此进行理论计算时须做出以下几点假设:

(1)燃烧过程是绝热的,燃烧所释放的能量全部被燃烧产物吸收,无热损失。

(2)忽略因燃气流动造成的压强不均,燃烧室内各处压强均匀一致。

(3)燃烧产物处于化学平衡状态。

(4)燃气符合完全气体状态方程。

8.1.2　推进剂假定化学式

假定推进剂主要由 C、H、O、N、Al 和 Mg 等元素组成,组成推进剂的 K 种组分的质量百分数分别为 w_1、w_2、$\cdots$、w_k,第 i 种组分的相对分子质量为 m_i,且 1 mol 该组分中含有各元素的原子物质的量为 $C_i{'}$、$H_i{'}$、$O_i{'}$、$N_i{'}$、$Al_i{'}$、$Mg_i{'}\cdots$。因此 1 kg 推进剂中各元素原子物质的量 n_C、n_H、n_O、n_N、n_{Al}、n_{Mg} 分别为

$$n_C = \sum_{i=1}^{K} \frac{w_i C_i{'}}{m_i}$$

$$n_H = \sum_{i=1}^{K} \frac{w_i H_i{'}}{m_i}$$

$$n_O = \sum_{i=1}^{K} \frac{w_i O_i{'}}{m_i}$$

$$n_{\mathrm{N}} = \sum_{i=1}^{K} \frac{w_i N_i'}{m_i}$$

$$n_{\mathrm{Al}} = \sum_{i=1}^{K} \frac{w_i Al_i'}{m_i} \tag{8.1}$$

$$n_{\mathrm{Mg}} = \sum_{i=1}^{K} \frac{w_i Mg_i'}{m_i}$$

故 1 kg 推进剂假定化学式可以写成 $C_{n_{\mathrm{C}}} H_{n_{\mathrm{H}}} O_{n_{\mathrm{O}}} N_{n_{\mathrm{N}}} Al_{n_{\mathrm{Al}}} Mg_{n_{\mathrm{Mg}}}$。

8.1.3　推进剂的总焓

物质的总焓反映了其所具有的总能量,考虑到发动机工作过程中推进剂发生燃烧反应而释放能量,因此推进剂的总焓可定义为推进剂化学能与其焓之和。推进剂的燃烧释放出大量能量,表现为推进剂的化学能大于其燃烧产物的化学能。由于化学能的大小仅取决于物质特有的化学结构,而与温度和压强等外界条件无关,通常物质的化学能可用其标准生成焓来表示。固液混合发动机的推进剂为凝聚态,其焓值与温度有关,而燃烧产物的焓值除与温度有关外还与压强有关。

推进剂中含有多种组分,1 kg 推进剂总焓 $\tilde{I}_p$ 等于各组分的总焓 $\tilde{I}_i$ 与质量分数的乘积之和,即

$$\tilde{I}_p = \sum_{i=1}^{K} \tilde{I}_i w_i \tag{8.2}$$

式中,$\tilde{I}_i$ 为 1 kg 推进剂第 i 种组分的总焓,kJ·kg^{-1}。

任意温度 T 下组分的总焓 $\tilde{I}_i$ 可由下式计算:

$$\tilde{I}_i = \frac{\left(H_i^{\ominus} + \int_{T_{\mathrm{st}}}^{T} c_p dT\right)}{m_i} \times 1\,000 \tag{8.3}$$

式中,$H_i^{\ominus}$ 为物质的标准生成焓,kJ·mol^{-1};T_{st} 为基准温度,298 K;c_p 为物质的定压比热容,J·kg^{-1}·K^{-1}。

由第一点假设可知推进剂总焓应等于燃烧室中燃烧产物的总焓,由式(8.3)计算得到的推进剂总焓是能量守恒方程的重要组成部分,也是燃烧温度计算的重要前提。

8.1.4　燃烧产物平衡组分计算

燃烧产物平衡组分计算是燃烧室热力学计算的核心任务,常用的计算方法主要有化学平衡常数法、布林克莱法和最小吉布斯自由能法。化学平衡常数法缺点在于求解方程数目不能太多,人工工作量大,且不易于计算机程序化,而布林克莱法虽然计算机求解方便,但计算结果精度往往难以满足要求。随着计算机科学的发展与进步,最小吉布斯自由能法已成为目前燃烧产物平衡组分计算的最常用方法,因此本节介绍该方法的求解原理及具体计算步骤,控制方程为质量守恒方程和化学平衡方程。

首先根据推进剂元素组成,假定燃烧产物共有 N 种,1~L 为凝聚相产物编号,$L+1$~N 为气相产物编号,其中($N-M+1$)~N 为元素原子状态的气相组分编号。

（1）质量守恒方程。对于元素来说，用 $E_k(k=1,2,\cdots,M)$ 表示组成推进剂的第 k 种元素，推进剂假定化学式可写成 $(E_1)_{n1}(E_2)_{n2}\cdots(E_M)_{nM}$。对于 $(E_k)N_k$ 来说，下标 N_k 代表 1 kg 推进剂中含有第 k 种元素 E_k 的原子物质的量

$$N_k = \sum_{i=1}^n n_i A_{ki} \tag{8.4}$$

式中，n_i 表示 1 kg 推进剂中第 i 种组分的物质的量，其中第 k 种元素原子的物质的量为 A_{ki}。

（2）化学平衡方程。最小吉布斯自由能法的判据为：在等温、等压条件下，只有自由能 $\tilde{G}$ 达到最小值时系统才处于平衡状态，即

$$\tilde{G} = \tilde{G}_{\min} \tag{8.5}$$

由于组分的化学位在数值上等于 1 mol 该组分的吉布斯自由能，即

$$\tilde{G}_j = \mu_j \tag{8.6}$$

若将燃烧产物中的气相组分与凝聚相组分分开考虑，则系统的吉布斯自由能为

$$\tilde{G} = \sum_{j=1}^N \mu_j n_j = \sum_{j=1}^L \mu_j^c n_j + \sum_{j=L+1}^N \mu_j n_j \tag{8.7}$$

式中，μ_j^c 为凝聚相 j 组分的化学位。

而根据化学位定义 $\mu_j = \mu_j^0 + R_0 T \ln p_j$，式（8.7）可简化为

$$\tilde{G} = \sum_{j=1}^L \mu_j^c n_j + \sum_{j=L+1}^N (\mu_j^0 + R_0 T \ln p_j) n_j \tag{8.8}$$

令

$$\varphi = \frac{\tilde{G}}{R_0 T}$$

$$Y_j^c = -\frac{\mu_j^c}{R_0 T} \qquad (j=1,2,\cdots,L)$$

$$Y_j = -\frac{\mu_j^0}{R_0 T} \qquad (j=L+1,L+2,\cdots,N)$$

并将 $\ln p_j = \ln n_j + \ln p - \ln n_g$ 代入式（8.8），可得

$$\varphi = \sum_{j=1}^L \varphi_j^c + \sum_{j=L+1}^N \varphi_j^0 = \sum_{j=1}^L -Y_j^c n_j + \sum_{j=L+1}^N (-Y_j^0 + \ln n_j + \ln p - \ln n_g) n_j \tag{8.9}$$

式中，n_g 为气体产物总的物质的量。

为在给定温度和压强条件下，函数 $\tilde{G}$ 仅是各组分物质的量 $n_j(j=1,2,\cdots,N)$ 的函数。由上述推导过程也可以看出，函数 φ 处于极小值的条件与函数 $\tilde{G}$ 处于极小值的条件相同。所以使函数 $\tilde{G}$ 处于最小值的各组分物质的量便是所要计算的平衡组分。此外还必须满足质量守恒方程式（8.4），因此问题转化为一个条件极值问题。应用拉格朗日乘数法把条件极值问题转换为无条件极值问题，即将式（8.9）转化为

$$F = \varphi + \sum_{k=1}^M \lambda_k (N_k - \sum_{j=1}^N A_{kj} n_j) \tag{8.10}$$

函数 F 的极值条件为

$$\frac{\partial F}{\partial n_j} = 0 \ (j=1,2,\cdots,N) \tag{8.11}$$

$$\frac{\partial F}{\partial \lambda_k} = 0 \ (k=1,2,\cdots,M) \tag{8.12}$$

因此,式(8.10)可化简为

$$-Y_j^c - \sum_{k=1}^{M} \lambda_k A_{kj} = 0 \quad (j=1,2,\cdots,L) \tag{8.13}$$

$$-Y_j + \ln n_j + \ln p - \ln n_g - \sum_{k=1}^{M} \lambda_k A_{kj} = 0 \quad (j=L+1,L+2,\cdots,N) \tag{8.14}$$

$$N_k - \sum_{j=1}^{N} A_{kj} n_j = 0 \quad (k=1,2,\cdots,M) \tag{8.15}$$

(3)方程线性化求解。由于式(8.14)含有 $\ln n_j$ 和 $\ln n_g$,直接求解比较困难,须采用线性化处理。将燃烧产物中各气相组分物质的量精确值($n_{L+1},n_{L+2},\cdots,n_N$)替换为物质的量近似值($c_{L+1},c_{L+2},\cdots,c_N$),并采用泰勒级数公式展开,可得

$$\ln n_j = \ln c_j + (n_j - c_j)\left[\frac{\partial(\ln n_j)}{\partial n_j}\right]_{(c_{L+1},c_{L+2},\cdots,c_N)} + R_1 \tag{8.16}$$

式中,R_1 为泰勒级数展开的余项。在式(8.16)中下角标 $c_{L+1},c_{L+2},\cdots,c_N$ 表示偏导数在点 $c_{L+1},c_{L+2},\cdots,c_N$ 上取值,以下用 $\bar{c}$ 表示。

为了将近似值区别于精确值,采用 $X_j(j=1,2,\cdots,N)$ 表示由线性方程组计算得到的平衡组分物质的量,因此式(8.14)可简化为

$$(-Y_j + \ln c_j + \ln p - \ln c_g) + \left(\frac{X_j}{c_j} - \frac{X_g}{c_g}\right) - \sum_{k=1}^{M} \lambda_k A_{kj} = 0$$
$$(j = L+1,L+2,\cdots,N) \tag{8.17}$$

式(8.15)也可以写成

$$N_k - \sum_{j=1}^{N} A_{kj} X_j = 0 \quad (k=1,2,\cdots,M) \tag{8.18}$$

式中,$X_g = \sum_{j=L+1}^{N} X_j$ 。

将式(8.13)、式(8.18)带入式(8.17)化简和整理,可得

$$\sum_{i=1}^{M} \lambda_i R_{ki} + \alpha_k W + \sum_{j=1}^{L} A_{kj} X_j = N_k + \sum_{j=L+1}^{N} A_{kj} \varphi_j(\bar{c}) \quad (k=1,2,\cdots,M) \tag{8.19}$$

其中

$$R_{ki} = \sum_{j=L+1}^{N} A_{kj} A_{ij} c_j \quad \begin{cases} k=1,2\cdots,M \\ i=1,2,\cdots,M \end{cases} \tag{8.20}$$

$$a_k = \sum_{j=L+1}^{N} A_{kj} c_j \quad (k=1,2,\cdots,M) \tag{8.21}$$

$$W = \frac{X_g}{c_g} \quad (k=1,2,\cdots,M) \tag{8.22}$$

$$\sum_{k=1}^{M} \alpha_k \lambda_k = \sum_{j=L+1}^{N} \varphi_j(\bar{c}) \tag{8.23}$$

$$\sum_{k=1}^{M} A_{kj} \lambda_k = -Y_j^c \quad (j=1,2,\cdots,L) \tag{8.24}$$

将式(8.19),式(8.23)以及式(8.24)组成的方程组转化为矩阵表达形式,即

$$
\begin{bmatrix}
R_{11} & R_{12} & \cdots & R_{1M} & a_1 & A_{11} & A_{12} & \cdots & A_{1L} \\
R_{21} & R_{22} & \cdots & R_{2M} & a_2 & A_{21} & A_{22} & \cdots & A_{2L} \\
\vdots & \vdots & & \vdots & \vdots & \vdots & \vdots & & \vdots \\
R_{M1} & R_{M2} & \cdots & R_{MM} & a_M & A_{M1} & A_{M2} & \cdots & A_{ML} \\
a_1 & a_2 & \cdots & a_M & 0 & 0 & 0 & \cdots & 0 \\
A_{11} & A_{21} & \cdots & A_{M1} & 0 & 0 & 0 & \cdots & 0 \\
R_{21} & A_{22} & \cdots & A_{M2} & 0 & 0 & 0 & \cdots & 0 \\
\vdots & \vdots & & \vdots & \vdots & \vdots & \vdots & & \vdots \\
R_{M1} & A_{2L} & \cdots & A_{ML} & 0 & 0 & 0 & \cdots & 0
\end{bmatrix}
\begin{bmatrix}
\lambda_1 \\ \lambda_2 \\ \vdots \\ \lambda_M \\ W \\ X_1 \\ X_2 \\ \vdots \\ X_L
\end{bmatrix}
=
\begin{bmatrix}
N_1 + \sum_{j=L+1}^{N} A_{1j}\phi_j(\bar{c}) \\
N_2 + \sum_{j=L+1}^{N} A_{2j}\phi_j(\bar{c}) \\
\vdots \\
N_M + \sum_{j=L+1}^{N} A_{Mj}\phi_j(\bar{c}) \\
\sum_{j=L+1}^{N} \phi_j(\bar{c}) \\
-Y_1^c \\
-Y_1^c \\
\vdots \\
-Y_L^c
\end{bmatrix}
$$

$$(8.25)$$

将计算得到的 $X_j(j=1,2,\cdots,N)$ 初始值,重复计算,直到临近两次的计算结果满足一定的精度要求,则可计算出燃烧产物平衡组分的物质的量 n_j。

(4)能量守恒方程。在给定温度 T 下燃烧产物平衡组分的定压比热容 $c_p(\mathrm{J \cdot mol^{-1} \cdot K^{-1}})$、焓 $\tilde{I}p(\mathrm{kJ \cdot mol^{-1}})$ 和熵 $S(\mathrm{J \cdot mol^{-1} \cdot K^{-1}})$ 可由下式计算得到:

$$
\left.
\begin{aligned}
c_p &= A + B \times t + C \times t^2 + D \times t^3 + E/t^2 \\
\tilde{I}_p - \tilde{I}_{p\,298.15} &= A \times t + B \times t^2 + C \times t^3 + D \times t^4/4 + E/t - H \\
S &= A\ln(t) + B \times t + C \times t^2/2 + D \times t^3 - E/(2 \times t^2) + G
\end{aligned}
\right\}
$$

$$(8.26)$$

式中,A,B,C,D 和 E 为组分的特性常数,均可在物理化学或工程热力学手册中查到。

故燃烧产物的总焓为

$$
\tilde{I}_p = \sum_{i=1}^{N} n_i \tilde{I}_{p_i}
$$

$$(8.27)$$

燃烧温度通常采用内插法确定,具体做法为:首先选取两个温度 T_{f1} 和 T_{f2},其中($T_{f1} < T_{f2}$),然后对于某一指定压强利用燃烧产物平衡组分获得方法分别计算两个温度下的平衡组分及所对应燃烧产物的总焓 $\tilde{I}_{m1}$ 和 $\tilde{I}_{m2}$,再将燃烧产物总焓 $\tilde{I}_{m1}$ 和 $\tilde{I}_{m2}$ 与推进剂总焓 $\tilde{I}_p$ 相比较,如果 $\tilde{I}_p$ 在 $\tilde{I}_{m1}$ 和 $\tilde{I}_{m2}$ 之间,则可缩小温度区间重复上述计算过程,直到推进剂与燃烧产物的总焓在一定误差范围内,此时的温度即为燃烧温度 T_f,则有

$$
T_f = T_{f1} + \frac{\tilde{I}_p - \tilde{I}_{m1}}{\tilde{I}_{m2} - \tilde{I}_{m1}}(T_{+2} - T_{+1})
$$

$$(8.28)$$

图 8.1 为采用内插法求解燃烧温度的示意图。

如果 $\tilde{I}_p$ 不处于 $\tilde{I}_{m1}$ 及 $\tilde{I}_{m2}$ 之间,需要再取一个计算温度 T_{f3}。若 $\tilde{I}_p > \tilde{I}_{m2}$,则应取 $T_{f3} > T_{f2}$;若 $\tilde{I}_p < \tilde{I}_{m1}$,则应取 $T_{f3} < T_{f1}$。然后计算 T_{f3} 温度下燃烧产物的总焓 $\tilde{I}_{m3}$,使 $\tilde{I}_p$ 处于 $\tilde{I}_{m1}$ 与 $\tilde{I}_{m3}$ 或 $\tilde{I}_{m2}$ 与 $\tilde{I}_{m3}$ 之间。最后根据具体情况在温度 T_{f1} 与 T_{f3} 或 T_{f2} 与 T_{f3} 之间,利用式(8.28)插值计算得到 T_f。

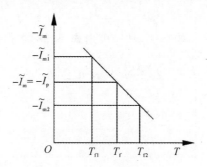

图 8.1　内插法求燃烧温度 T_f

8.1.5　燃烧室热力学参数计算

(1)气相组分的平均相对分子质量。若 1 kg 推进剂燃烧产物中含有 N 种组分,其中凝聚相组分为 L 种,则凝聚相燃烧产物的质量分数为

$$\omega_c = \sum_{i=1}^{L} \frac{m_i n_i}{1\ 000} \tag{8.29}$$

因此气相燃烧产物的平均相对分子质量为

$$\bar{m} = \frac{1\ 000(1 - \omega_c)}{n_g} \tag{8.30}$$

(2)气相组分的平均气体常数。气相燃烧产物的平均气体常数可由其平均相对分子质量表示为

$$\bar{R} = R_0 / \bar{m} \tag{8.31}$$

整个燃烧产物的等价气体常数为

$$\bar{R}_m = (1 - \omega_c)\bar{R} \tag{8.32}$$

(3)燃烧产物的比热容和比热容比。每种物质的定压比热容可在物理化学和热力学手册中查到,并常表示为以温度 T 为变量的多项式形式:

$$c_{pf} = R_0(a_1 + a_2 T + a_3 T^2 + a_4 T^3 + a_5 T^4) \tag{8.33}$$

对于存在多种组分的推进剂燃烧产物(包括凝聚相产物)来说,其定压比热容可以通过式(8.33)计算,即

$$c_{pf} = \sum_{i=1}^{N} n_i c_{p,i} \tag{8.34}$$

式中,$c_{p,i}$ 为第 i 种燃烧产物的定压比热容。

定压比热容和定容比热容存在关系为

$$c_{pf} - c_{Vf} = R_0 / \bar{m} = \bar{R} \tag{8.35}$$

因此可由 $\gamma_c = c_{pf} / c_{Vf}$ 获得燃烧产物的比热容比。

(4)燃烧产物的熵。燃烧产物的熵与其温度及所处的压强环境有关,其中气相燃烧产物的熵与温度和压强均有关,对于某种气相燃烧产物来说其熵可表示为

$$S_i = S_i^0 - R_0 \ln p \tag{8.36}$$

式中,S_i^0 为一个大气压及温度 T_f 条件下 i 组分的熵。

凝聚相燃烧产物的熵仅与温度有关,即

$$S_i = S_i^0 \tag{8.37}$$

因此对于 1kg 推进剂燃烧产物来说,其熵可由式(8.38)求得,即

$$S = \sum_{i=1}^{N} n_i S_i^0 - R_0 \ln \sum_{i=L+1}^{N} n_i \ln p_i \tag{8.38}$$

由道尔顿分压定律可知

$$p_i = \frac{n_i}{n_g} p$$

因此式(8.38)可表示为

$$S = \sum_{i=1}^{N} n_i S_i^0 - R_0 \left[n_g \ln p + \sum_{i=L+1}^{N} n_i \ln \left(\frac{n_i}{n_g} \right) \right] \tag{8.39}$$

8.2 喷管膨胀过程的热力学计算

8.2.1 平衡流动和冻结流动

喷管是火箭发动机的能量转换部件,燃气流经喷管时不断加速,而温度和压强不断降低,使燃气的热能和势能转化为火箭发动机的动能。若要使燃气的热能尽可能多地加以转化,需要燃气在流出喷管时达到完全膨胀状态,即燃气在喷管出口截面处的压强与环境压强相等。在燃气膨胀过程中,同时伴随着燃烧产物的离解和复合反应,由于燃烧产物的温度在一直降低,可认为复合反应占主导地位。但热力学计算过程难以考虑复杂的动力学过程,因此在计算时一般将燃烧产物在喷管中的膨胀过程假设为平衡流动或冻结流动。

由于不同喷管截面处燃烧产物的状态参数(p,T)均不相同,若燃烧产物间的复合反应速度较快,则需要考虑由于化学平衡的存在,燃烧产物组分应当与其所处截面上的状态参数相适应,即当温度和压强变化时,产物组分应处于新的温度与压强条件下的平衡状态。此时燃烧产物在喷管中的流动便称为平衡流动。

若复合反应速度大大低于燃烧产物热力学参数的变化速度和流动速度,则可认为燃烧产物在喷管中的整个流动过程中组分保持不变,即与喷管入口处(燃烧室内)燃烧产物的组分相同。这种将燃烧产物化学平衡进行"冻结"的流动称为冻结流动,实际上也是一种极限不平衡流动。

由于燃烧产物间的复合反应会释放出一部分热能,这些热能可在膨胀过程中转换成燃气的动能,因此若将燃烧产物在喷管中的流动看作平衡流动,则比冻结流动假设计算得到的比冲略高。实际上,燃烧产物在喷管中的流动既不是平衡流动也不是冻结流动,而是介于两者之间的"松弛流动",通常采用平衡流动假设来对发动机理论性能参数进行计算。

8.2.2 喷管中的平衡流热力学计算

喷管中的平衡流热力学计算是考虑化学平衡且燃气膨胀至给定压强的喷管热力学计算,其主要任务为确定喷管出口截面上燃烧产物新的平衡组分、温度及燃气热力学参数,为进一步计算发动机的喷气速度、推力、比冲等参数提供必要数据。对于喷管出口截面上燃烧产物的组分确定来说,计算方法与燃烧室中平衡组分的类似,在已知喷管出口截面处压强的情况下,对

组分进行确定的前提是求得喷管出口截面燃烧产物的温度。

在喷管热力学计算中,一般假设燃烧产物为组分均一的完全气体,其流动过程为不存在任何摩擦、传热等不可逆现象的理想流动,即等熵流动。燃烧产物的熵可通过式(8.39)求得,当给定燃烧室压强 p_c 和喷管出口压强 p_e(或给定压强比 p_e/p_c)时,可采用内插法对喷管出口截面处温度进行计算,具体方法与步骤为:

(1)估算喷管出口截面处的燃气温度 T_e。根据等熵公式:

$$T_e = T_f \left(\frac{p_e}{p_c} \right)^{\frac{\gamma-1}{\gamma}}$$

(8.40)

初步估算出一个 T_e 值,并在 T_e 附近选取温度 T_{e1},T_{e2},两者相差 100 K。式(8.40)中燃气的比热容比 γ 值可选用燃烧室中燃烧产物的比热容比,也可参照同类型推进剂的已知数据进行选取。

(2)通过热力学计算(p_e, T_e),(p_e, T_{e1}) 和 (p_e, T_{e2}) 条件下喷管出口截面处燃烧产物的平衡组分,并由式(8.39)分别计算出 S_e、S_{e1} 和 S_{e2} 三个熵值。

(3)根据等熵条件,采用如图 8.2 所示的内插法计算喷管出口截面处燃烧产物的温度 T_e。

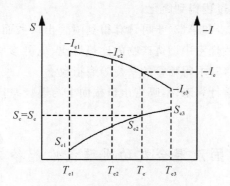

图 8.2　内插法求燃烧温度 T_f

如果 S_e 在 S_{e1} 和 S_{e2} 之间,则可用如下的内插公式计算出 T_e,即

$$T_e^{(1)} = T_{e1} + \frac{S_e - S_{e1}}{S_{e2} - S_{e1}}(T_{e2} - T_{e1})$$

(8.41)

如果 S_e 不在 S_{e1} 和 S_{e2} 之间,则应再选一个温度 T_{e3},计算相应的平衡组分和熵值 S_{e3}。如果 $S_e > S_{e2}$,则应选 $T_{e3} > T_{e2}$;如果 $S_e < S_{e2}$,则应选 $T_{e3} < T_{e1}$。

(4)根据最终计算得到的(p_e, T_e),通过热力学计算得到喷管出口截面处燃烧产物的组分,进而可计算出气相产物物质的量 n_{ge}、凝聚相产物的质量百分数 ε_e、气相产物的平均相对分子质量 $\bar{m}_e$、气相产物的平均气体常数 $\bar{R}_e$、燃烧产物总焓 $\tilde{I}_{P_e}$ 等参数。其中 $\tilde{I}_{P_e}$ 可由下式求得,即

$$\tilde{I}_{P_e} = \sum_{j=1}^{N} n_j \tilde{I}_{ej}$$

(8.42)

式中,n_j 为(p_e, T_e)条件下热力计算得到的 1 kg 燃烧产物中第 j 中组分的物质的量;$\tilde{I}_{ej}$ 为对应于(p_e, T_e)下的 1 kg 第 j 种组分的焓。

(5)计算喷管的平衡等熵指数 $\bar{\gamma}$(平均比热容比)。假设燃烧产物从(p_c, T_f)状态膨胀至(p_e, T_e)状态,该过程应满足等熵方程:

$$p v^{\bar{\gamma}} = 常数 \tag{8.43}$$

因此

$$p_e \nu_e^{\bar{\gamma}} = p_c \nu_c^{\bar{\gamma}} \tag{8.44}$$

将状态方程 $\nu = \bar{R}T/p$ 代入式(8.44)，并进行整理，可得

$$\bar{\gamma} = \frac{\lg\left(\dfrac{p_e}{p_c}\right)}{\lg\left(\dfrac{p_e}{p_c}\dfrac{\bar{R}_c}{\bar{R}_e}\dfrac{T_c}{T_e}\right)} \tag{8.45}$$

8.2.3 喷管中的冻结流热力学计算

冻结流热力学计算可分为组分冻结流计算和完全冻结流计算两种，两者皆不考虑燃气在膨胀过程中的平衡问题(冻结流)，即膨胀过程中燃烧产物组分不变，但前者认为等熵指数变化而后者认为等熵指数不变。对于组分冻结流热力学计算来说，由于喷管出口截面上的燃烧产物组分与燃烧室内相同，则在计算中可省去 (p_e, T_{e1}) 和 (p_e, T_{e2}) 条件下燃烧产物组分及热力学参数的计算，使整个计算过程得到简化。

由8.2.2节中的第(1)步和第(3)步可计算得到喷管出口截面上燃烧产物的温度，计算所需的比热容比 γ 值可选用燃烧室中燃烧产物的比热容比，也可参照同类型推进剂的已知数据进行选取。然后再由式(8.45)求得喷管的平衡等熵指数 $\bar{\gamma}$。

对于完全冻结流热力学计算来说，喷管出口截面上与燃烧室内的燃烧产物具有完全相同的热力学参数，因此 $\bar{\gamma} = \gamma$。

8.3 固液混合发动机理论性能参数计算

8.3.1 固液混合发动机理论性能参数关系式

在对发动机的比冲、推力、特征速度等参数进行理论计算时，除热力学计算过程中已有的各种假设，还要加入以下假设：

(1)沿燃料轴向处的燃面退移速率均匀一致，不考虑因局部燃面退移的存在而导致的燃面面积变化。

(2)燃烧产物的流动是一维的，即在同一轴向截面上燃烧产物的组分、压强、温度和速度都是均匀分布的，喷管出口截面处燃气射流是轴向的。

由于喷管入口截面上燃烧产物处于 (p_c, T_c) 条件下的平衡状态，通过燃烧室热力学计算可得到该截面上燃气的热力学参数，如总焓 $\tilde{I}_{pc}$、总熵 S_c 等。注：可认为 T_c 与 T_f 数值上相同。

在喷管出口截面上，燃烧产物的速度(排气速度)为

$$u_e = \sqrt{2(\tilde{I}_{pc} - \tilde{I}_{pe})} \tag{8.46}$$

发动机的理论比冲为

$$I_{sp} = \frac{u_e}{g} + \frac{\bar{R}_e T_e}{u_e g}\left(1 - \frac{p_a}{p_e}\right) \tag{8.47}$$

当喷管出口截面处燃烧产物压强与外界压强相同,即 $p_e = p_a$ 时,产物完全膨胀,此时发动机的比冲最大,即 $I_{sp} = u_e / g$。

理论特征速度可由下式可得

$$c^* = \frac{p_c A_t}{\dot{m}} = \frac{\sqrt{\bar{R}_c T_c}}{\bar{\Gamma}} \qquad (8.48)$$

式中,A_t 为喷管喉径;$\dot{m}$ 为燃气质量流率;$\bar{R}_c$ 为燃烧室中燃烧产物的平均气体常数;$\bar{\Gamma} = \sqrt{\gamma_c}$ $\left(\dfrac{2}{\gamma_c+1}\right)^{\frac{\gamma_c+1}{2(\gamma_c-1)}}$;$\gamma_c$ 为燃烧室中燃烧产物的比热容比。

当 $p_e = p_a$ 时,理论推力因数为

$$C_F = \frac{I_{sp} g}{c^*} = \frac{u_e}{c^*} \qquad (8.49)$$

发动机的理论推力可以通过下式计算,则有

$$F = \dot{m} u_e = C_F p_c A_t \qquad (8.50)$$

通过上述步骤可计算出给定燃烧室压强且氧燃比固定(即氧化剂质量流率及燃面积均不变)情况下固液混合发动机的理论性能参数,但在实际计算过程中,燃烧室压强往往事前并不知道。受燃料的药型限制,发动机工作过程中燃面积通常会发生变化,导致燃烧过程中氧燃比随时间而改变,在变推力控制时该现象更为显著,因此实际发动机的理论性能参数不是定常值,而是随工作时间的变化而改变。因此即使已知燃烧室压强条件,采用上述步骤也只能对发动机性能参数进行大致估算,若要获得更为准确的计算结果,需要引入时间变量。

8.3.2   固液混合发动机零维内弹道方程

对于固液混合发动机来说,内弹道理论计算的主要任务是获得发动机工作过程中燃烧室内压强和发动机推力随时间的变化规律(即 p_c - t 曲线和 F - t 曲线)。已知条件为氧化剂类型及质量流率 $\dot{m}_o$、燃料配方及药型、燃面退移速率 $\dot{r}$、喷管喉径 d_t 和出口截面直径 d_e(或扩张比 p_c / p_e)、初始燃烧室自由容积 V_c 等参数。

对于内弹道方程来说,首先必不可少的是燃料的燃面退移速率方程,该方程是获得实时燃料质量流率及肉厚的前提与基础。由于固液混合发动机推力室从几何结构上一般可看作回转体,故而在空间上一般仅考虑发动机轴向方向存在的燃烧情况差异。但固液混合发动机为典型的扩散燃烧,且扩散的尺度较大,燃面退移不但受氧化剂的流强控制,而且要受燃烧室压强、氧化剂流线和燃气特性等因素的影响,对不同发动机来说即使燃料配方和氧化剂流强均相同,轴向上燃料的局部燃面退移速率也往往存在较大差异。为方便计算,认为不同轴向位置处燃料的燃面退移速率相同。

一般来说燃面退移速率 $\dot{r}$ 与氧化剂流强 G_o 间呈指数关系,而氧化剂流强 G_o 可用氧化剂流量 $\dot{m}_o$ 和燃料孔道截面积 A_p 的比值来表示,即

$$\dot{r} = a G_o^n = a \left(\frac{\dot{m}_o}{A_p}\right)^n \qquad (8.51)$$

式中,a,n 为固体燃料的性能参数,在燃料配方和发动机结构一定的情况下可认为是定值。

若燃烧室中燃气的密度为 ρ_c,燃烧室自由容积为 V_c,则由质量守恒可得

$$\frac{\mathrm{d}(\rho_c V_c)}{\mathrm{d}t} = \dot{m}_p - \dot{m}_t = \dot{m}_o + \dot{m}_f - \dot{m}_t \qquad (8.52)$$

式中，$\dot{m}_p$ 为推进剂的质量消耗率，等于氧化剂质量流率 $\dot{m}_o$ 和燃料质量流率 $\dot{m}_f$ 之和；$\dot{m}_t$ 为流经喷管的燃气质量流率。

固液混合发动机的燃料药柱一般为内孔燃烧，因此孔道内表面积便是燃面面积 A_f，若药柱长度为 L_f、内孔直径为 d（单一圆孔）、密度为 ρ_f，则燃料的质量流率可表示为

$$\dot{m}_f = \rho_f A_f \dot{r} = \pi \rho_f d l_f \dot{r} \qquad (8.53)$$

由于

$$\dot{m}_t = \frac{p_c A_t}{c^*} \qquad (8.54)$$

$$\frac{\mathrm{d}(\rho_c V_c)}{\mathrm{d}t} = \rho_c \frac{\mathrm{d}V_c}{\mathrm{d}t} + V_c \frac{\mathrm{d}\rho_c}{\mathrm{d}t} = \rho_c \dot{r} A_f + V_c \frac{\mathrm{d}\rho_c}{\mathrm{d}t} \qquad (8.55)$$

由气体状态方程 $p_c = \rho_c R_c T_f$，可得

$$\frac{\mathrm{d}\rho_c}{\mathrm{d}t} = \frac{1}{R_c T_f} \frac{\mathrm{d}p_c}{\mathrm{d}t} \qquad (8.56)$$

将式(8.53)~式(8.56)代入式(8.52)中可得

$$\frac{V_c}{R_c T_f} \frac{\mathrm{d}p_c}{\mathrm{d}t} = \dot{m}_o + (\rho_f - \rho_c)\dot{r} A_f - \frac{p_c A_t}{c^*} \qquad (8.57)$$

由于燃气密度远小于推进剂密度，忽略式(8.57)中的 ρ_c，再将式(8.51)代入该式可得

$$\frac{V_c}{R_c T_f} \frac{\mathrm{d}p_c}{\mathrm{d}t} = \dot{m}_o + \rho_f A_f a \left(\frac{\dot{m}_o}{A_p}\right)^n - \frac{p_c A_t}{c^*} \qquad (8.58)$$

固液混合发动机工作过程中，随着燃料的逐渐消耗，燃料药柱的肉厚减小、燃烧室自由容积增大，且燃面面积也会发生变化。根据燃料药型，燃烧室自由容积和燃面面积可表示为药柱燃去肉厚 e 的函数，而燃去肉厚 e 又是时间 t 的函数，即

$$\left. \begin{aligned} V_c &= V_c(e) \\ A_f &= A_f(e) \\ e &= a \left(\frac{\dot{m}_o}{A_p}\right)^n t \end{aligned} \right\} \qquad (8.59)$$

将式(8.59)中的 V_c 和 e 对时间 t 求导，再加上式(8.58)便组成了如下式所示的固液混合发动机零维内弹道基本方程组：

$$\left. \begin{aligned} A_f &= A_f(e) \\ \frac{V_c}{R_c T_f} \frac{\mathrm{d}p_c}{\mathrm{d}t} &= \dot{m}_o + \rho_f A_f a \left(\frac{\dot{m}_o}{A_p}\right)^n - \frac{p_c A_t}{c^*} \\ \frac{\mathrm{d}V_c}{\mathrm{d}t} &= A_f a \left(\frac{\dot{m}_o}{A_p}\right)^n \\ \frac{\mathrm{d}e}{\mathrm{d}t} &= a \left(\frac{\dot{m}_o}{A_p}\right)^n \end{aligned} \right\} \qquad (8.60)$$

对方程组(8.60)进行求解，便可计算得到固液混合发动机工作过程中燃烧室压强 p_c 与工作时间 t 间的关系，同时还可得到燃料药柱肉厚的变化规律。在获得燃烧室压强变化规律后，可通过式(8.61)对发动机的推力变化规律进行计算，则有

$$F = \dot{m}_p u_e + A_e(p_e - p_a) \qquad (8.61)$$

式中，$\dot{m}_p$ 为推进剂的质量消耗率，等于氧化剂质量流率和燃料质量流率之和；u_e 为喷管出口

处的喷气速度；A_e 为喷管出口截面面积；p_e 为喷管出口截面处的燃气压强；p_a 为环境压强。

8.3.3　固液混合发动机理论性能参数计算实例

选用石蜡和 HTPB 这两种常见固体燃料，求解石蜡燃料管型药柱、HTPB 燃料管型药柱、HTPB 燃料星型药柱在氧气为氧化剂时固液混合发动机工作的内弹道曲线。为了便于比较，管型药柱尺寸取外径 $D_g = 60$ mm，内孔直径 $d_g = 30$ mm，长度 $L_g = 158$ mm。星型药柱外径 $D_x = 60$ mm，长度 $L_x = 158$ mm，肉厚 $e_x = 15$ mm，星角数 $n_x = 6$，星槽圆弧半径 $r_x = 2$ mm，星边夹角 $\theta = 60°$，星角系数 $\varepsilon = 0.6$。星型药柱的几何参数如图 8.3 所示。

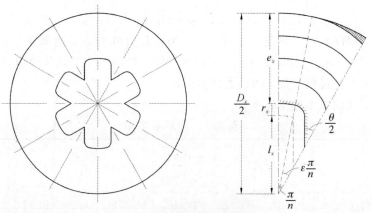

图 8.3　星形药柱的几何参数

HTPB 和石蜡的密度分别取为 0.922 g · cm^{-3} 和 0.909 g · cm^{-3}，因此 HTPB 和石蜡的管型药柱质量分别为 309 g 和 304 g，HTPB 星形药柱质量则为 327 g。为了比较不同燃料、不同药形药柱的性能，应使发动机工作段的压强值基本相同。本书中将发动机稳定工作段的燃烧室压强用药柱燃烧至平均燃面时的瞬时平衡压强 $p_{c,eq}$ 来表示

$$p_{c,eq} = \frac{c^* \dot{m}_t}{A_t} = \frac{c^* (\dot{m}_o + \rho_f \bar{A}_f \dot{r}_{\bar{A}_f})}{A_t} \tag{8-62}$$

式中，$\bar{A}_f$ 为燃料药柱的平均燃面面积；$\dot{r}_{\bar{A}_f}$ 燃料燃烧至平均燃面面积时的燃面退移速率。因此，通过调整喷管喉部面积 A_t，将发动机的 $p_{c,eq}$ 值控制在同一水平，从而通过计算结果对不同类型药柱性能进行有效分析。

对于给定的氧化剂质量流率 $\dot{m}_o$，由燃烧开始时的药柱孔道面积，可得到燃烧开始时的氧化剂流强 G_o，再由式(8-51)可得到此时的燃面退移速率。其中式(8-51)中的 a，n 为固体燃料的性能参数，可通过发动机实验测得。取时间步长 $\triangle t$，经一个时间步长后，内孔直径、药柱长度均可以求得，再根据内孔直径和药柱长度便可求得药柱体积。因药柱实际密度已知，由初始时刻和经一个时间步长后时刻的体积差，便可计算得到燃料的初始质量流率，进而可计算得到初始氧燃比 O/F，为热力学计算提供输入参数。

在进行热力学计算时，还需要已知燃烧室压强，为了便于比较不同燃料配方和不同药形的燃烧性能，使发动机稳定工作段的燃烧室压强 $p_{c,eq}$ 稳定在 3.0 MPa。经过燃烧室热力学计算可得到特征速度 $c*$，再根据喷管扩张比 p_c/p_e（本书中固定为 30）由喷管流动计算获得发动机的理论比冲和推力，在热力学计算中将燃气在喷管中的流动作为冻结流来对待。

通过求解固液混合发动机零维内弹道基本方程组(8-60)，可得到发动机工作过程中燃烧

室压强 p_c 与工作时间 t 间的关系（p_c-t 曲线）。在求解方法上，可采用截断误差更低、计算精度更高的四阶龙格-库塔法（Runge-Kutta）直接求解，表达式为

$$\begin{cases} p_{c,n+1} = p_{c,n} + \dfrac{h}{6}(K_1 + 2K_2 + 2K_3 + K_4) \\ K_1 = f(t_n, p_{c,n}) \\ K_2 = f(t_n + \dfrac{h}{2}, p_{c,n} + \dfrac{h}{2}K_1) \\ K_3 = f(t_n + \dfrac{h}{2}, p_{c,n} + \dfrac{h}{2}K_2) \\ K_4 = f(t_n + h, p_{c,n} + hK_3) \end{cases} \tag{8-63}$$

式中，$p_{c,n}$ 为上一时间步长的燃烧室压强；$p_{c,n+1}$ 为计算得到的下一时间步长的燃烧室压强；h 为每次迭代的时间步长；t_n 为该次迭代时的燃烧时间。给定一个初始压强值，便可不断重复迭代得到推进剂在燃烧过程中每一刻的燃烧室压强

计算中的其他输入参数见表 8.1。

表 8.1　计算参数表

药柱类型	燃料化学式	标准生成焓 $(kJ \cdot mol^{-1})$	$\dot{m}_o$ $(g \cdot s^{-1})$	$\dfrac{A_e}{A_t}$	a	n	$d_t(mm)$
管形石蜡燃料药柱	$C_{26.4}H_{54.8}$	-774.745	45.374	5.204	0.117	0.62	6.996
管形 HTPB 燃料药柱	$C_{7.3165}H_{10.336}O_{0.1063}$	-11.251	9.223	5.498	0.072	0.50	3.124
星形 HTPB 燃料药柱	$C_{7.3165}H_{10.336}O_{0.1063}$	-11.251	12.190	5.706	0.072	0.50	3.511

图 8.4 为三种不同情况下发动机燃烧室压强随时间的变化曲线。

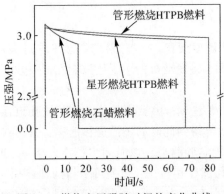

图 8.4　燃烧室压强随时间的变化曲线

由图 8-4 可知，每种药柱燃烧中间时刻对应的压强 p_c 均为 3 MPa，由于管形药柱燃面变化较大，在整个燃烧过程中燃烧室压强变化相对较为明显。此外，由于石蜡燃料具有更高的燃面退移速率，管形石蜡燃料药柱的燃烧时间最短为 16 s，而其他两种燃料药柱的燃烧时间分别长达 67 s 和 79 s。

发动机比冲 I_{sp} 随时间 t 的变化规律如图 8.5 所示。

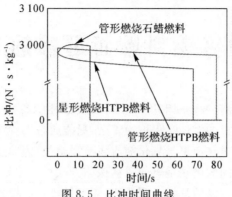

图 8.5　比冲时间曲线

由图 8.5 可知,三种发动机的比冲值均在 2 900～3 000 N·s·kg^{-1}左右,其中采用石蜡燃料时的比冲最高,约为 3000 N·s·kg^{-1},这是因为石蜡主要由饱和烷烃组成,其氢含量比 HTPB 高,从而在能量上略显优势。氧气/HTPB 氧化剂组合的最佳氧燃比 O/F 约为 2.3,在本算例中采用 HTPB 星形药柱和 HTPB 管形药柱发动机的氧燃比 O/F 分别约为 2.63 和 2.27,显然前者与最佳氧燃比的偏离程度更大。因此,在图 8.5 中,虽然同是 HTPB 燃料,采用星形药柱时的比冲比采用管形药柱时低。

在获得燃烧室压强 p_c 后可计算得到相应的推力系数 C_F,进而通过推力表达式(8-61)计算得到发动机的推力 F。

$$F = C_F p_c A_t \tag{8-64}$$

图 8.6 为发动机工作时的推力时间曲线。

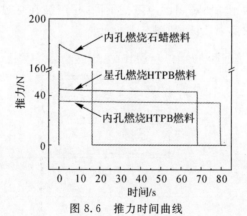

图 8.6　推力时间曲线

在图 8.6 中,采用石蜡燃料时发动机的推力最高可达 179 N,明显高于采用 HTPB 燃料时的推力,这是由于石蜡燃料的燃烧过程存在液滴夹带现象,使燃面退移速率得到明显提高,因此在燃面面积相同的情况下可以使发动机获得更大的推力。对于两种 HTPB 燃料药柱,虽然燃面退移速率接近,但星型药柱的燃面面积大于管型药柱,使发动机的推力由采用管形药柱时的约 34 N 增大至采用星型药柱时的约 45 N。

第9章 固体燃料燃面退移速率测试方法

燃面退移速率是固液混合发动机和固体燃料的核心性能参数,对发动机内弹道性能有着极为重要的影响,由于发动机的燃烧过程极为复杂,只能通过实验测试进行精确测定。固体燃料无法自持燃烧,而且燃面退移速率与氧化剂流强呈强相关,因此燃面退移速率测试通常基于发动机实验,不同测试方法间的区别是燃面退移探测方式存在差异。

在众多测试方法中,最常见的是熄火测量法,即测量燃烧后燃料药柱的质量(或肉厚)再结合燃烧前燃料药柱的质量(或肉厚)及燃烧时间获得燃面退移速率,但该方法仅能得到时均燃面退移速率,无法测得瞬时燃面退移速率。近年来国内外一直试图对瞬时燃面退移进行连续测量,以实现燃面退移过程的更精确表征,本章主要介绍几种目前较为成熟的测量方法。

9.1 超声波法

9.1.1 测试原理

超声波法又称为脉冲-反射波法,即利用超声波在声阻抗材料中的反射特性来测量燃面退移速率。在测试过程中超声波传感器安装在燃烧室壳体上,传感器探头作为超声波发射器,将超声波发射至燃烧室内,由于每种材料的声阻抗不同,超声波在穿过发动机壳体、绝热层和燃料的过程中,会形成不同的反射回波,如图9.1所示。

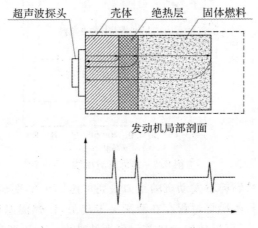

图 9.1 超声波测试原理图

超声波传感器与发动机之间通常需要设置由有机玻璃等制成的耦合材料,其作用主要为:①消除超声波传感器与发动机壳体间的气体,使超声波能有效地穿入燃烧室内;②作为连接件使超声波传感器与不同形状的发动机壳体相匹配;③有效隔离来自发动机壳体的热量,保护传感器不受高温损害。

若已知超声波在燃料药柱中的传播速度为 C，则通过超声波传播时间 t_f（发射和接收经历的时间），便可计算出燃料的肉厚 e，则有

$$e = \frac{Ct_f}{2} \tag{9.1}$$

在发动机工作过程中，传感器能够接收到周期性的超声波脉冲信号，因此可实时监测到燃料的肉厚变化，某一时间段内的燃面退移速率便可表示为

$$\dot{r} = \frac{e_2 - e_1}{t_2 - t_1} \tag{9.2}$$

燃面退移速率的测量主要利用纵波（质点振动方向与波传播方向相同）的脉冲反射，固体介质中纵波的声速为

$$C = \sqrt{\frac{E_f}{\rho}} \sqrt{\frac{1 - \mu_f}{(1 + \mu_f)(1 - 2\mu_f)}} \tag{9.3}$$

式中，E_f 为燃料弹性模量；ρ_f 为燃料密度；μ_f 为燃料的泊松比。

值得注意的是，燃烧室内的温度和压强环境会对超声波的波速产生影响，20 世纪 80 年代，法国航空航天研究中心（ONERA）提出了一种超声波波速的修正方法：

$$c_{ref}/c = [1 + k_T(T - T_{ref})][1 - k_p(p - p_{ref})] \tag{9.4}$$

并研发出了超声波传感器数据采集系统[72]。Lestrade 等人[73] 使用该超声波传感器数据采集系统测量了 PE 燃料的燃面退移速率，考虑到燃烧室压强不足以使 PE 燃料产生明显的应力、应变，故将式（9.4）中压强对机械波速的影响忽略，即令 $k_P = 0$，可得到温度修正公式：

$$\frac{1}{2}c_{ref}t_f(t) = e(t)[1 + k_T(T_{amb} - T_{ref})] + \frac{k_T\alpha}{\dot{r}(t)}(T_{melt} - T_{amb})\left[1 - \exp\left(-\frac{\dot{r}}{\alpha}e(t)\right)\right] \tag{9.5}$$

式中，k_T 为温度因数；k_p 为压强因数；c 为标况下固体燃料声速；t_f 为传播时间；e 为燃料肉厚；T_{amb} 为环境温度；T_{melt} 为熔融温度；T_{ref} 为标准状态下的温度；α 为燃料热扩散因数；$\dot{r}$ 为燃面退移速率。

Sorge 等人[74-75] 提出了超声波传感器误差预估公式，并绘制了如图 9.1 所示的压强和温度效应对超声波传感器测量的误差曲线，即

$$\varepsilon_p = \left|-\frac{w_{ri}}{e} + \frac{p - p_{ref}}{2K}\right| = \frac{(1 - \mu_f^2)}{E_f\left[(1 + \mu_f) + (1 - \mu_f)\left(\frac{r_e}{r_i}\right)^2\right]}\left[\left(2 + \frac{r_e}{r_i}\right)p - p_{ref}\right] \tag{9.6}$$

$$\varepsilon_T = \gamma_T\left(\frac{e}{\delta}\right)^{-0.983} \tag{9.7}$$

式中，γ_T 为温度误差因数由热扩散因数 α 决定；ε_p 为压强误差；ε_T 为温度误差；w_{ri} 为径向位移；p 为燃烧室压强；p_{ref} 为标况压强；K 为燃料压缩因数；r_e 为药柱外半径；r_i 为药柱内半径；e 为药柱肉厚；δ 为流动边界层厚度。

总体来说，燃烧室压强越低，超声波传感器的测量误差越小，并且随着药柱肉厚增大，压强效应引起的误差也逐渐减小。温度效应引起的误差随着燃面退移速率的增大而逐渐减小，而且随着燃料热扩散因数的增大而增大。值得注意的是，该误差计算公式只适用于管型燃料，且燃烧室压强小于 8 MPa 的情况。

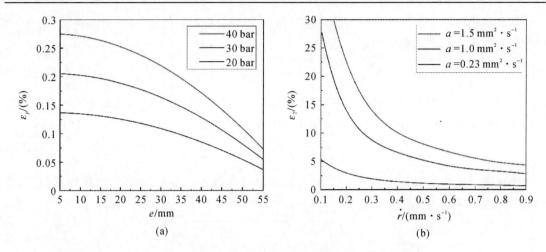

图 9.1　压强温度效应引起的超声波传感器误差曲线图

注：1 bar＝10^5 pa。

9.1.2　应用实例

Carmicino 等人[76]采用超声波法测量了 HDPE 燃料的燃面退移速率,实验以氧气作为氧化剂,燃料药柱长 560 mm,外径为 133 mm,内孔直径分别为 16mm、25mm、50mm 和 75 mm。实验装置如图 9.2 所示,超声波传感器通过焊接在燃烧室壳体上的传感器座安装在燃烧室中部,传感器和燃料之间设置有硅凝胶耦合层,超声波可穿过耦合材料直接作用于燃料药柱,避免了燃烧室壳体和绝热层回波可能引起的实验误差。

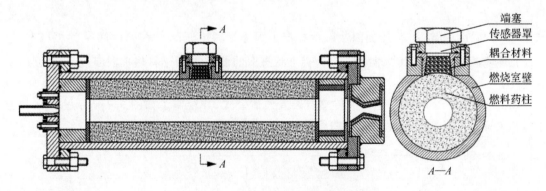

图 9.2　发动机结构及局部剖面图

图 9.3 为药柱内孔直径 25 mm 和 50 mm 时燃料的局部燃面退移速率测试结果,图中横坐标表示药柱内径的变化,因此该图显示的是燃面退移速率与药柱内孔直径的关系。

由图 9.3 可以看出:药柱内孔直径为 25 mm 时的燃面退移速率显著高于药柱内孔直径为 50 mm 时的情况,但是前者的燃面退移速率随燃面的增大呈快速下降趋势,后者的燃面退移速率变化趋势较为平缓。Carmicino 等人认为,当药柱初始内孔直径为 25 mm 时,大部分氧化剂喷注到了药柱前端,造成了超声波传感器所处截面附近的局部燃面退移速率过大。

Lestrade 等人[73]采用超声波法测量了 PE 燃料的燃面退移速率,氧化剂为 N_2O,实验采用的推力室结构如图 9.4 所示。

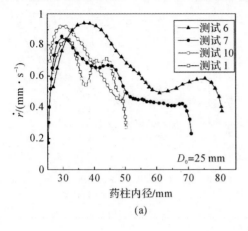 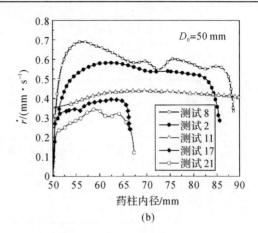

(a)　　　　　　　　　　　　(b)

图 9.3　局部燃面退移速率曲线图

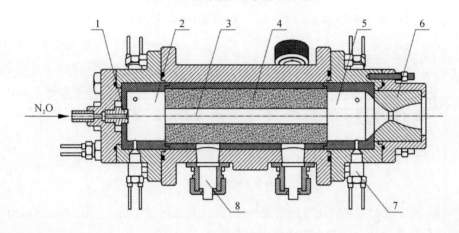

图 9.4　实验用固液混合发动机
1—喷注器；2—前燃烧室；3—燃烧室；4—PE 燃料；5—后燃烧室；6—喷管；7—压强传感器；8—超声波传感器

推力室壳体上放置了两个超声波传感器，用以检测药柱不同轴向位置处的燃面退移速率。实验使用的药柱长度为 230 mm，外径为 82 mm，内孔直径为 27 mm，由于燃烧室压强较小，PE 燃料发生的应力应变可忽略，因此不考虑压强对波速产生的影响。燃烧室压强为 7 MPa 左右时，不同氧化剂流强下的燃面退移速率测试结果如图 9.5 所示。

由图 9.5(a)可知，两个传感器测得的燃面退移速率随时间的增加均呈现先迅速增大随后缓慢减小的趋势，且氧化剂上游处燃料的燃面退移速率略高。从图 9.5(b)中可以看，当氧化剂流强小于 250 kg·m^{-2}·s^{-1} 时，燃面退移速率保持在 2～2.5 mm·s^{-1} 之间，Muzzy 等人[77]认为这是因为在氧化剂流强较低时，辐射传热占据主导地位，燃面退移速率几乎不变。当氧化剂流强高于 250 kg·m^{-2}·s^{-1} 时，燃面退移速率随着氧化剂流强的增大而增大，通过对实验数据进行线性拟合可得到燃面退移速率公式为

$$\dot{r} = 1.28 \times 10^{-5} \, (\rho u)_{ox}^{0.94} \tag{9.8}$$

式中，$\dot{r}$ 为燃面退移速率；ρ_{ox} 为氧化剂密度；u_{ox} 为氧化剂轴向速度。

Keiichi 等人[78]将 3 个超声波传感器均布在发动机的燃烧室壳体上，用以测量 PEG 的燃面退移速率，结构如图 9.6 所示。实验以氧气作为氧化剂，采用管型药柱，药柱长 1 300 mm、药柱外径 80 mm、内孔直径 40 mm。

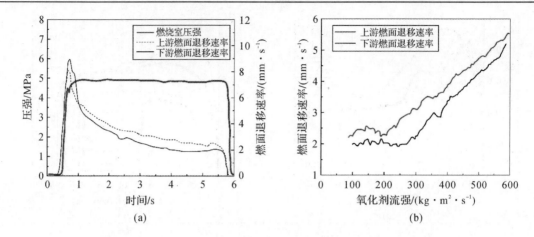

图 9.5　超声波传感器测量结果

(a)7 MPa 时燃面退移速率变化曲线;(b)燃面退移速率随氧化剂流强变化曲线

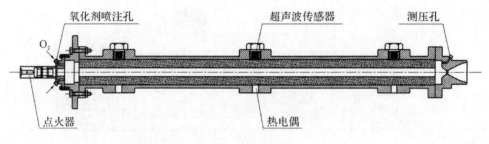

图 9.6　实验发动机

　　实验中每 10 s 增大一次氧化剂质量流率,实验结果如图 9.7 所示。从图 9.7(a)中可以看出,燃烧室压强随着氧化剂质量流量的增大而升高。

　　从图 9.7(b)可知,在发动机工作前 7.5 s 时间范围内,沿药柱轴向不同位置处的燃面退移速率大致相等,即不存在明显的局部燃面退移速率差异。但随着氧化剂质量流率的增大,燃气上游处燃料的燃面退移速率增大缓慢,中下游处燃面退移速率增大较为快速,且燃面退移速率基本保持一致。

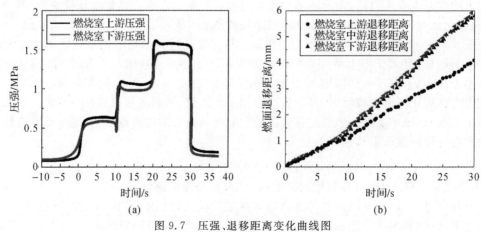

图 9.7　压强、退移距离变化曲线图

(a)压强-时间曲线图;(b)燃面退移距离-时间曲线图

9.1.3　优、缺点分析

超声波测试技术是一种除熄火测量法外最常用的燃面退移速率测试方法,与熄火测量法相比可获得瞬时燃面退移速率,在固液混合发动机中具有较多应用。此外,该方法技术成熟、成本低、测量精度高,且与发动机匹配性较好,是一种较为理想的非接触式燃面退移速率测试方法。

但在超声波传播过程中,不同材料的声阻抗不同使超声波的部分能量因界面间的反射而损失,尤其当壳体和绝热层之间的声阻抗差异较大时,超声波可能在界面处损失大部分能量,超声波的不断衰减使回波能量较低,给信号解析带来较大困难,同时也使测量精确度降低。

同时,超声波的反射波会在相邻两个界面间不断地反射,这些反射波也会被探头接收,导致接收到的波形更加复杂,而且燃料表面的不平整也增加了接受到的波形的复杂程度。此外,发动机地面试车实验中产生的高温和震动均可能导致超声波传感器的损坏,产生的噪声也会对接收到的信号造成干扰。

9.2　X 射线高速实时荧屏分析技术

9.2.1　测试原理

X 射线具有较高的能量,可穿透较厚的固体物质,且在传播路径上介质对射线强度的衰减规律满足 Beer 定律,即

$$I_\theta = I_0 \exp(-mL_\theta) \tag{9.9}$$

式中,I_0 和 I_θ 分别为射线初始强度和透过介质后的强度;m 为介质的线吸收因数;L_θ 为沿方位角 θ 上的介质厚度。

由式(9.9)可以看出,在 X 射线的传播路径上介质对射线的衰减作用可反映出该路径上介质的厚度和密度变化,因此可以通过分析 X 射线强度分布的变化获得发动机内燃料的燃面退移过程。

X 射线高速实时荧屏分析技术(X ray Real-Time Radiography, RTR)是常用的一种非接触式测量燃面退移速率方法,测试系统由 X 射线发生器、高压电源及控制器、图像增强器、三维坐标架、高速摄像机、数据采集分析系统等组成,工作原理如图 9.8 所示。

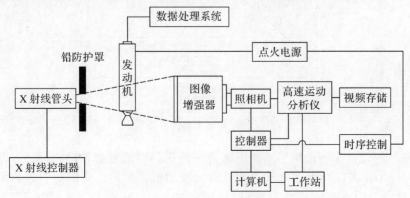

图 9.8　X 射线高速实时荧屏分析系统

实验时 X 射线发射器发出的 X 射线呈圆锥状向外辐射,发动机的推力室处于辐射锥内,且两者的中心线处于同一平面。X 射线穿过发动机后由碘化铯吸收屏接收,并转换为可见荧光,即将不同辐射强度分布 X 射线转换成可见荧光图像。该荧光图像经图像增强器增强后被高速摄像机记录,并保存至计算机中。

9.2.2 应用实例

X 射线高速实时荧屏分析技术可获得发动机不同工作时刻燃料药柱的二维图像,因此不但可分析出某一位置处的瞬时燃面退移速率,而且能够获得药柱不同轴向位置处的瞬时燃面退移速率。Chaiaverini 等人[79]利用该技术研究了固液混合发动机中 HTPB 的燃面退移速率及热解过程,实验拍摄到的图像如图 9.9 所示。实验装置的观察视野长度为 178 mm,每帧图像间的时间间隔为 33.3 ms,图 9.10 为计算出的某轴向位置处燃料药柱肉厚随时间的变化关系。

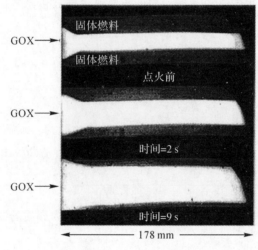

图 9.9 实验图像

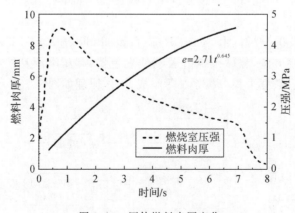

图 9.10 固体燃料肉厚变化

Brian 等人[80]设计了一种用于燃面退移速率测量的固液混合发动机(X-ray Transparent Center－perforated,XTC),为了降低 X 射线穿过发动机壳体时由声阻抗引起的强度衰减,他们采用酚醛树脂作为燃烧室壳体材料(经强度校核,最大承压 18.72 MPa),发动机结构如

9.11 所示,图 9.12 为实验装置实物图。

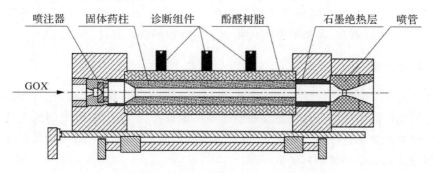

图 9.11　实验用 XTC 发动机

图 9.12　RTR 测量装置

实验采用 HTPB 作为燃料,氧气为氧化剂,管形药柱的外径为 114.3 mm、内径为 63.5 mm、长度为 457.2 mm,采用 Phillips 320KV 型 X 射线发射器,且发射器与 MGC 03 型控制器相连。X 射线发射器安装在 XTC 发动机的一侧,另一侧放置图像增强器,并且图像增强器需尽可能地靠近发动机,以减少 X 射线衰减,使图像尽可能清晰。图像增强器上还装有一个直角适配器,用以接收来自图像增强器的输出图像。

Brian 等人首先采用校准药柱进行了测试,并根据图像密度确定了燃面位置。喷管附近的固体燃料孔径变化测试结果及与不同方法获得的计算结果对比如图 9.13 所示。

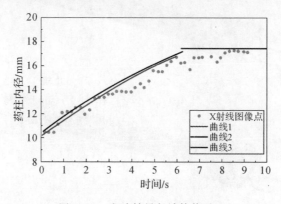

图 9.13　实验结果与计算值对比

在图 9.13 中,曲线 1 为由测得的压强-时间曲线推断出的孔道半径变化曲线,曲线 2 为由 NASA-CEA 程序及质量守恒方程计算得到的结果,曲线 3 为实验结果后药柱的最终孔道半径。由曲线 1~3 可以看出,实测数据与计算结果具有很好的一致性。

9.2.3 优、缺点分析

X 射线高速实时荧屏分析技术在固体推进剂和固体燃料的燃面退移方面已有较多应用,与超声波技术相比前者能够更精确地反映燃面退移的动态变化过程,并能够对药柱不同轴向位置处的燃面退移速率进行精细化表征,仅就该项技术而言,X 射线高速实时荧屏分析技术是一种较为理想的燃面退移测试方法。

但该技术需要使用复杂的 X 射线设备,且设备功率较高,操作人员还易受到高能量 X 射线辐射的影响,同时设备的价格也比较昂贵,这些都限制了 X 射线高速实时荧屏分析技术的普及。

9.3 电阻传感器法

9.3.1 测试原理

2001 年,美国轨道技术公司(Orbital Technologies Corporation,ORBITEC)研制出一种应用于固液混合发动机的电阻传感器(微电阻退移和烧蚀传感器,简称 MIRRAS)并进行了大规模的测试[81]。其原理为:在燃料浇注过程中将电阻传感器以固定的位置埋置于药浆中,燃料燃烧时电阻传感器和燃料一起发生退移,由于电阻传感器的电阻值与其长度有关,因此可通过测得的电阻值推导出传感器的长度,从而也就监测到了燃料肉厚的实时变化。

可用的电阻传感器必须满足以下要求:①与燃料具有相同的燃面退移速率;②不影响燃料的燃面退移并对燃烧过程不产生影响;③电阻材料可以准确地反映出电阻传感器的长度。

两种不同类型的 MIRRAS 传感器如图 9.14 所示。

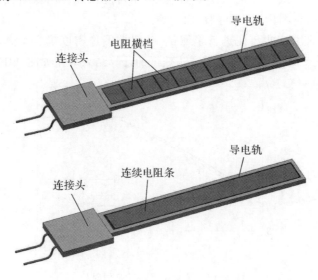

图 9.14 MIRRAS 传感器

第一种为梯形电阻传感器,第二种为连续电阻传感器,两种传感器均具有连接两个平行导电轨的连续电阻条。对于连续传感器来说,假设电阻条的厚度均匀且电阻率相同,当导电轨的电阻远远小于电阻条时(即忽略导电轨的电阻),传感器总电阻与传感器剩余长度成反比。

梯形传感器是将电阻相等的聚合物垂直桥接在导电轨上,因此可将传感器看作是由若干个并联的小电阻组成的,其中传感器的每个横档都是一个单独的电阻,当燃料和传感器顶部共同退移时,传感器中横档的消耗使传感器电阻增大,通过测量电阻值得到传感器的剩余长度,即得到燃料的肉厚,理想的传感器长度与电阻和电导率的关系如图 9.15 所示。

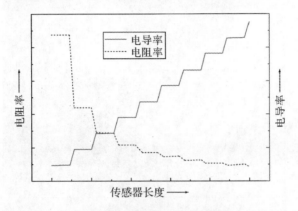

图 9.15　传感器长度与电阻关系

MIRRAS 对外部环境(温度、压强和振动)非常敏感,将传感器设计为梯形结构可减少如热传导、传感器顶部短路、燃气电场等外界因素的干扰,故比连续电阻传感器稳定性更好。图 9.16 为梯形传感器在 GOX/HTPB 发动机中的测试结果[81]。

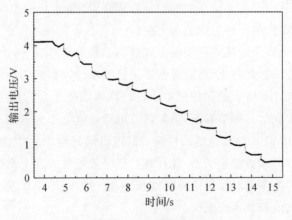

图 9.16　实验数据记录

由图 9.16 可知,由于存在外界干扰且传感器电阻的绝对值可能略有变化,因此测得的电压变化与理论值存在一定的差异,但每一个电阻横档消耗完毕后,电压信号会出现明显的阶跃变化,能够较为准确地指示燃面位置。当每一个电阻横档燃烧结束时,测得的电压值会出现一个尖峰,这是导电碳化物瞬间堆积导致传感器尖端短路的结果。

MIRRAS 的安装方式有以下 3 种。

第一种安装方式是先将传感器固定在药柱制备模具中,然后进行药浆浇注,待药浆固化后传感器便埋置于燃料中,图 9.17 为采用该方法的传感器安装后模具实物图。MIRRAS 被置于燃料浇注模具内,传感器及接线应具有足够的强度和刚度,使传感器在燃料浇注过程中不发生损坏且空间位置保持不变,传感器可以通过药柱包覆套与芯模进行准确定位。浇注过程中,燃料药浆逐渐填满传感器间的空隙,待固化后便将传感器牢固地嵌入在燃料药柱中。这种安装方式最为简单,实验后对药柱的解剖也证实了传感器定位准确且工作可靠。

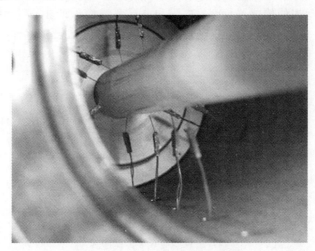

图 9.17　浇注法安装 MIRRAS

第二种安装方式是先完成药柱固化然后再安装传感器,在实现上方法上又可分为两种:①将传感器夹在两个子药柱之间;②在药柱中钻孔来放置传感器。采用这种安装方式时,对药柱结构的破坏较为明显,且传感器必须用密封胶进行固定,以防止热的燃气流沿着传感器逸出,此外,传感器的安装过程比第一种方法更为复杂。

第三种安装方式,是将上述第一种安装方式和第二种安装方式进行组合,即通过浇注法将传感器嵌入到一小部分固体燃料中,然后将嵌入了传感器的燃料捆绑在或浇注在燃料主体中,这种安装方式适用于尺寸非常大的固体燃料药柱。具体数据采集方法可分为两种:①传感器壳体上的两根引线连接到信号调节器上,信号调节电路以电导率为基础,输出对应不同长度传感器的电压信号。ORBITEC 的多通道信号调节器可以同时输出六个传感器信号。②在燃烧室内安装微型信号调节器和数据记录器,并且将其尽可能地嵌入在发动机壳体中,微型信号传输器可将传感器测得的数据实时发送至外部接收器,这种方法不用在发动机壳体上打孔,特别适用于飞行发动机测试或弹载飞行系统。

9.3.2　应用实例

Gramer 等人[82]开展了多次 GOX/HTPB 缩比固液混合发动机实验,用以对 MIRRAS 的设计、调试和校准,然后在药柱外径为 15 cm 的 HTPB/GOX 固液混合发动机中进行了燃面退移速率测试,发动机的工作条件见表 9.1。

表 9.1　发动机工作条件

参　数	数　值
燃料孔道初始直径/cm	3.81
燃烧结束时孔道直径/cm	7.58
GOX 喷注直径/cm	0.95
燃料长度/cm	56.00
氧化剂质量流率/(kg·s^{-1})	0.22
燃烧时间/s	19.60

　　在距离燃料药柱头部 48 cm 处设置有相同的传感器,采用燃料药柱初始尺寸和最终测量值作为边界条件对测试结果进行了分析与拟合,结果表明两个传感器的测试结果一致性较好,燃去厚度值 H_t(单位为 cm)与时间 t(单位为 s)间的关系为

$$H_t = (0.381t + 3.13)^{0.564} - 1.91 \qquad (9.10)$$

　　式中,H 为厚度。对式(9.8)进行微分可得到燃面退移速率随时间的变化,即瞬时燃面退移速率,如图 9.18 所示。

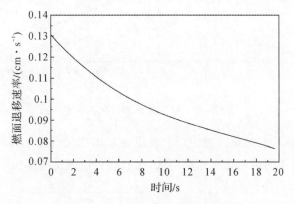

图 9.18　退移速率与时间关系图

　　通过式(9.9)也可计算出孔道面积随时间的变化,并绘制瞬时燃面退移速率与瞬时氧化剂流强的关系曲线,结果如图 9.19 所示。

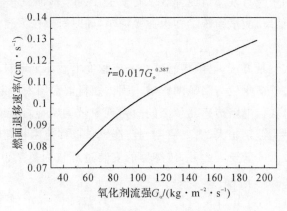

图 9.19　燃面退移速率和氧化剂流强关系图

拟合得到的氧化剂流强指数 $n=0.387$,真实准确地反映了药柱的实际燃面退移速率特性,而且在采用 MIRRAS 进行的多次测试中,尚未发现传感器对燃面退移速率或其他物理化学过程产生明显影响,预示着这项技术具有较好的应用前景。

Gramer 等人[82]也将 MIRRAS 技术用于固液混合发动机材料烧蚀性能的研究中,发动机所用药柱由两部分组成:前 3/4 为 HTPB 浇注,后 1/4 为嵌入了两个 MIRRAS 的硅橡胶烧蚀材料,MIRRAS 安装方式为浇注法。在发动机工作过程中,氧气和 HTPB 在燃烧室中发生掺混、燃烧,产生的高温燃气流经硅橡胶材料,使其发生烧蚀。测试条件为:氧化剂质量流率 27 g·s^{-1},初始孔道直径 1.91 cm,燃烧持续时间 15 s。对测得的实验结果进行处理可获得烧蚀材料厚度随时间的变化关系,如图 9.20 所示。

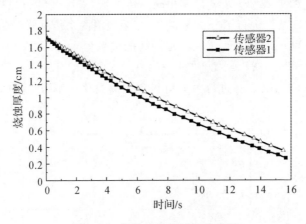

图 9.20   烧蚀速率和时间关系图

由图 9.20 可知,硅橡胶的烧蚀速率随着孔道面积的增大而减小,两个传感器得到的结果较为一致,其中传感器 1 测得的烧蚀速率略大,而且该方法测得的烧蚀厚度与燃烧结束后烧蚀材料厚度测量值相符。

9.3.3   优、缺点分析

电阻传感器法具有传感器尺寸小、质量轻、工作可靠性高等优点,因此相比于其他燃面退移速率测量方法更适用于飞行发动机或弹载飞行实验。对于地面试车实验来说,传感器虽然为消耗品,但价格较为低廉,测试系统结构也比较简单,同时对操作人员的技能要求相对不高,因此实用性较强。

但作为一种接触式测量方法,电阻传感器在一定程度上破坏了燃料药柱的原始结构,在某些情况下可能对燃烧过程产生较为明显的影响。固体燃料常常加入一定量的金属粉来提高能量,但当金属粉含量较高时,电阻传感器顶部的短路现象较为明显,给测试的正常进行带来了较大困难。由于燃料种类差别很大,需要研制与所测燃料退移速率相同的传感器,这也在一定程度上限制了该测试技术的普及。此外,传感器的安装过程较为复杂也是该技术的一个明显缺点。

9.4　亥姆霍兹不稳定法

9.4.1　测试原理

该方法基于亥姆霍兹(Helmholtz)不稳定(振荡)频率与燃烧室容积的平方根成反比,即在燃烧过程中,Helmholtz 不稳定频率随着药柱孔径的增大而不断减小,因此可通过高频响应压强传感器得到的压强信号获得药柱平均孔径随时间的变化。假设氧化剂流强保持定常,药柱端面不可燃,对燃面退移速率公式

$$\dot{r} = aG_o^n$$

进行积分可得

$$d^{2n+1} - d_0^{2n+1} = 2a(2n+1)(4\dot{m}_o/\pi)^n t \tag{9.11}$$

式中,d 为药柱内孔直径;d_0 为药柱初始内孔直径;a 为指前因子;n 为流强指数;$\dot{m}_o$ 为氧化剂质量流率;t 为时间。

Helmholtz 不稳定是由大量流体在狭窄流道中的交替压缩和松弛而产生的,振荡频率可由 Crighton 等人提出的公式进行计算,有

$$f = (c/2\pi)\sqrt{A/Vl} \tag{9.12}$$

式中,f 为 Helmholtz 不稳定频率;c 为声速;A 为喷管喉部面积;V 为燃烧室体积;l 为喷管喉部有效长度。

若药柱为管型且忽略药柱燃烧过程中孔道的形状变化,则孔道直径与燃烧室体积间的关系为

$$d = \sqrt{4(V - V')/\pi L} \tag{9.13}$$

式中,d 为药柱内孔直径;V' 为后燃烧室体积;L 为药柱长度。

将式(9.13)代入式(9.12)即可得到频率 f 与药柱内孔直径的关系,但还需得到声速 c、喷管喉部面积 A、喷管喉部有效长度 l 来对式(9.12)进行求解。

对于喷管喉部面积 A 来说,假设燃烧前后喷管喉部面积呈线性变化,则某一时刻的喷管喉径可采用下式来计算,有

$$A = (\pi/4)[d_{to} + (t/t_{tot})(d_{tt} - d_{to})]^2 \tag{9.14}$$

式中,d_{tt} 为点火后喷管喉部直径;d_{to} 为初始喷管直径;t_{tot} 为总燃烧时间。通常式(9.14)的误差在 0.2% 以内,若假设燃烧前后喷管喉部面积不变,则误差在 1% 内。

发动机中某一时刻的有效声速 c 可以根据纵向模式频率(longitudinal-mode frequency)进行计算,则有

$$c = F\lambda = FL'/M \tag{9.15}$$

式中,F 为纵模频率;L' 为燃烧室总长度;M 为声波倍数;

标准喷管的喉部有效长度 l 可采用下式计算:

$$l = l' + 0.8d \tag{9.16}$$

式中,l' 为喷管喉部长度。若采用非标准喷管,假设喷管有效长度在燃烧过程中保持不变,则有效长度可定义为

$$l = \frac{\{F_1 L'[d_{to} + (0.5/t_{tot})(d_{tt} - d_{to})]\}^2}{16\pi f_1^2 M^2\{(\pi L/4)[a(2n+1)(4\dot{m}_o/\pi)^n + d_0^{2n+1}]^{2/(2n+1)} + V'\}} \tag{9.17}$$

式(9.17)中的参数均已知或可测量。

在确定声速 c、喷管喉部面积 A、喷管喉部有效长度 l 后,可根据 Helmholtz 频率计算出孔道直径为

$$D_{s-av} = \sqrt{\frac{4}{\pi L}\left[\left(\frac{F^2 L'^2 A}{4\pi^2 f^2 lM^2}\right) - V'\right]} \tag{9.18}$$

在获得孔道直径变化的基础上可计算出燃面退移速率。

9.4.2 应用实例

Zilwa 等人[83]以 GOX 作为氧化剂,假设发动机工作过程中氧化剂流强保持恒定且只有药柱内孔燃烧,采用 Helmholtz 不稳定法确定了石蜡燃料的孔道直径变化,实验装置如图 9.21 所示。

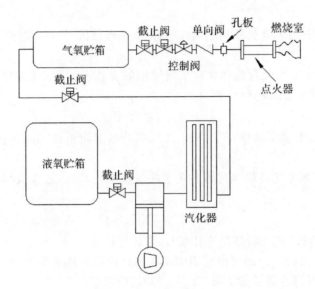

图 9.21 Zilwa 等的实验装置图

燃料药柱的长度为 1.2 m,外径为 0.195 m,内径根据实验条件而定,绝热层为酚醛树脂;喷管材料为石墨,喉径根据所需的燃烧室压力而定。氧化剂质量流率分别为 2 kg·s⁻¹ 和 6 kg·s⁻¹,燃烧室压强为 1.03 MPa 和 4.14 MPa,平均氧化剂流强在 100 kg·m⁻²·s⁻¹ 到 400 kg·m⁻²·s⁻¹ 之间。表 9.2 为 4 次实验的实验条件,图 9.22 分别为不同实验条件下内孔直径与时间的关系曲线,计算时间间隔为 0.25 s。

表 9.2 不同实验条件

实验参数	实验一	实验二	实验三	实验四 (含有 10% PE)
压强/MPa	2.07	3.73	4.07	4.15
氧化剂质量流率/(kg·s⁻¹)	2.05	4.46	5.55	4.44
氧燃比	1.70	2.71	2.89	2.77
药柱初始内径/mm	90	103	113	114

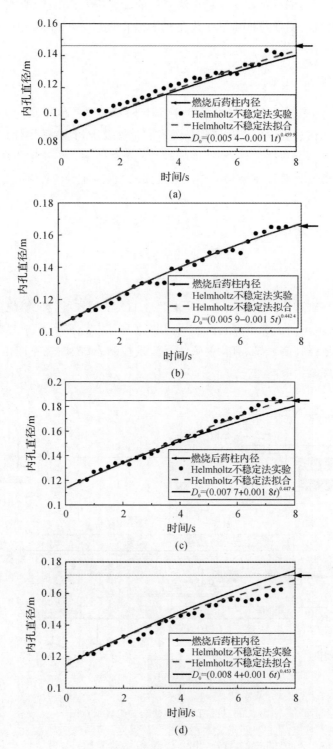

图 9.22 Helmholtz 实验结果曲线

(a)实验一;(b)实验二;(c)实验三;(d)实验四

从图 9.22 可以看出 Helmholtz 不稳定法获得的瞬时内孔直径与式(9.11)得到的曲线具有很好的一致性,实验后测量药柱质量变化得到的内孔直径与 Helmholtz 不稳定法得到的内孔直径也具有很好的一致性。

9.4.3　优、缺点分析

Helmholtz 不稳定法除需要高频响压强传感器外,不需要其他特殊的实验设备,因此具有较低的测试成本。测试过程对发动机工作条件没有特殊要求,具有适用性强的优点。此外,在一次实验中可以得到多个数据点,能够获得瞬时燃面退移速率。但这种方法需要做多个假设,燃烧室及喷管尺寸的变化对计算结果能够产生较大的影响,且不具有空间分辨能力。

9.5　透明燃烧室法

9.5.1　测试原理

该测试方法由南京理工大学基于意大利米兰理工大学的二维径向燃烧室高速摄影测试系统而提出,可用来表征不同工况下燃料的燃面退移速率[84-85]。实验系统主要包括激光点火系统、图像采集系统、压强控制系统、氧化剂喷注及流量控制系统、燃烧室腔体。图 9.23 所示为系统总体结构示意图。

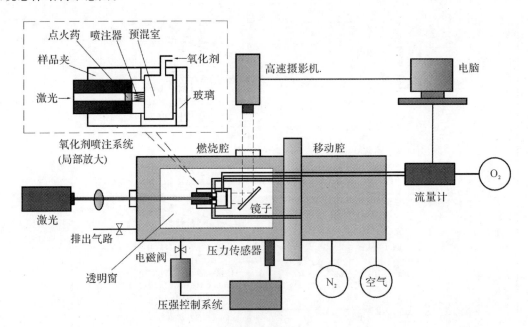

图 9.23　透明燃烧室法装置组成示意图

燃烧室腔体是整个系统的核心部分,由燃烧腔和移动腔组成,燃烧腔壳体上安装有透明窗方便观察燃料的点火与燃烧过程,移动腔用于支撑氧化剂喷注系统并供给氮气、空气等气体。氧化剂喷注系统固定在移动腔上,主要由预混室、喷注器和样品夹等部分组成,并采用透光性较好的玻璃进行密封。氧化剂先经管路进入预混室内,然后再从喷注器中喷出,这样可以保持流量稳定。实验完毕后产生的燃气从排出气路中排出。压强控制系统由压力传感器、电磁阀和控制仪表组成,可使燃烧过程中的燃烧室压强始终处于准稳态。

测试基本原理为:燃料药柱固定在样品夹上且孔道内放置有点火药,氧化剂流经喷注器后进入药柱孔道内,氧化剂的流量可通过流量计精确控制。脉冲激光器发出的激光经凸透镜聚焦后垂直射入药柱内孔并将点火药点燃,点火药燃烧生成的高温燃气再引燃整个药柱内表面。透过喷注器右侧的玻璃透明窗,点火燃烧过程中发出的光经过成 45° 角放置的平面镜反射后被高速摄影仪记录下来。在数据处理中,可对拍摄的图像进行尺寸标定以确定每个像素点的实际长度,进而推测出燃面实时退移情况。

DeLuca 等人[77]经过多次实验发现燃料截面直径变化($D(t) - D(t_0)$)与燃烧时间 $t - t_0$ 之间总体呈现幂因数关系,可由经验公式来表示为

$$D(t) - D(t_0) = x\ (t - t_0)^y \tag{9.19}$$

式中,x 是幂函数因数,y 是幂函数指数,均可由实验数据拟合确定。

对式(9.19)进行时间微分,可得燃料的燃面退移速率 $\dot{\gamma}$ 为

$$\dot{\gamma}(t) = \frac{1}{2}\frac{\mathrm{d}[D(t) - D(t_0)]}{\mathrm{d}t} = \frac{1}{2}xy\ (t - t_0)^{y-1} \tag{9.20}$$

由式(9.20)即可获得燃面退移速率与时间的变化关系。

9.5.2　应用实例

许志伟等人[87]以氧气作为氧化剂,在燃烧室压强为 1 MPa 的条件下,采用透明燃烧室测试法对纯 HTPB 燃料和含 20 μm 粒径镁粉的 HTPB 燃料的燃烧性能进行了研究。图 9.24 和图 9.25 分别是纯 HTPB 燃料和添加了 15% 镁粉的 HTPB 燃料在不同时刻的燃烧图像,其中 t_i 为燃料被完全点燃的时刻,可以明显看出添加镁粉后燃料的燃烧更加剧烈。

图 9.26 为实验获得的不同配方燃料燃面退移速率随氧化剂流强的变化关系曲线。可以看出,镁粉的加入使燃面退移速率显著增大,且镁粉含量越高增大程度越明显。

陈苏杭等人[88]使用透明燃烧室测试法获得了氧气条件下、燃烧室压强为 1 MPa 时 HTPB/Al 燃料的燃面退移速率,图 9.27 为含 10% 粒径为 500 nm 铝粉的 HTPB 燃料的燃面退移过程,其中 t_0 为燃料完全点燃时刻,可作为燃烧起始时刻。

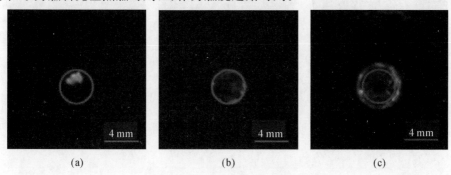

|(a)|(b)|(c)|

图 9.24　纯 HTPB 燃料点火燃烧过程

(a)$t = t_i - 0.036$ s;(b)$t = t_i$;(c)$t = t_i + 1.141$ s

图 9.25　含 15％镁粉的 HTPB 燃料点火燃烧过程

(a)$t=t_i-0.036$ s；(b)$t=t_i$；(c)$t=t_i+1.141$s

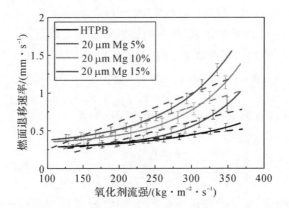

图 9.26　燃面退移速率与氧化剂流强关系

　　图 9.28 为 HTPB/Al 燃料和 HTPB 燃料的燃面退移速率对比曲线，可以看出当氧气流强在 $250\sim375$ kg・m^{-2}・s^{-1} 范围内，向 HTPB 中加入铝粉均会使燃面退移速率得到提高，且铝粉含量越高，燃面退移速率越大，其中铝粉含量为 15％时燃面退移速率提升效果更为明显。

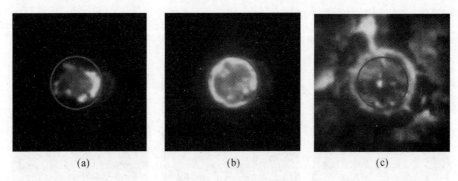

图 9.27　HTPB/Al 燃料的点火燃烧过程

(a)$t=t_0-0.024$ s；(b)$t=t_0$；(c)$t=t_0+1.667$ s

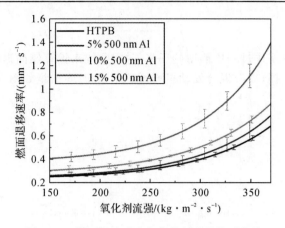

图 9.28　燃面退移速率与氧化剂流强关系曲线

9.5.3　优、缺点分析

透明燃烧室设计精巧,在进行燃面退移速率测试的同时也能获得有价值的燃烧火焰结构信息,同时其系统组成较为简单,操作也并不复杂,是一种较好的燃面退移速率实验室测试方法。但该方法只能获得退移最慢截面的图像,无法准确地反映真实的燃面退移速率分布,且由图像尺寸标定来确定孔道内径的误差较大,这均会导致燃面退移速率的测试精度不足。

9.6　实验数据处理方法

根据是否包含时间因素,实验获得的燃面退移速率可分为瞬时燃面退移速率和时均燃面退移速率两种,一般来说由于燃烧过程中药柱孔道面积不断增大,即使氧化剂流强保持恒定,燃面退移速率也会呈现减小趋势,因此这两种燃面退移速率一般并不相同。

9.6.1　时均燃面退移速率处理方法

本章 9.1 节~9.5 节介绍的 5 种方法均为瞬时燃面退移测试方法,但在多数情况下,限于实验条件,一般采用简单的固液混合发动机实验获得时均燃面退移速率,虽然数据中包含的信息较少,但实用性较强,可有效指导燃料配方及发动机设计。时均燃面退移速率的获得方法为:精确测量燃烧前燃料药柱的尺寸或重量,由于固液混合发动机的熄火非常容易,经一定时间的燃烧后,再对已熄火的燃料药柱进行尺寸或重量测试,便可计算得到燃面退移速率。

以管型燃料药柱为例,已知药柱密度为 ρ_f,外径为 D_f,长度为 L_f。燃烧前药柱内孔直径为 d_{0f},质量为 m_{f0},经燃烧时间 t 后,测量得到内孔直径变为 d_{ft},药柱质量变为 m_{ft}。若以质量作为评价标准,假设燃烧后的燃料药柱仍为均匀的管型且端面不燃烧,则有

$$\left[\frac{\pi}{4}(D_f^2 - d_f^2 0) \times L_f - \frac{\pi}{4}(D_f^2 - d_{ft}^2) \times L_f\right]\rho_f = m_{f0} - m_{ft} \tag{9.21}$$

对式(9.21)进行整理可得

$$d_{ft} = \sqrt{\frac{4(m_{f0} - m_{ft})}{\pi\rho L_f} + d_{f0}^2} \tag{9.22}$$

可得,燃面退移速率为

$$\dot{r} = \frac{d_{f0} - d_{ft}}{2t} \tag{9.23}$$

也可以通过发动机工作过程中测得的压强-时间曲线来计算燃面退移速率,但这种方法通常以药柱完全燃烧为前提,固液混合发动机典型的压强-时间曲线如图 9.29 所示。

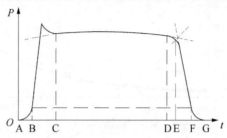

图 9.29 压强-时间曲线示意图

由于燃料的肉厚已知,只要根据压强-时间曲线获得燃烧时间 t_b 便可由下式获得平均燃面退移速率为

$$\dot{r} = \frac{D_f - d_{f0}}{2t_b} \tag{9.24}$$

图 9.29 中,A 点为压强开始升高的时间,B 点和 F 点为压强达到燃烧室平均压强 5% 的时间,C 点和 D 点为与曲线上平衡工作段相切点的时间,E 点为药柱燃烧完时平衡工作段和下降段切线的角平分线与曲线交点所对应的时间,G 点为压强下降结束点时间。燃烧时间一般以 B 点作为起点,E 点作为结束点,即燃烧时间 t_b 为

$$t_b = t_E - t_B \tag{9.25}$$

对于低工作压强的固液混合发动机来说,也可选择达到燃烧室平均压强 10% 甚至 20% 的时间作为燃烧起始时间,具体如何选取应根据实际情况来确定。

由式(9.24)和式(9.25)获得的燃面退移速率既是时间平均的,也是空间平均的(不考虑沿药柱轴向上燃面退移速率的不同),可将多个氧化剂流强下(为了保证拟合结果准确度,一般至少 5 个)的燃面退移速率结果进行拟合得到经验公式 $\dot{r} = aG_o^n$ 中 a 和 n 的值,其中 G_o 为氧化剂质量流率 $\dot{m}_o$ 与平均孔道面积 $\overline{A_b}$ 之比,计算可得:

$$G_o = \frac{\dot{m}_o}{\overline{A_b}} = \frac{\dot{m}_o}{\frac{1}{2}\left(\frac{1}{4}\pi d_{f0}^2 + \frac{1}{4}\pi d_{ft}^2\right)} = \frac{\dot{m}_o}{\frac{1}{8}\pi(d_{f0}^2 + d_{ft}^2)} \tag{9.26}$$

此外,通过测量熄火后的内孔直径也可获得燃面退移速率,由于燃面退移速率一般随药柱轴向位置的不同而存在明显差异,因此这种方法常用于确定燃面退移速率的空间特性,即获得局部燃面退移速率,如图 9.30 所示。

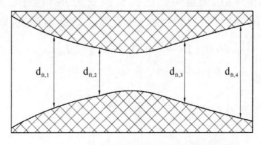

图 9.30 燃烧后燃料药柱剖面示意图

经燃烧时间 t 后，i 位置处药柱内孔直径变为 $d_{ft,i}$，则该位置处的燃面退移速率为

$$\dot{r} = \frac{d_{fo} - d_{ft,i}}{2t} \tag{9.27}$$

由于燃面退移速率一般作为一个宏观参数用于燃料配方设计及发动机内弹道参数预估，因此将多个氧化剂流强下某一位置处的燃面退移速率进行拟合，并不具有现实意义。这种方法获得的局部燃面退移速率多用于燃料药型优化，尽量减少发动机工作过程中燃面面积变化，而且也常用于固液混合发动机燃烧机理的深入分析。

9.6.2　瞬时燃面退移速率处理方法

瞬时燃面退移速率中包含时间因素，采用传统的经验公式 $\dot{r} = aG_o^n$ 难以实现对瞬时燃面退移速率的有效描述，因此需要引入新的燃面退移速率处理方法以获得更有效的表达方式。假设燃料药柱仍为管形，且氧化剂质量流率不变，燃面退移速率的经验关系式可表示为

$$\dot{r} = a\left(\frac{\dot{m}_o}{A_p}\right)^n = a\left(\frac{\dot{m}_O}{\pi\,(r_{fo}+r_{ft})^2}\right)^n \tag{9.28}$$

式中，r_{ft} 为 t 时刻燃料药柱的孔道半径增量。根据定义，t 时刻的瞬时燃面退移速率可表示为

$$\dot{r} = \frac{dr_{ft}}{dt} \tag{9.29}$$

将式（9.28）和式（9.29）进行联立，然后进行变量分离，并对 r_{ft} 从 0 到 t 进行积分，可得

$$t + C_1 = a\left[\frac{\pi}{2\dot{m}_o}\right]^n\left[\frac{(r_{fo}+r_{ft})(2n+1)}{2n+1} + C_2\right] \tag{9.30}$$

式中，C_1 和 C_2 为积分常数。

定义 $b=2n+1$，引入 $t=0$ 时，$r_{ft}=0$ 以及 $t=t_f$ 时，$r_{ft}=r_{fo}$ 两个边界条件，便可得孔道半径随时间的变化关系式为

$$r_{ft} = \left[\frac{b(t+Z)}{X}\right]^{\frac{1}{b}} - r_{fo} \tag{9.31}$$

对式（9.31）进行时间的微分可得到瞬时退移速率与时间的关系为
式中，常数 Z 和 X 的值分别为

$$Z = \frac{Xr_{fo}^b}{b} \tag{9.32}$$

$$X = \frac{t_f b}{(r_{fo}+r_{ft})^b - r_{fo}^b} \tag{9.33}$$

将实验测得的孔道初始半径 r_{fo}、燃烧时间 t_f 和燃烧 t_f 后的孔道半径 r_{ft} 等数据代入式（9.31）中，便可得到具体的关系式。值得注意的是，孔道初始半径 r_0 可以采用燃烧开始前的实际孔道半径，但若发动机开机时间较长，则应选择点火之后的某一时间作为时间零点，对应的孔道内径为 r_{fo}。

此外，参数 b 的值可利用不同时刻的实测燃面退移速率值拟合得到，由于 b 值与流强指数直接相关，因此可通过 b 值拟合误差来判定燃面退移速率是否符合经验公式。

参 考 文 献

[1] ALTMAN D. Hybrid Rocket Development History[R]. 27th AIAA/ASME/SAE/ASEE Joint Propulsion Conference and Exhibit. Sacramento: 1991: AIAA 1991 -2515.

[2] ANTHOINE J, PRÉVOST M. Hybrid propulsion: an Overview of the Onera Activities[R]. 4th European Conference for Aero-Space Sciences, 2011.

[3] KNIFFEN R, MCKINNEY B, ESTEY P. Hybrid Rocket Development at the American Rocket Company[C]//. 26th AIAA/ASME/SAE/ASEE Joint Propulsion Conference and Exhibit. Orlando: 2013: AIAA 1990 - 2762.

[4] WINTER F H, JAMES G S. Highlights of 50 Years of Aerojet, A Pioneering American Rocket Company, 1942 - 1992[J]. Acta Astronautica, 1995, 35(9): 677 - 698.

[5] MACKLIN F, GRAINGER C, VENO M, et al. New applications for hybrid propulsion[R]. 39th AIAA/ASME/SAE/ASEE Joint Propulsion Conference and Exhibit. Huntsville: 2003: AIAA 2003 - 5202.

[6] GOLDBERG B E. Development and Testing of 11－and 24－inch Hybrid Motors Under the Joint Governmentl lndustry IR&D Program[R]. 29th AIAA/ASME/SAE/ASEE Joint Propulsion Conference and Exhibit. Monterey: 1993: AIAA 1993 - 2552.

[7] KHOURY G A. Airship Technology[M]. Cambridge: Cambridge University Press, 2012.

[8] ABEL T M, HARWELL R J. A Status Update for the Hybrid Propulsion Demonstration Program (HPDP)[C]//. 33th AIAA/ASME/SAE/ASEE Joint Propulsion Conference and Exhibit. Seattle: 1997: AIAA 1997 - 2798.

[9] ARVES J, GNAU M, JOINER K, et al. Overview of the Hybrid Sounding Rocket (HYSR) Project[C]//. 39th AIAA/ASME/SAE/ASEE Joint Propulsion Conference and Exhibit. Huntsville: 2003: AIAA 2003 - 5199.

[10] KARABEYOGLU M A, ZILLIAC G, Castellucci P, et al. Development of High Burning rate Hybrid Rocket Fuel Flight Demonstrators[C]//. 39th AIAA/ASME/SAE/ASEE Joint Propulsion Conference and Exhibit. Huntsville: 2003: AIAA 2003 -5196.

[11] HUMBLE R, SANDFRY R. HYSTAR Hybrid Rocket Program at the United States Air Force Academy[C]//. 33rd AIAA/ASME/SAE/ASEE Joint Propulsion Conferenceand Exhibit. Seattle: 1997: AIAA 1997－2797.

[12] KARABEYOGLU M A, CANTWELL B J, ALTMAN D. Development and Testing of paraffin-based Hybrid Rocket Fuels[R]. 37th AIAA/ASME/SAE/ASEE Joint Propulsion Conference and Exhibit. Salt Lake City: 2001: AIAA 2001 - 4503.

[13] KARABEYOGLU A, ZILLIAC G, CANTWELL B J, et al. Scale-up Tests of High

Regression Rate Paraffin—based Hybrid Rocket Fuels[J]. Journal of Propulsion and Power，2004，20(6)：1037－1045.

[14] VAN PELT D，HOPKINS J，SINNER M，et al. Overview of a 4—inch OD Paraffin-based Hybrid Sounding Rocket Program[R]. 40th AIAA/ASME/SAE/ASEE Joint Propulsion Conference and Exhibit：Fort Lauderdale：2004：AIAA 2004－3822.

[15] ABBY TABOR. From Pedicures to the Peregrine Rocket，Paraffin Wax Proves its Worth[EB/OL]. [2017－04－27]. https://phys. org/news/2017－04－pedicures-peregrine-rocket-paraffin-wax. html.

[16] DYER J.，DORAN E，DUNN Z，et al. Design and Development of a 100 km Nitrous Oxide/paraffin Hybrid Rocket Vehicle[R]. 43rd AIAA/ASME/SAE/ASEE Joint Propulsion Conference & Exhibit. Cincinnati：2007：AIAA 2007－5362.

[17] 张春燕. "太空船1号"将再飞太空[EB/OL]. [2004－07－29]. http://news. sina. com. cn/w/2004－07－29/13503232770s. shtml.

[18] 韩家慧. "太空船2号"飞至"太空边界"商业太空游"指月可待"[EB/OL]. [2018－12－14]. http://www. xinhuanet. com/world/2018－12/14/c_1210015988. htm.

[19] 王俊峰. 太空船2号：搭载人类太空旅游的梦想[EB/OL]. [2019－10－25]. https://xw. qq. com/cmsid/20191025A08Y1Q00.

[20] 堵开源. 美国"追梦者"航天飞机试验成功[EB/OL]. [2017－11－14]. https://www. sohu. com/a/204346110_819742.

[21] 张连庆. 火箭工艺司混合火箭燃料药柱3D打印技术获美国专利[EB/OL]. [2017－01－17]. https://www. sohu. com/a/125653291_482215.

[22] DAVYDENKO N A，GOLLENDER R G，GUBERTOV A M，et al. Hybrid Rocket Engines：The Benefits and Prospects[J]. Aerospace Science and Technology，2007，11(1)：55－60.

[23] LO R E，DARGIES E. Hybrid Boosters for Ariane 5[J]. Acta Astronautica，1987，15(12)：1059—1061.

[24] 蔡国飙. 固液混合火箭发动机技术综述与展望[J]. 推进技术，2012，33(6)：831－839.

[25] 杨威，张海涛，毛励文，等. 固液混合发动机多次点火启动试验[J]. 推进技术，2004，25(4)：360－362.

[26] 宋志兵. 固液混合火箭发动机工作过程研究[D]. 长沙：国防科学技术大学，2008.

[27] 胡松启，武冠杰，刘欢，等. 含石蜡燃料的能量特性和退移速率测试[J]. 含能材料，2014，22(4)：498－502.

[28] 万科，李路明，韦迪，等. N2O混合火箭发动机的催化点火研究[J]. 推进技术，2007，28(1)：1－3.

[29] 新华. "北航二号"固液混合火箭发动机探空火箭试验成功[J]. 军民两用技术与产品，2009(1)：7.

[30] 刘筱. "北航4号"临近空间火箭动力飞行器成功发射[EB/OL]. [2020－06－07]. ht-tps://baijiahao. baidu. com/s? id＝16687831776621678233&wfr＝spider&for＝pc.

[31] RONNINGEN J E，HUSDAL J，BERGER M，et al. Nammo hybrid rocket propul-

sion TRL improvement program[C]//. 48th AIAA/ASME/SAE/ASEE Joint Propulsion Conference & Exhibit. Atlanta：2012：AIAA 2012 - 4311.

[32] WHITMORE S A, PETERSON Z W, EILERS S D. Deep Throttle of a Nitrous Oxide and Hydroxyl-Terminated Polybutadiene Hybrid Rocket Motor[J]. Journal of Propulsion and Power, 2014, 30(1)：78 - 86.

[33] PETERSON Z, EILERS S, WHITMORE S. Closed-Loop Thrust and Pressure Profile Throttling of a Nitrous-Oxide HTPB Hybrid Rocket Motor[C]//. 48th AIAA/ASME/SAE/ASEE Joint Propulsion Conference & Exhibit. Atlanta：2012：AIAA 2012 - 4200.

[34] MARTINO G D, MUNGIGUERRA S, CARMICINO C, et al. Computational fluid-dynamic modeling of the internal ballistics of paraffin-fueled hybrid rocket[J]. Aerospace Science and Technology, 2019：431 - 444.

[35] WADA Y, KAWABATA Y, KATO R, et al. Observation of combustion behavior of low melting temperature fuel for a hybrid rocket using double slab motor[J]. International Journal of Energetic Materials and Chemical Propulsion, 2016, 15(5)：351 - 369.

[36] 董军，欧江阳，朱林，等. 端叠氮聚叠氮缩水甘油醚的热分解动力学[J]. 含能材料，2016, 24(6)：555 - 559.

[37] HSIEH W H, HUANG I T, KUO K K, et al. Combustion behavior of boron-based BAMO/NMMO fuel-rich solid propellants[J]. Journal of Propulsion and Power, 1992, 7(4)：497 - 504.

[38] HORI K. Application of Glycidyl Azide Polymer to Hybrid Rocket Motor[C]//. Colorado：45th AIAA/ASME/SAE/ASEE Joint Propulsion Conference and Exhibit. Denver：2009：AIAA 2009 - 5348.

[39] HORI K, WADA Y, HASEGAWA K, et al. Combustion Characteristics of Hybrid Rocket Motor using GAP as a Solid Fuel (II) [R]. San Diego：47th AIAA/ASME/SAE/ASEE Joint Propulsion Conference & Exhibit, AIAA 2011 - 5819, 2011.

[40] WADA Y, KATSUMI T, HORI K. Combustion characteristics of hybrid rocket motor using GAP-based solid fuel[J]. Advances in the Astronautical Sciences, 2013, 146：541 - 550.

[41] LIPS H R. Heterogeneous Combustion of Highly Aluminized Hybrid Fuels[J]. AIAA Journal, 1977, 15(6)：777 - 778.

[42] GAURAV M, RAMAKRISHNA P A. Utilization of Mechanically Activated Aluminum in Hybrid Rockets[J]. Journal of Propulsion and Power, 2018：1 - 8.

[43] GRANT A RISHA, BRIAN J EVANS, ERIC BOYER, et al. Nano-Sized Aluminum- and Boron-Based Solid-Fuel Characterization in A Hybrid Rocket Engine [R]. Huntsville：39th AIAA/ASME/SAE/ASEE Joint Propulsion Conference & Exhibit, AIAA 2003 - 4593, 2003.

[44] HE W, AO W, YANG G, et al. Metastable Energetic Nanocomposites of MOF-acti-

vated Aluminum Featured with Multi-Level Energy Releases[J]. Chemical Engineering Journal, 2020, 381(1):1-10.

[45] EVANS B, FAVORITO N, RISHA G, et al. Characterization of Nano-Sized Energetic Particle Enhancement of Solid-Fuel Burning Rates in an X-Ray Transparent Hybrid Rocket Engine[R]. Fort Lauderdale: 40th AIAA/ASME/SAE/ASEE Joint Propulsion Conference and Exhibit, AIAA 2004 - 3821, 2004.

[46] LARSON D, BOYER E, WACHS T, et al. Characterization of the Performance of Paraffin/LiAlH4 Solid Fuels in a Hybrid Rocket System[R]//. San Diego: 47th AIAA/ASME/SAE/ASEE Joint Propulsion Conference and Exhibit, AIAA:2011 - 5822, 2011.

[47] WRGHT A, WYNNE P, ROOKE S, et al. A Hybrid Rocket Regression Rate Study of Amino Guanidinium Azo-Tetrazolate[C] AIAA98 - 3186, 1998.

[48] WRIGHT A, Dunn L, ALFORD B, et al. A Thrust and Impulse Study of Guanidinium Azo-Tetrazolate as An Additive for Hybrid Rocket Fuel[R] Los Angeles: 35th AIAA/ASME/SAE/ASEE Joint Propulsion Conference and Exhibit, AIAA 99 - 31295, 1999.

[49] FREDERICK, R A, WHITEHEAD J J, KNOX L R, et al. Regression Rates Study of Mixed Hybrid Propellants[J]. Journal of Propulsion and Power, 2007, 23(1):175 - 180.

[50] KYUNG-HOON SHIN, CHANGJIN LEE, SEON YOUNG CHANG. The Enhancement of Regression Rate of Hybrid Rocket Fuel by various Methods[R] Tucson: 41st AIAA/ASME/SAE/ASEE Joint Propulsion Conference and Exhibit, AIAA 2005 - 0359, 2005.

[51] KARABEYOGLU M, CANTWELL B, ALTMAN D, Development and Testing of Paraffin-Based Hybrid Rocket Fuels[R] Salt Lake 37th AIAA/ASME/SAE/ASEE Joint Propulsion Conference and Exhibit, AIAA 2001 - 4503, 2001.

[52] KARABEYOGLU M A, ALTMAN D, CANTWELL B J. Combustion of Liquefying Hybrid Propellants: Part 1, General Theory[J]. Journal of Propulsion and Power, 2002, 18(3):610 - 620.

[53] KARABEYOGLU M A, CANTWELL B J, Combustion of Liquefying Hybrid Propellants: Part 2, [J]. Journal of Propulsion and Power, 2002, 18(3): 621 - 630.

[54] KUMAR C P , KUMAR A. Effect of swirl on the regression rate in hybrid rocket motors[J]. Aerospace Science and Technology, 2013, 29(1):92 - 99.

[55] YUASA S, SHIMADA O, IMAMURA T, et al. A technique for improving the performance of hybrid rocket engines[C]//. 35th AIAA/ASME/SAE/ASEE Joint Propulsion Conference and Exhibit. Los Angeles: 1999: AIAA 1999 - 2322.

[56] KEIJI SHINOHARA, ICHIRO NAKAGAWA. Regression Rate Characteristics of Paraffin-based Fuel under Swirled Oxidizer Flow[R]. Atlanta: 48th AIAA/ASME/SAE /ASEE Joint Propulsion Conference and Exhibit, AIAA 2012 - 4104, 2012.

[57] SABURO Y, NORIKO S, KOUSUKE H. Controlling Parameters for Fuel Regression Rate of Swirling-oxidizer-flow-type Hybrid Rocket Engine[R]. Atlanta: 48th AIAA /ASME/SAE/ASEE Joint Propulsion Conference & Exhibit, AIAA 2012 - 4106, 2013.

[58] ENRICO PACCAGNELLA, FRANCESCO BARATO, DANIELE PAVARIN. Scaling of Hybrid Rocket Motors with Swirling Oxidizer Injection[R]. Orlando: 51st AIAA/SAE/ASEE Joint Propulsion Conference, 2015.

[59] CHRISTIAN PARAVAN, JAKUB GLOWACKI, STEFAMOA CAR;PTTI, et al. Vortex Combustion in a Hybrid Rocket Motor[R]. Salt Lake: 52nd AIAA/SAE/ASEE Joint Propulsion Conference, 2016.

[60] ROY B J, FREDERICK R A. Overview of Vortex Injected Hybrid Rocket Engines-Regression Rate Modeling[C]//. 52nd AIAA/SAE/ASEE Joint Propulsion Conference. Salt Lake: 2016: AIAA 2016 - 4530.

[61] KNUTH W , GRAMER D , CHIAVERINI M , et al. Development and Testing of a Vortex-Driven, High-regression Rate Hybrid Rocket Engine [R]. 34th AIAA/ASME/SAE/ASEE Joint Propulsion Conference and Exhibit, 1998.

[62] SHIGERU ASO, YASUHIRO TANI, TANI SHOHEI SAIGA. A Study on High Performance Hybrid Rocket Engine with Multi-Section Swirl Injection Method for Space Propulsion System [R]. Kissimmee: 2018 AIAA Aerospace Sciences Meeting, 2018.

[63] KAHRAMAN M, OZKOL I, KARABEYOGLU A. Enhancement of Fuel Regression Rate for Hybrid Rockets by Introducing Novel Coaxial Tube Injector[C]//. AIAA Propulsion and Energy 2020 Forum. Virtual Event: 2020: AIAA 2020 - 3733.

[64] LEE C, NA Y, LEE G. The Enhancement of Regression Rate of Hybrid Rocket Fuel by Helical Grain Configuration and Swirl Flow[R]. Tucson: 41st AIAA/ASME / SAE/ASEE Joint Propulsion Conference an Exhibit. AIAA 2005 - 3906, 2013.

[66] ZEZHONG WANG, XIN LIN, FEI LI, et al. Combustion Performance of a Novel Hybrid Rocket Fuel Grain with a Nested Helical Structure[J]. Aerospace Science and Technology, 2020, 97:1 - 8.

[67] KAWABATA Y, WADA Y, NAGASE R, et al. Improvement of Combustion Efficiency Using A Baffle Plate for A LT/GOX Hybrid Rocket Motor[J]. International Journal of Energetic Materials and Chemical Propulsion, 2019, 18(4): 367 - 383.

[68] KIM S, LEE J, MOON H, et al. Empirical Estimation of Entrainment Regression Rate in Liquefying Solid Fuel for Hybrid Rocket Motor[C]//. 47th AIAA/ASME/SAE/ASEE Joint Propulsion Conference and Exhibit. San Diego. 2011: AIAA 2011 - 5823.

[69] KARABEYOGLU M A, DE ZILWA S, CANTWELL B J, et al. Modeling of Hybrid Rocket Low Frequency Instabilities[J]. Journal of Propulsion and Power, 2005, 21 (6): 1107 - 1116.

[70] LEE C. The application of ZN analysis to the transient combustion of hybrid rocket

[R]. 40th AIAA/ASME /SAE/ASEE Aerospace Sciences Meeting and Exhibit. Reno Hilton: AIAA 2002 - 0783, 2002.

[71] CARMICINO C, PASTRONE D G. Acoustic Excitation as Triggering Mechanism of the "DC Shift" in Hybrid Rockets[J]. AIAA Journal, 2019, 57(11): 4845 - 4853.

[72] CHIAVERINI MARTIN J, KUO KENNETH K. Fundamentals of Hybrid Rocket Combustion and Propulsion[J]. Progress in Astronauticsand Aeronautics, 2015, 218 (1):169 - 172

[73] LESTRADE J Y, ANTHOINE J, LAVERGNE G. Liquefying Fuel Regression Rate Modeling in Hybrid Propulsion[J]. Aerospace Ence and Technology, 2015, 42 (Apr. -May):80 - 87.

[74] CARMICINO C, SORGE A R. Investigation of the Fuel Regression Rate Dependence on Oxidizer Injection and Chamber Pressure in a Hybrid Rocket[R]. 39thAIAA/ASME/SAE/ASEE Joint Propulsion Conference and Exhibit. Huntsville: AIAA 2003 - 4591, 2003.

[75] RUSSO SORGE A, CARMICINO C. Regression Rate Measurements in a Hybrid Rocket[C]//. 36th AIAA/ASME/SAE/ASEE Joint Propulsion Conference and Exhibit. Las Vegas: AIAA 2000 - 3438, 2002.

[76] CARMICINO C, SORGE A R. Role of Injection in Hybrid Rockets Regression Rate Behavior[J]. Journal of Propulsion & Power, 2005, 21(4):606 - 612.

[77] MUZZY R. Applied Hybrid Combustion theory[R]. 8thAIAA/ASME/SAE/ASEE Joint Propulsion Specialist Conference. New Orleans: 1972 - 1143, 1972.

[78] HORI K, WADA Y, HASEGAWA K, et al. Combustion Characteristics of Hybrid Rocket Motor using GAP as a Solid Fuel (II)[R]. 47th AIAA/ASME/SAE/ASEE Joint Propulsion Conference and Exhibit. San Diego: AIAA 2011 - 5819, 2011.

[79] MARTIN JOHN CHIAVERINI. Regression Rate and Pyrolysis Behavior of HTPB-based Solid Fuels in a Hybrid Rocket Motor[D]. Pennsylvania: The Pennsylvania State University, 1997.

[80] EVANS B, RISHA G A, FAVORITO N, et al. Instantaneous Regression Rate Determination of a Cylindrical X-Ray Transparent Hybrid Rocket Motor[R]//. 39th AIAA/ASME/SAE/ASEE Joint Propulsion Conference and Exhibit. Huntsville AIAA 2003 - 4592, 2003.

[81] GRAMER D J, TAAGEN T J, Material Regression Sensor US6590403B1[P], 2003 - 07 - 08.

[82] GRAMER D, TAAGEN T. Low cost surface regression sensor for hybrid fuels, solid propellants, and ablatives[P]//. 37th AIAA/ASME/SAE/ASEE Joint Propulsion Conference and Exhibit. Salt Lake City: AIAA 2001 - 3529, 2001.

[83] SHANE DE ZILWA, GREGORY ZILLIAC, MICHAEL REINATHET, et al. Time-Resolved Fuel-Grain Port Diameter Measurement in Hybrid Rockets[J]. Journal of Propulsion and Power, 2004, 20(4):684 - 689.

［84］ 秦钊. 固体燃料燃烧性能测试系统与 HTPB 基燃料的点火/燃烧特性研究［D］. 南京：南京理工大学，2015.

［85］ 唐乐，许志伟，陈苏杭，等. 固液混合推进石蜡燃料的性质及燃烧性能研究［J］. 推进技术，2017，38(09)：2138 - 2145.

［86］ LUIGI T DELUCA，LUCIANO GALFETTI，FILIPPO MAGGI，et al. An Optical Time-Resolved Technique of Solid Fuels Burning for Hybrid Rocket Propulsion［R］. 47th AIAA/ASME/SAE/ASEE Joint Propulsion Conference and Exhibit. California：AIAA 2011 - 5753，2011.

［87］ 许志伟，唐乐，陈苏杭，等. 镁粉含量对 HTPB 燃料热解及退移速率影响研究［J］. 推进技术，2018，39(4)：920 - 927.

［88］ 陈苏杭，唐乐，许志伟，等. 含铝 HTPB 固液混合推进燃料燃烧性能研究［J］. 推进技术，2018，39(6)：1412 - 1419.